DIE GRUNDLEHREN DER

MATHEMATISCHEN WISSENSCHAFTEN

IN EINZELDARSTELLUNGEN MIT BESONDERER
BERÜCKSICHTIGUNG DER ANWENDUNGSGEBIETE

GEMEINSAM MIT

W. BLASCHKE M. BORN C. RUNGE †
HAMBURG GÖTTINGEN GÖTTINGEN

HERAUSGEGEBEN VON

R. COURANT
GÖTTINGEN

BAND XVI

ELEMENTARMATHEMATIK III

VON

FELIX KLEIN

SPRINGER-VERLAG BERLIN HEIDELBERG GMBH

FELIX KLEIN
ELEMENTARMATHEMATIK
VOM HÖHEREN STANDPUNKTE AUS III
DRITTE AUFLAGE

DRITTER BAND
PRÄZISIONS- UND APPROXIMATIONSMATHEMATIK

AUSGEARBEITET VON
C. H. MÜLLER

FÜR DEN DRUCK FERTIG GEMACHT
UND MIT ZUSÄTZEN VERSEHEN VON
FR. SEYFARTH

NACHDRUCK
1968

MIT 156 ABBILDUNGEN

SPRINGER-VERLAG BERLIN HEIDELBERG GMBH

ISBN 978-3-540-04128-3   ISBN 978-3-662-00246-9 (eBook)
DOI 10.1007/978-3-662-00246-9

Titel Nr. 4999

Vorwort zur ersten Auflage.

Indem ich nachstehend die Vorlesung, welche ich im vergangenen Sommer gehalten habe, in autographischer Ausarbeitung veröffentliche, möchte ich einen neuen Schritt in der Richtung tun, der meine Bemühungen in den letztvergangenen Jahren vorwiegend gegolten haben: die mathematische Wissenschaft als ein zusammengehöriges Ganzes nach allen Seiten wieder so zur Geltung zu bringen, wie es früher, als es noch keinen Spezialismus gab, als selbstverständlich galt, insbesondere aber zu erreichen, daß zwischen den Vertretern der abstrakten und der angewandten Mathematik wieder mehr gegenseitiges Verständnis Platz greife, als augenblicklich besteht. Ich habe schon wiederholt darauf hingewiesen, daß in letzterer Hinsicht eine klare Erfassung des Unterschiedes und der gegenseitigen Beziehungen derjenigen beiden Teile der Mathematik von zentraler Bedeutung sein dürfte, die im folgenden als *Präzisionsmathematik* und *Approximationsmathematik* bezeichnet werden. Ähnliche Gedanken sind in den letzten Jahren von den Herren *Burkhardt* und *Heun* geäußert worden; man vergleiche die Antrittsrede des ersteren [Zürich 1897[1])], die neuerdings durch den Wiederabdruck in dem ersten Heft von Bd. 11 des Jahresberichts der deutschen Mathematiker-Vereinigung dem weiteren Kreise der Fachgenossen zugänglich geworden ist, und den Bericht von Herrn *Heun* über die kinetischen Probleme der wissenschaftlichen Technik in Bd. 9 daselbst (1900—1901); in diesem Berichte tritt das Wort „Approximationsmathematik", soviel ich weiß, zum ersten Male auf; jedenfalls habe ich es von dort entnommen. Um so mehr darf vielleicht eine ausführliche Auseinanderlegung der in Betracht kommenden Gegensätze, wie sie die folgende Vorlesung für das Gebiet der Geometrie gibt, nunmehr auf Interesse und Verständnis in weiteren Kreisen rechnen.

Zugleich vervollständige ich mit dieser Vorlesung die Auseinandersetzungen, welche ich verschiedentlich über die Methoden des mathematischen Unterrichts, insbesondere des mathematischen Hochschulunterrichts gab (siehe z. B. Jahresbericht, Bd. 8, 1898—1899). Meine Ansicht ist nach wie vor, daß der Unterricht der Anfänger, sowie derjenigen Zuhörer, welche die Mathematik nur als ein Hilfsmittel für anderweitige Studien gebrauchen wollen, von den anschauungsmäßigen Momenten einen naiven Gebrauch machen soll; die Überzeugung, daß dies aus pädagogischen Gründen, mit Rücksicht auf die Veranlagung der Mehrzahl der Studierenden, notwendig sei, kommt in den letzten

---

[1]) Mathematisches und naturwissenschaftliches Denken.

Jahren sichtlich immer mehr, insbesondere auch im Auslande, zur Geltung. Aber nicht minder ist meine Überzeugung (was ich nie unterlassen habe, hinzuzufügen), daß ein solcher Unterricht, entsprechend der heutigen Entwickelung der Wissenschaft, für die Ausbildung der Fachmathematiker auf der Oberstufe nicht genügt, daß hier vielmehr neben den Tatsachen der Anschauung die zentrale Bedeutung des modernen Zahlbegriffs und der weitgehenden mit ihm zusammenhängenden Entwickelungen hervortreten muß. Und nun vermisse ich in den Lehrbüchern und Vorlesungen, welche ich kenne, die Überleitung von der einen Auffassung zur anderen. Hier will sich die folgende Darstellung als eine Ergänzung einschieben; ihr bestes Ziel wird erreicht sein, wenn sie sich eines Tages als überflüssig erweisen sollte, weil die Überlegungen, die sie bringt, zu selbstverständlichen Bestandteilen jedes höheren mathematischen Unterrichts geworden sind.

Göttingen, den 28. Februar 1902.

F. Klein.

Vorwort zur zweiten Auflage.

Das Folgende ist im wesentlichen ein unveränderter Abdruck der ersten Ausgabe dieser Vorlesungen vom Jahre 1902. Nur an einzelnen Stellen sind einige Ungenauigkeiten verbessert, sowie in gelegentlichen Zusätzen Hinweise auf neuere Publikationen gegeben, die in engstem Zusammenhange mit den in der Vorlesung gegebenen Entwickelungen stehen. Am Schlusse ist ein Abdruck des „Gutachtens der Göttinger philosophischen Fakultät betreffend die Beneke-Preisaufgabe für 1901“, auf das die Ausführungen des Textes verschiedentlich Bezug nehmen, hinzugefügt.

Göttingen, den 5. Januar 1907.

C. H. Müller.

Vorwort zur dritten Auflage.

Die Vorlesung *F. Kleins*, die jetzt mit dem Untertitel „Präzisions- und Approximationsmathematik“ als Band III der „Elementarmathematik vom höheren Standpunkte aus“ zum erstenmal in Buchform erscheint, ist einige Jahre vor den in den ersten beiden Bänden veröffentlichten Vorlesungen gehalten worden. Gleich diesen ist sie nach Zielsetzung und Wahl der Darstellung bestimmt, auf einen größeren Leserkreis zu wirken. Als Autographie wird die Vorlesung unter dem Namen „Anwendung der Differential- und Integralrechnung auf Geometrie (Eine Revision der Prinzipien)“ in der mathematischen Literatur seit langem zitiert. Die Titeländerung geschieht auf den eigenen Wunsch von *F. Klein*, mit dem ich noch in den beiden letzten Monaten vor seinem Tode über die für die Herausgabe erforderlichen Arbeiten eine Reihe von Unterredungen hatte. *Klein* glaubte mit dem neuen Titel der Tendenz der Vorlesung besser gerecht zu werden, als es durch den früheren geschah.

Bei der Redaktion der Vorlesung wurden dieselben Grundsätze befolgt, die für die Veröffentlichung der ersten beiden Bände maßgebend waren. An der ursprünglichen Darstellung wurde im ganzen festgehalten, im einzelnen jedoch überall da geändert und eingefügt, wo sachliche und stilistische Erwägungen es notwendig erscheinen ließen. Die Zusätze, von denen ein Teil natürlich durch die Notwendigkeit bedingt ist, die neuere Literatur zu berücksichtigen, wurden, wenn der Organismus der Vorlesung es erforderte, in den Text eingegliedert, sonst aber in Form von (in eckigen Klammern stehenden) Fußnoten angefügt. Das Figurenmaterial wurde vielfach verbessert und besonders in dem letzten Teil der Vorlesung, der von den gestaltlichen Verhältnissen der Raumkurven und Flächen dritter Ordnung handelt, ergänzt. Dieser Abschnitt, der uns *Klein* als den Meister in der Kunst der plastischen Darstellung geometrischer Formen zeigt, als der er weithin bekannt ist, war ursprünglich für Leser gedacht, die die dort besprochenen Modelle zur Hand haben. Hier mußte durch Ergänzung des Figurenmaterials und Einfügungen in den Text das Ganze so gestaltet werden, daß der Leser auf diese Modelle nicht mehr angewiesen ist. Für die Einfügungen leistete mir eine Vorlesung *Kleins* aus dem Jahre 1907 über Flächentheorie und Raumkurven gute Dienste.

Das „Gutachten der Göttinger philosophischen Fakultät betreffend die Beneke-Preisaufgabe für 1901", das 1907 dem zweiten Abdruck der damaligen Autographie hinzugefügt wurde, ist jetzt weggeblieben, da es bereits in Band II der gesammelten mathematischen Abhandlungen *Kleins* zum Wiederabdruck gelangt ist.

Bei der Redaktion des Textes wurde ich von Herrn *A. Walther*, Göttingen, durch viele wertvolle Ratschläge unterstützt. Am Lesen der Korrekturen beteiligte sich neben ihm noch Herr *H. Vermeil*, Köln, der außerdem wieder die Herstellung der Register übernahm. Mein Kollege *H. Homann* unterstützte mich, indem er eine Reihe von Modellen der hiesigen Mathematischen Sammlung photographierte. Mit Herrn Prof. *Courant* insbesondere hatte ich manche für den Fortgang meiner Arbeit wichtige Unterredung. Den genannten Herren schulde ich für ihre Hilfe herzlichen Dank. Auch der Verlagsbuchhandlung Julius Springer bin ich für die Bereitwilligkeit, mit der sie meinen Wünschen entgegenkam, zu großem Dank verpflichtet.

Göttingen, den 31. Januar 1928.

Fr. Seyfarth.

Inhaltsverzeichnis.

V. Funktionen zweier Veränderlicher.

Zweiter Teil: Freie Geometrie ebener Kurven.

I. Präzisionstheoretische Betrachtungen zur ebenen Geometrie.

II. Fortsetzung der präzisionstheoretischen Betrachtungen zur ebenen Geometrie.

III. Übergang zur praktischen Geometrie: a) Geodäsie.

Dritter Teil: Von der Versinnlichung idealer Gebilde durch Zeichnungen und Modelle.

Einleitung.

Durch die neuzeitliche mathematische Literatur geht ein tiefgreifender Zwiespalt, der Ihnen allen entgegengetreten sein muß: die Interessen und Gedankengänge der Theoretiker sind von denjenigen Methoden, deren man sich bei den Anwendungen tatsächlich bedient, außerordentlich verschieden. Hierunter leidet nicht nur die wissenschaftliche Ausbildung des einzelnen, sondern auch die Geltung der Wissenschaft selbst. Es scheint außerordentlich wichtig, den hieraus entstehenden Mißständen entgegenzuarbeiten. Die Vorlesung, die ich hier beginne, will dazu einen Beitrag liefern, indem sie die verschiedenen Arten mathematischer Fragestellung, wie sie hier und dort naturgemäß sind, sozusagen *vom erkenntnistheoretischen Standpunkt* aus in klare Beziehung zueinander zu setzen versucht. Sie sollen nach der einen Seite die Interessen der modernen Theoretiker verstehen lernen, nach der anderen Seite aber ein Urteil darüber gewinnen, welche Teile der mathematischen Spekulation für die Anwendungen unmittelbare Bedeutung haben. Ich zweifle nicht, daß Ihnen die so zustande kommende Entgegenstellung verschiedener Gesichtspunkte interessant und förderlich sein wird. Möchte die Vorlesung erreichen, daß Sie später an Ihrem Teile beitragen, die arg vereinseitigte Entwicklung unserer Wissenschaft wieder zu einer allseitigen, harmonischen zu gestalten!

Das Programm, das ich hiermit aufstelle, ist allerdings viel zu umfassend, als daß es sich in einem Semester nach allen Seiten hin entwickeln ließe. Ich werde daher wesentlich nur *ein Gebiet* der Mathematik in den Vordergrund rücken, nämlich die *Geometrie*. Die Praxis der Geometrie umfaßt das geometrische Zeichnen und das Vermessungswesen, denen nach der theoretischen Seite die von den Griechen begonnene abstrakte Behandlung geometrischer Probleme gegenübertritt. Ich werde die auf beiden Seiten in Betracht kommenden Fragen analytisch behandeln. Dies ist an sich nicht notwendig; man kann auch so vorgehen, daß man nirgends aus dem geometrischen Gebiete als solchem heraustritt. Indessen hat sich die Ausbildung der von mir zu besprechenden Fragestellungen wesentlich im Anschluß an die *Analysis* vollzogen: insbesondere kommt für uns die Entwicklung und Bedeutung der *Differential- und Integralrechnung* in Betracht.

Als Literatur kann ich kein Lehrbuch nennen. Ich werde von Fall zu Fall die Einzelliteratur zitieren und im übrigen mit Vorliebe auf die

Enzyklopädie der mathematischen Wissenschaften hinweisen, deren Ziel
es ist, die ganze Mathematik des 19. Jahrhunderts zur Darstellung zu
bringen und ihre gesamte Literatur zu gruppieren.

Wollte man das gleiche Programm auch noch auf andere Gebiete
der Mathematik ausdehnen, so würde es sich insbesondere um die
Fragestellungen der mathematischen Naturerklärung (Mechanik usw.)
handeln. Eine Reihe hierhergehöriger Ideen ist in dem Gutachten
enthalten, welches unsere Göttinger philosophische Fakultät im Jahre
1901 bei der Feier der *Beneke-Stiftung* erstattet hat[1]). Im übrigen
knüpfe ich wesentlich an eine eigene Arbeit an, die ich 1873 unter dem
Titel „Über den allgemeinen Funktionsbegriff und dessen Darstellung
durch eine willkürliche Kurve" in den Erlanger Berichten veröffentlicht
habe[2]). Ich kann auch auf den sechsten Vortrag meines Evanston-
Kolloquiums „Lectures on Mathematics", Neuyork 1894[3]), französisch
von L. Laugel, Paris 1898, verweisen. Der Titel des Vortrages lautet:
On the mathematical character of space-intuition and the relation of
pure mathematics to the applied sciences.

Ich wende mich nun sogleich dem ersten Teile meiner Vorlesung zu,
den ich überschreibe:

Erster Teil.

Von den Funktionen reeller Veränderlicher und ihrer Darstellung im rechtwinkligen Koordinatensystem.

I. Erläuterungen über die einzelne Variable x.

Ich beginne systematisch in der Weise, daß ich zunächst gar nicht
von Funktionen spreche, sondern vorab die *unabhängige Veränderliche x*
selbst ins Auge fasse und sie mir in üblicher Weise auf einer Abszissenachse durch einen Punkt darstelle, dessen Entfernungen vom Anfangs-
punkt $|x|$ Längeneinheiten beträgt und der für positives x rechts, für
negatives x links vom Anfangspunkt liegt. Ich wünsche das Interesse
auf die *Genauigkeit* der Konstruktion eines solchen Punktes zu richten.
In dieser Beziehung ist zu bemerken: Wenn ich irgendeines der empirischen Verfahren anwende, zu denen ich das Zeichnen, Messen, das visuelle
Auffassen durch das Augenmaß oder auch das geistige Reproduzieren

---

[1]) Math. Annalen, Bd. 55 (1902). — (Abgedruckt in *F. Klein:* Gesammelte
math. Abhandlungen Bd. II, S. 241—246.)

[2]) Wieder abgedruckt in den Math. Annalen, Bd. 22 (1883) (und in *F. Klein*
a. a. O. S. 214—224).

[3]) Neuer Abdruck, besorgt von der American Mathematical Society. New
York 1911. — (Den genannten Vortrag findet man auch in *F. Klein* a. a. O.
S. 225—231.)

durch räumliches Vorstellen rechne, so kommt dem Ergebnis der Konstruktion nur beschränkte Genauigkeit zu, was ich für das Messen mit einigen Zahlenwerten belegen will.

Bedient man sich beim Messen unter Zuhilfenahme von Mikroskop und Fadenmikrometer der äußersten heutzutage erreichbaren Präzision, so kann man beim Messen von 1 m die Genauigkeit nicht wesentlich über 0,1 μ steigern. Will man noch weiter gehen, so droht die Lichtwirkung in den verschärften Mikroskopen wegen Auftretens der Beugung zu versagen und die Molekularstruktur der Materie in ihre Rechte einzutreten, so daß also die physikalischen Gesetze, denen Licht und Materie unterworfen sind, eine größere Genauigkeit beim Messen zu verbieten scheinen. In Metern ausgedrückt ist 0,1 $\mu = 10^{-7}$ m, so daß also die durch direkte Messung gefundenen *Längenangaben in Metern bestenfalls bis zur 7. Dezimale zuverlässig sind.*

Ähnlich liegen die Verhältnisse beim Zeichnen und Messen durch Augenmaß, nur daß hier der *Schwellenwert*, d. h. der Wert, über den hinaus sich die Genauigkeit der Beobachtung nicht mehr steigern läßt, natürlich viel größer ist. Als oberster Satz, der kein mathematischer Satz, wohl aber grundlegend für die Anwendungen der Mathematik ist, läßt sich demnach folgender aufstellen: *In allen praktischen Gebieten gibt es einen Schwellenwert der Genauigkeit.*

Wie steht es nun mit dem räumlichen Vorstellen?

Wir kommen mit dieser Frage in ein umstrittenes Gebiet, da hier die Philosophen zu den verschiedenen Zeiten die verschiedensten Ansichten aufgestellt haben. Insbesondere erscheint bei vielen von ihnen die räumliche Vorstellung als etwas absolut Exaktes. Demgegenüber ist hervorzuheben, daß der moderne Mathematiker zahlreiche Beispiele von Raumgebilden anzugeben vermag, deren räumliche Vorstellung wegen der Feinheit der in Betracht kommenden Struktur schlechterdings unmöglich erscheint. *Ich glaube also auch beim räumlichen Vorstellen an einen Schwellenwert*, will Ihnen aber diese Ansicht nicht etwa aufzwingen, sondern nur an den verschiedenen Stellen auf die erwähnten Gebilde hinweisen und die räumliche Vorstellbarkeit derselben Ihrer eigenen Prüfung überlassen. Ich formuliere hinsichtlich des räumlichen Vorstellens lediglich folgenden Satz: *Ob auch beim Vorstellen räumlicher Gebilde ein Schwellenwert existiert, ist umstritten und mag der wiederholten Prüfung an später mitzuteilenden Beispielen überlassen bleiben.*

Vergleichen Sie nun mit diesen empirischen Verfahren zur Festlegung der Zahl x *ihre arithmetische Definition*, wie sie in der Lehre von den reellen Zahlen gegeben wird, so bemerken Sie, daß bei der arithmetischen Definition *die Genauigkeit unbegrenzt* ist.

Wir verständigen uns zunächst über diese arithmetische Definition einer reellen Zahl x, kurz gesagt, über den *modernen Zahlbegriff.*

Um nicht zu weit ausholen zu müssen, werden wir sagen, daß wir die Gesamtheit der reellen Zahlen als dargestellt durch die Gesamtheit der Dezimalbrüche ansehen, wobei wir also auch einen *unendlichen* Dezimalbruch als Repräsentanten einer bestimmten Zahl gelten lassen. Wird nun auch umgekehrt hierbei jede reelle Zahl durch einen *einzigen bestimmten* Dezimalbruch dargestellt?

Hier führen wir den Satz an[1]): Jeder endliche Dezimalbruch kann so abgeändert werden, daß man die letzte Ziffer um eine Einheit vermindert und dann lauter Neunen folgen läßt. Dies ist aber, wie sich beweisen läßt, die einzige Unbestimmtheit, auf die wir in der Darstellung reeller Zahlen durch Dezimalbrüche stoßen. Also: *Jeder endliche oder unendliche Dezimalbruch liefert eine Zahl, und jede Zahl, von dem gerade erwähnten Ausnahmefall abgesehen, nur einen Dezimalbruch.*

Wie unterscheiden sich bei dieser Darstellung die rationalen und irrationalen Zahlen? Als Antwort ist aus den Elementen bekannt: Als Dezimalbruch geschrieben ist eine rationale Zahl $\frac{m}{n}$, wo m und $n \neq 0$ ganze Zahlen sind, dadurch kenntlich, daß der Dezimalbruch entweder abbricht oder periodisch ausläuft. Auch das Umgekehrte ist richtig, wie beiläufig erwähnt sei.

Es ist natürlich erforderlich, die gewöhnlichen Rechengesetze, welche zunächst nur für die rationalen Zahlen aufgestellt sind, auch auf die Irrationalzahlen auszudehnen. Als eine Darstellung, in der diese Einordnung der Irrationalzahlen in leichtfaßlicher und doch sehr eingehender Weise vollzogen wird, sei insbesondere die in *K. Knopps* Theorie und Anwendung der unendlichen Reihen (2. Auflage, Berlin 1924) enthaltene empfohlen. Im übrigen wolle man in der Enzyklopädie der mathematischen Wissenschaften das Referat von *A. Pringsheim:* Irrationalzahlen und Konvergenz unendlicher Prozesse, Bd. I, S. 49—146 vergleichen (in Betracht kommen zunächst S. 49 bis 58[2])); sie sollten von jedem Mathematiker gelesen werden).

Und nun der Punkt, auf den es mir besonders ankommt: Die Darstellung einer reellen Zahl durch einen Dezimalbruch ist absolut genau. Der Dezimalbruch liefert die reelle Zahl selbst; der Schwellenwert, von dem wir oben sprachen, sinkt also in der abstrakten Arithmetik unter jede Grenze. Damit haben wir den *fundamentalen Gegensatz zwischen Empirie und Idealisierung*, den ich in diesem besonderen Falle so formuliere:

Im ideellen Gebiet der Arithmetik gibt es keinen von Null verschiedenen Schwellenwert wie im empirischen Gebiet, sondern die Genauigkeit, mit der die Zahlen definiert oder als definiert angesehen werden, ist unbegrenzt.

Der hier im speziellen Falle zwischen der empirischen Festlegung

---

[1]) Vgl. Bd. I, S. 34—37.
[2]) [Das Referat wurde 1898 abgeschlossen. Man vgl. auch *A. Pringsheim:* Vorlesungen über Zahlenlehre, Erste Abteilung. Leipzig 1916.]

einer Größe in der praktischen Geometrie und der genauen Definition in der abstrakten Arithmetik festgestellte Unterschied von begrenzter und unbegrenzter Genauigkeit findet sich immer wieder, wenn man irgendein Gebiet der äußeren Wahrnehmung oder der praktischen Betätigung mit der abstrakten Mathematik vergleicht. Er gilt für die *Zeit*, für *alle mechanischen und physikalischen Größen* und namentlich auch für das *numerische Rechnen*. Denn was ist das Rechnen mit siebenstelligen Logarithmen etwa anderes als ein Rechnen mit *Näherungswerten*, deren Genauigkeit nur bis zur siebenten Stelle reicht? Andererseits kann man, wie wir noch sehen werden, in jedem Gebiet an der Hand geeigneter *Axiome* zur absoluten Genauigkeit fortschreiten; wir setzen dann eben an die Stelle der empirischen Gebilde ein idealisiertes Gedankending.

Diese Unterscheidung zwischen absoluter und beschränkter Genauigkeit, die sich als roter Faden durch die ganze Vorlesung ziehen wird, bedingt nun eine *Zweiteilung der gesamten Mathematik*. Wir unterscheiden:

    1. *Präzisionsmathematik* (Rechnen mit den reellen Zahlen selbst),

    2. *Approximationsmathematik* (Rechnen mit Näherungswerten).

In dem Worte Approximationsmathematik soll keine Herabsetzung dieses Zweiges der Mathematik liegen, wie sie denn auch nicht eine approximative Mathematik, sondern die präzise Mathematik der approximativen Beziehungen ist. Die *ganze* Wissenschaft haben wir erst, wenn wir die beiden Teile umfassen:

Die Approximationsmathematik ist derjenige Teil unserer Wissenschaft, den man in den Anwendungen tatsächlich gebraucht; die Präzisionsmathematik ist sozusagen das feste Gerüst, an dem sich die Approximationsmathematik emporrankt.

Ich illustriere diese Zweiteilung der Mathematik zunächst am *Zahlenrechnen*, bei dem der genannte Gegensatz nicht durch verwickelte psychologische Verhältnisse verdunkelt wird, sondern unmittelbar hervortritt.

In der Präzisionsmathematik operieren wir mit den reellen Zahlen selbst, wie sie oben durch endliche oder unendliche Dezimalbrüche dargestellt wurden. Wie läßt sich nun in der Sprache der Präzisionsmathematik etwa der Näherungswert bezeichnen, der die Zahl $x = 6{,}4375284\ldots$ bis auf 7 Dezimalen genau gibt? Die Mathematik hat bereits aus dem 18. Jahrhundert das Funktionszeichen E als Abkürzung des französischen Wortes „entier". $E(x)$ ist die größte ganze Zahl, die in x enthalten ist. Mit Hilfe dieses Zeichens drückt sich der obige Näherungswert offenbar als $\frac{E(10^7 x)}{10^7}$ aus, so daß wir also beim Rechnen mit siebenstelligen Dezimalen statt mit der Zahl x mit der Zahl $\frac{E(10^7 x)}{10^7}$ operieren[1]). Nehmen wir die Ideenbildungen der Präzisions-

---

[1]) Bricht man den Dezimalbruch nicht einfach ab, sondern rundet ihn auf, so behält alles seine Gültigkeit, wenn man $E(10^7 x)$ als die im Intervalle $10^7 x - \frac{1}{2}$ bis $10^7 x + \frac{1}{2}$ enthaltene größte ganze Zahl definiert.

mathematik als Maßstab, so können wir sagen: *Wir arbeiten in der Approximationsmathematik beim Zahlenrechnen gar nicht mit den Zahlen x, sondern mit den zu den Zahlen x gehörenden E-Funktionen.*

Ganz ähnlich läßt sich der *Unterschied zwischen empirischer und abstrakter Geometrie* oder vielmehr die Beziehung der empirischen Geometrie zur abstrakten umschreiben.

Zunächst reden wir von dem Charakter der *praktischen Geometrie*. Es ist dies diejenige Geometrie, mit der wir es zu tun haben, wenn wir konkrete räumliche Verhältnisse beherrschen wollen, also beim Zeichnen und Modellieren, sowie beim Vermessungswesen. Hierbei sind alle Operationen nur bis zu einer gewissen Schwelle genau. Daher wird man in diesen Disziplinen Definitionen und Leitsätze folgender Art aufstellen:

Ein Punkt in diesen Disziplinen ist ein Körper, der so kleine Ausdehnungen hat, daß wir von ihnen absehen.

Eine Kurve, insbesondere eine gerade Linie, ist eine Art Streifen, bei dem die Breite im Vergleich zur Länge wesentlich zurücktritt.

Zwei Punkte bestimmen eine Verbindungsgerade um so genauer, je weiter sie auseinanderliegen. Liegen sie dicht beieinander, so sind sie zur Festlegung der geraden Linie sehr ungeeignet.

Zwei gerade Linien bestimmen einen Schnittpunkt um so genauer, je weniger der Winkel, den sie miteinander einschließen, sich von einem rechten unterscheidet. Wenn der Winkel kleiner und kleiner wird, wird der Schnittpunkt immer ungenauer.

Nun aber die *abstrakte Geometrie:* Hier kennen wir solche unbestimmte Aussagen nicht. Das liegt daran, daß die abstrakte Geometrie damit beginnt, diejenigen Aussagen, die in der praktischen Geometrie angenähert gelten, in absoluter Form als Axiome an die Spitze zu stellen. Hier liegt also eine ganz entscheidende Gedankenwendung vor. Es werden Beziehungen, die in praxi nur approximativ richtig sind, als streng richtig postuliert und auf Grund der so verabredeten „Axiome" in der abstrakten Geometrie Folgerungen durch rein logische Schlüsse gezogen. Hier lauten dann die den obigen entsprechenden Formulierungen:

Ein Punkt hat keine räumliche Ausdehnung.

Eine Linie hat nur Länge.

Zwei Punkte haben eine völlig bestimmte Verbindungsgerade.

Zwei gerade Linien, die sich treffen, haben stets einen bestimmten Schnittpunkt.

Worauf ich in diesem Zusammenhange Ihre besondere Aufmerksamkeit zu lenken habe, ist *die Verbindung zwischen diesen beiden ganz verschiedenen Arten der Geometrie* (entsprechend dem Übergange, der eben in der Arithmetik durch Einführung der *E*-Funktion bewerkstelligt wurde). Daß eine solche Verbindung besteht, wird stillschweigend von jedermann zugegeben. Man wendet, obwohl die abstrakte Geometrie in ihren Grundlagen über die Bedingungen der praktischen Geometrie hinausgeht, die Ergebnisse der abstrakten Geometrie immer auf praktische Verhältnisse an. Soll dies in rationeller Weise geschehen, so ist nötig, dasjenige zu entwickeln, was die *Theorie der Beobachtungsfehler* genannt wird. Man sagt: Jede Beobachtung oder praktische Konstruktion ist mit einem *Fehler* behaftet; richtiger würde man wohl sagen: Jede Beobachtung legt im Sinne der abstrakten Geometrie nicht bestimmte Größen, sondern nur *Spielräume für Größen* fest. Und die Frage, in welcher Form die abstrakte Geometrie in der praktischen Geometrie ihre Anwendung findet, beantwortet sich dann so:

Man hat zu untersuchen, innerhalb welcher Grenzen das Resultat der mathematischen Überlegung sich abändert, wenn man die Daten, die der Überlegung zugrunde liegen, als innerhalb ihres Spielraums variabel ansieht.

Ich gehe jetzt zum Ausgangspunkt unserer ganzen Betrachtung zurück, wo wir die Zahlen den Punkten einer Abszissenachse zuordneten und hinzufügten, daß die praktische Ausführung dieser Operation nur mit beschränkter Genauigkeit geschehen kann. Wollen wir genaue Übereinstimmung haben, so müssen wir diese durch ein empirisch nicht kontrollierbares Axiom festlegen und uns damit auf das Gebiet der abstrakten Geometrie begeben.

Wir postulieren, daß jede reelle Zahl x (im Sinne unserer obigen Definition) einem und nur einem Punkte der Abszissenachse und ebenso jedem Punkt x eine und nur eine Zahl zugehören soll.

Dieses Axiom ist die Grundlage für die analytische Geometrie, sofern wir dieser präzisionstheoretischen Charakter beilegen wollen, sagen wir kurz für die *Präzisionsgeometrie*[1]). Nun bestreite ich nicht, daß die Anschauung uns *treibt*, eine solche Festsetzung zu treffen, ich behaupte aber, daß wir mit unserer Festsetzung *über die sinnliche Anschauung und unser Vorstellungsvermögen hinausgehen*. Was ich damit meine, mache ich an zwei Beispielen klar, die ich aus dem Gebiete der Mengenlehre nehme, die in der heutigen Mathematik bekanntermaßen eine bedeutsame Rolle spielt.

Eine Zahlenmenge und also infolge unserer Definition auch eine Punktmenge, welche der Abszissenachse angehört, ist ein Inbegriff irgendwelcher Zahlen oder Punkte x, so definiert, daß von jeder vorgegebenen Zahl oder jedem Punkte x feststeht, ob er zu dem Inbegriff gehört oder nicht.

Lassen Sie uns zwei einfache Punktmengen als Beispiele wählen:

a) *alle rationalen Zahlen oder Punkte* $x = \frac{m}{n}$ *von 0 bis 1.*

---

[1]) [Das oben genannte Axiom ist als *Cantor-Dedekindsches Axiom* von der Stetigkeit der Geraden bekannt.]

Diese liegen auf der Strecke 0...1 „überall dicht". Nehmen Sie ein noch so kleines Teilintervall, so enthält es immer noch rationale Zahlen in unendlicher Zahl, und doch ist dieses Teilintervall, wenn eine so grobe Ausdrucksweise statthaft ist, noch durchlöchert wie ein Sieb, da ja unbeschränkt viele irrationale Zahlen, die nach der Definition unserer Punktmenge nicht angehören, noch in ihm Platz finden sollen! Hier frage ich: Kann man sich dies räumlich vorstellen, eine überall dichte Punktmenge, die das Kontinuum noch nicht erschöpft? Die abstrakte Definition ist klar, die Vorstellung jedenfalls für mich unmöglich.

b) *Alle Zahlen von 0 bis 1 mit Ausschluß der Grenzen 0 und 1*, d. h. eine Strecke, von der die Endpunkte abgetrennt sind.

Unsere räumliche Vorstellung scheint uns zu lehren, daß man keine Strecke aufhören lassen kann, ohne die Enden der Strecke zuzuzählen. Also wird man sich auch den Inbegriff aller Zahlen von 0 bis 1 mit Ausschluß der beiden Grenzpunkte räumlich kaum vorstellen können, so gewiß damit eine wohldefinierte Menge gegeben ist.

Diese Bemerkungen haben eine *wichtige methodische Folge*, die ich so formuliere:

Da die Gegenstände der abstrakten Geometrie nicht als solche von der räumlichen Anschauung scharf erfaßt werden, kann man einen strengen Beweis in der abstrakten Geometrie nie auf bloße Anschauung gründen, sondern muß auf eine logische Ableitung aus den als exakt gültig vorausgesetzten Axiomen zurückgehen[1]). Trotzdem behält aber auf der anderen Seite die *Anschauung* auch in der Präzisionsgeometrie ihren großen und durch logische Überlegungen nicht zu ersetzenden Wert. Sie hilft uns die Beweisführung leiten und im Überblick verstehen, sie ist außerdem eine Quelle von Erfindungen und neuen Gedankenverbindungen. Man vergleiche hierzu die Antrittsvorlesung:

Hölder, O.: Anschauung und Denken in der Geometrie. Leipzig 1900.

Ich habe vorhin den Unterschied zwischen Präzisionsmathematik und Approximationsmathematik betont und hervorgehoben, daß erst beide zusammen die ganze Wissenschaft ergeben. Der Fehler, an welchem der heutige Betrieb der Wissenschaft krankt, ist der, daß sich die Theoretiker zu einseitig mit der Präzisionsmathematik beschäftigen, während die Praktiker eine Art approximative Mathematik gebrauchen, ohne mit der Präzisionsmathematik Fühlung zu haben und mit deren Hilfe zu einer wirklichen Approximationsmathematik vorzudringen.

Den hiermit aufgezeigten *Gegensatz von Theoretiker und Praktiker* will ich noch an einem weiteren Beispiel erläutern, welches ich dem üblichen Unterrichtsbetriebe der elementaren Geometrie entnehme.

---

[1]) Dieser Forderung wird heutzutage vermutlich jeder theoretische Mathematiker zustimmen; überzeugend erscheint sie mir aber erst, wenn sie so wie im Texte aus der Ungenauigkeit unserer räumlichen Auffassung begründet wird.

Die Elementargeometrie wird seit *Euklid* vorwiegend als Präzisionsmathematik betrieben; es werden bei ihr also gewisse Axiome (die als exakt gültig postuliert werden) an die Spitze gestellt, aus denen dann rein logisch neue Sätze und Beweise abgeleitet werden. Die Folge ist, daß Unterscheidungen nötig werden, die für die praktische Geometrie ohne Bedeutung sind.

In dieser Beziehung erwähne ich zuerst den *Unterschied zwischen kommensurablen und inkommensurablen Strecken*. Bemerken Sie, daß, wenn wir mit beschränkter Genauigkeit beobachten, dieser Unterschied überhaupt fortfällt. Zum Beispiel ist die Diagonale des Einheitsquadrates $\sqrt{2} = 1,414\ldots$. Wir können diesen Dezimalbruch in fortschreitender Annäherung mit $\frac{14}{10}$, $\frac{141}{10^2}$, $\frac{1414}{10^3}$ bezeichnen, d. h. ihn durch den Quotienten zweier ganzer Zahlen soweit annähern, wie ein noch so kleiner gegebener Schwellenwert verlangt. Setzen wir den Schwellenwert z. B. gleich $\frac{1}{10^6}$, so ist damit jegliches praktische Bedürfnis der messenden Geometrie gedeckt. Darüber hinaus zu gehen hat nur theoretisches Interesse. Also:

Der Unterschied zwischen kommensurabel und inkommensurabel in seiner strengen Form (und also auch der Begriff der Irrationalzahl) gehört ausschließlich der Präzisionsmathematik an.

In welchem Sinne wird aber der Praktiker die Worte „kommensurabel" und „inkommensurabel" gebrauchen, wenn er sie nicht völlig aus seinem Sprachschatze verbannen will? Ich denke im Augenblick wesentlich an die Astronomie und speziell an die Störungstheorie. Nehmen Sie z. B. die Einwirkung des Jupiter auf einen kleinen Planeten, etwa Pallas. Was meint der Astronom damit, wenn er das Verhältnis der Umlaufszeiten von Pallas und Jupiter kommensurabel nennt? Wie groß die Umlaufszeit eines Planeten ist, läßt sich wegen der Störungen verschiedenster Art, die dabei in Betracht kommen, von vornherein nur mit beschränkter Genauigkeit, d. h. in den üblichen Einheiten ausgedrückt nur bis auf eine bestimmte Anzahl Dezimalen genau angeben. Wenn also der Astronom sagt: Zwei Planeten haben kommensurable Umlaufszeiten, so kann er damit nur meinen, daß sich die gefundenen Umlaufszeiten wie zwei kleine ganze Zahlen verhalten, im Falle des Jupiters und der Pallas wie $18:7$. Wäre das bei irgendeiner Beobachtung oder Rechnung gefundene Verhältnis aber z. B. $180\,000:73\,271$, so würde man die Umlaufszeiten nicht mehr kommensurabel nennen.

Gehen wir nun an der Hand des Euklid weiter und stellen uns die Frage: *Ist eine vorgelegte Aufgabe durch Zirkel und Lineal lösbar*, d. h. führt eine endliche Anzahl von Anwendungen der genannten Instrumente zu einer Lösung? Auch hier müssen wir antworten:

Die Frage, ob eine Strecke durch Zirkel und Lineal konstruierbar ist, gehört ebenfalls in den Bereich der Präzisionsmathematik; sie bezieht sich darauf, ob unter Voraussetzung der Axiome eine genaue Lösung möglich ist.

In dieser Hinsicht hat das Altertum uns bekanntlich drei fundamentale Aufgaben als vermutlich unlösbar hinterlassen, deren wirkliche Unlösbarkeit dann tatsächlich in der Neuzeit bewiesen wurde. Es sind dies:

a) *Die Dreiteilung eines beliebigen Winkels,*

b) *die Verdoppelung des Würfels,* d. h. *die Konstruktion von* $\sqrt[3]{2}$,

c) *die Quadratur des Kreises,* d. h. die Konstruktion der Zahl $\pi = 3{,}1415926\ldots$ aus der Einheitsstrecke.

Worauf ich an gegenwärtiger Stelle aufmerksam zu machen habe, ist, daß die ganze Behauptung: es sei unmöglich, die Aufgaben a) bis c) durch eine endliche Anzahl von Anwendungen des Zirkels und Lineals zu lösen, der Präzisionsmathematik und nicht der Approximationsmathematik angehört. Praktisch kann man jede der Aufgaben so genau, wie empirisch möglich ist, mit Zirkel und Lineal lösen[1]). So läßt sich π z. B. leicht durch Konstruktion der einem Kreise ein- und umgeschriebenen Vielecke annähern; es sind aber auch weit einfachere und oft sehr sinnreiche Approximationen gegeben worden. Vielfach ist auch ein rein praktisches Verfahren am Platze. Um einen Winkel in drei gleiche Teile zu teilen, wird man so lange probieren, bis die Teilung mit hinreichender Genauigkeit glückt, eine Methode, die praktisch viel besser ist, als wenn man erst bis auf einige Dezimalen rechnet und dann die Lösung in die Figur einträgt [vgl. die Konstruktion der Teilungsmaschinen für die Kreise an geodätischen und astronomischen Instrumenten[2])].

Ich knüpfe nunmehr wieder an unsere Entwicklungen über die Punktmengen an. Wir waren zu dem Schlusse gekommen, daß wir bei Beweisen der Präzisionsmathematik uns nicht kurzweg auf die Anschaulichkeit berufen dürfen, so wichtig die Figur sein mag, um uns im großen über die Voraussetzungen des jeweiligen Beweises zu unterrichten. Ich gebe jetzt zwei sehr einfache Sätze über Punktmengen, bei denen dies bereits zur Geltung kommt; es wird darauf ankommen zu verstehen, was die bezüglichen Beweise eigentlich leisten.

1. Es sei auf der Abszissenachse eine unendliche Punktmenge gegeben, die nicht über einen fest gegebenen Punkt A hinausgeht (sie

---

[1]) [Über die betreffenden Unmöglichkeitsbeweise vgl. Bd. I, S. 56—60, S. 123—124, S. 256—269. Für die Näherungsverfahren sei auf das besonders reichhaltige Buch *Th. Vahlens:* Konstruktionen und Approximationen (Leipzig 1911) hingewiesen.]

[2]) [Genaueres hierüber findet man in *L. Ambronn:* Handbuch der astronomischen Instrumentenkunde Bd. I (Berlin 1899), Kap. IX, S. 433—437.]

braucht nicht bis an *A* heranzureichen). Man nennt eine solche Punktmenge *nach rechts (oben) beschränkt*. Die Behauptung lautet dann: *Es
gibt einen rechten (oberen) Grenzpunkt der Menge*.

2. Es sei auf der Abszissenachse eine zwischen zwei Punkten *A* und *B*
liegende unendliche Punktmenge gegeben. *Dann gibt es zwischen A und B
mindestens einen Häufungspunkt, d. h. eine Stelle von der Art, daß in jeder
noch so kleinen Umgebung von ihr unendlich viele Punkte der Menge liegen.*

Wenn man solche Sätze zuerst hört, so erscheinen sie einem vielleicht selbstverständlich. Sie sind allerdings selbstverständlich, freilich
in dem höheren Sinne, der die Summe aller mathematischen Einsicht
darstellt, daß nämlich die Mathematik im Grunde überhaupt die Wissenschaft von den selbstverständlichen Dingen ist. Wir wollen und können
bei unseren Sätzen nichts Überraschendes bringen, sondern haben nur
deutlich zu sehen, wie sich die Sätze an den Zahlbegriff anschließen,
den wir bei unseren Entwicklungen an die Spitze gestellt haben.

Wie steht es mit unserem ersten Satze?

Die Punktmenge ist wohldefiniert, d. h. es steht von einem Punkt
fest, ob er der Menge angehört oder nicht. Es kann nun sein, daß
ein Punkt der Menge angehört, der wirklich die größte Abszisse hat;
dann repräsentiert er ohne weiteres die gesuchte obere Grenze. Beispiele für solche Mengen sind: a) Die Menge aller Punkte zwischen 0
und 1 mit Einschluß von 1; b) die Menge, die alle Punkte der vorigen
Menge und den Punkt 2 umfaßt. Im ersten Fall ist Punkt 1, im zweiten
Punkt 2 der obere Grenzpunkt. Es kann aber die Menge auch so beschaffen
sein, daß in ihr kein am weitesten rechts liegender Punkt vorhanden
ist, d. h. sie repräsentiert uns, wenn wir ihre Punkte nach den Größen
der Abszissen geordnet denken, eine stets wachsende Menge, hat aber,
obwohl sie nicht über einen gewissen Punkt *A* der Abszissenachse hinausgeht, kein Maximum. Ein Beispiel dieser Art ist die von uns bereits
betrachtete Menge aller Punkte zwischen 0 und 1 mit Ausschluß der
Grenzen. In diesem Falle werden wir unter dem rechten (oberen) Grenzpunkt einen Punkt verstehen, der selber der Menge nicht angehört,
links von dem aber in beliebiger Nähe noch Punkte der Menge liegen.
Wir umfassen offenbar alle drei in den genannten Beispielen auftretenden Fälle, wenn wir definieren:

*Der nicht notwendig zur Menge gehörende Punkt G heißt ihr rechter
(oberer) Grenzpunkt, falls rechts von G kein Punkt der Menge mehr liegt,
aber rechts von G — ε immer, wie klein auch ε sei, mindestens ein Punkt
der Menge gefunden werden kann*[1]).

---

[1]) Für den Fall, daß *G* nicht zur Menge gehört, folgt, da ε beliebig klein gewählt werden kann, aus der obigen Definition, daß im Intervalle $G - \varepsilon < x < G$
unendlich viele Punkte der Menge liegen. *G* ist also dann Häufungspunkt der
Menge. Wenn *G* dagegen zur Menge gehört, braucht das, wie Beispiel 2 zeigt,
nicht der Fall zu sein (isolierte obere Grenze).

Nachdem wir uns hierüber verständigt haben, knüpfen wir an die Idee der Darstellung einer reellen Zahl durch einen unendlichen Dezimalbruch an und beweisen die Existenz der oberen Grenze folgendermaßen:

Wir sehen zunächst nach, welche ganzen Zahlen von Punkten der Menge überschritten werden, welche nicht. Dies ist möglich, da wir die Menge als wohldefiniert voraussetzten. a sei die größte ganze Zahl, die noch überschritten wird, so daß $a+1$ nicht mehr überschritten wird. Es sind nun zwei Fälle möglich. Entweder wird $a+1$ von irgendeinem Punkt der Menge erreicht, oder es wird von keinem Punkt der Menge erreicht. Im ersten Falle ist $a+1$ die obere Grenze der Menge.

Im zweiten Falle teilen wir das Intervall $a \ldots a+1$ in 10 gleiche Teile und erhalten so mit leicht verständlicher Abkürzung die Dezimalbrüche

$$a=a,0;\ a+0,1=a,1;\ a+0,2=a,2;\ \ldots;\ a+0,9=a,9;\ a+1=a+1,0.$$

Wir vergleichen diese Zahlen mit den Punkten der Menge und finden wieder eine größte Zahl a, a_1, die noch überschritten wird, während a, a_1+1 [$a+1,0$ im Falle $a_1=9$] entweder erreicht oder nicht erreicht wird.

Im zweiten Fall teilen wir das Intervall $a, a_1 \ldots a, a_1+1$ abermals in 10 gleiche Teile und haben als Begrenzungspunkte

$$a, a_1\, 0;\qquad a, a_1\, 1 \ldots;\qquad a, a_1\, 9;\qquad a, a_1+1,0.$$

Diese Zahlen vergleichen wir wiederum mit den Punkten der Menge und erhalten zwei Zahlen $a, a_1\, a_2$ und $a, a_1\, a_2+1$. Man sieht, wie der Prozeß weitergeht und daß er entweder nach einer endlichen Anzahl von Schritten eine Zahl ergibt, welche der Menge angehört und die gesuchte obere Grenze darstellt, oder aber zu einer unendlichen Folge von Intervallen führt, von denen jedes in allen vorhergehenden enthalten ist, während die Länge unbegrenzt gegen Null abnimmt. Auf Grund der Weierstraßschen Definition der Gleichheit reeller Zahlen legen die beiden Folgen der linken und rechten Intervallendpunkte je denselben unendlichen Dezimalbruch fest[1]). Dieser repräsentiert dann die in Frage stehende obere Grenze. Ich fasse vielleicht den Gedanken des Beweises kurz so zusammen:

Wir beweisen die Existenz des oberen Grenzpunktes, indem wir das Mittel angeben, ihn als exakten Dezimalbruch wirklich herzustellen[2]).

Bei dem zweiten Satze, der von *K. Weierstraß* wegen seiner Bedeutung für die Funktionentheorie in seinen Vorlesungen stets besonders hervorgehoben wurde, tun wir der Allgemeinheit keinen Abbruch, wenn wir die Grenzen, zwischen denen die aus unendlich vielen Punkten bestehende Punktmenge mindestens einen Häufungspunkt haben soll, als die beiden aufeinander folgenden ganzen Zahlen a und $a+1$ an-

---

[1]) [Vgl. Bd. I, S. 36—37.]

[2]) [Ganz entsprechend wird natürlich für eine nach unten beschränkte Menge die **Existenz des unteren Grenzpunktes** bewiesen.]

nehmen. Bezeichnen wir den Häufungspunkt mit x_0, so lautet die Definition des Häufungspunktes:

x_0 heißt ein Häufungspunkt, wenn zwischen $x_0 - \varepsilon$ und $x_0 + \varepsilon$, wie klein auch das positiv und also von Null verschieden angenommene ε sein mag, immer noch unendlich viele Punkte der Menge liegen.

Wir führen den Beweis unseres Satzes wieder in der Weise, daß wir einen Dezimalbruch x_0, der die verlangte Eigenschaft hat, wirklich herstellen, oder vielmehr uns überlegen, wie wir ihn in jedem konkreten Falle herstellen können.

Wir teilen zunächst das Intervall a bis $a + 1$ wieder in 10 gleiche Teile:

$$a{,}0 \quad a{,}1 \quad a{,}2 \ldots a{,}9 \quad a + 1{,}0$$

und überlegen uns, daß mindestens in einem dieser Intervalle von den unendlich vielen Punkten unserer Menge unendlich viele Punkte liegen. Das betreffende Intervall sei $a, a_1 \quad a, a_1 + 1$. Für dieses Intervall, dessen Länge nur $\frac{1}{10}$ der des ursprünglichen beträgt, wiederholen wir denselben Schluß, nachdem wir zuvor auch hier 10 gleiche Teilintervalle

$$a, a_1 0 \quad a, a_1 1 \ldots a, a_1 9 \quad a, a_1 + 1{,}0$$

gebildet haben. Das so erhaltene Intervall (seine Länge ist $\frac{1}{100}$ der des ursprünglichen), in dem noch unendlich viele Punkte unserer Menge liegen, sei $a, a_1 a_2 \quad a, a_1 a_2 + 1$. Sie sehen, wie wir wieder zu einer unendlichen Folge von Intervallen kommen, von denen jedes in allen vorhergehenden enthalten ist und deren Längen gegen Null streben. Der durch die Intervallfolge bestimmte unendliche Dezimalbruch x_0 stellt nun in der Tat eine Häufungsstelle der gegebenen Punktmenge dar, da in jedem Intervall der Folge unendlich viele Punkte der Menge liegen. Sie bemerken also auch hier: *Die Existenz eines Häufungspunktes x_0 wird in der Weise gezeigt, daß man das x_0 durch einen nach bestimmten Regeln verlaufenden Prozeß als Dezimalbruch gewinnt, womit wir auf unsere Grunddefinition der Zahl als einen in allen seinen Stellen bestimmten Dezimalbruch zurückkommen.*

Die beiden hier herangezogenen Sätze über Punktmengen sollten Ihnen ein Beispiel dafür sein, was für Dinge die Präzisionsmathematik schon im Bereiche einer einzelnen unabhängigen Variablen behandelt und wie hier die Beweise zu führen sind, wo wir vermöge des von uns festgehaltenem Prinzip der absoluten Genauigkeit nach der von mir vertretenen Auffassung über die Anschauung hinausgehen.

II. Funktionen $y = f(x)$ einer Veränderlichen x.

Alles Bisherige bezog sich nur erst auf die Definition der unabhängigen Veränderlichen x. Gehen wir jetzt zu den *Funktionen* $y = f(x)$

über und fragen uns, was hier vom Standpunkte der Präzisionsmathematik, was vom Standpunkte der Approximationsmathematik zu sagen ist.

Die allgemeinste Definition der Funktion, über die wir in der modernen Mathematik verfügen, beginnt damit, festzulegen, welche Werte die unabhängige Veränderliche x annehmen soll. Wir setzen fest, x soll eine gewisse „Punktmenge" durchlaufen, wobei die Sprechweise also geometrisch ist, aber durch das Cantor-Dedekindsche Axiom (S. 7) festgelegt wird, was arithmetisch gemeint ist.

y heißt dann eine Funktion von x, in Zeichen $y = f(x)$, innerhalb der Punktmenge, wenn zu jedem x der Menge ein bestimmtes y gehört (dabei sind x und y als scharf definierte Zahlen, d. h. als Dezimalbrüche mit wohldefinierten Ziffern aufgefaßt).

Gewöhnlich durchläuft x kontinuierlich ein Stück der Achse, d. h. die Menge sämtlicher Punkte zwischen zwei festen Punkten m und n. Man nennt in anderer Sprechweise eine solche Punktmenge ein *Intervall* $\overline{mn}$, und zwar spricht man von einem *abgeschlossenen Intervall*, wenn die Endpunkte zum Intervall, von einem *offenen Intervall*, wenn die Endpunkte nicht zum Intervall gehören. Wir erhalten damit die *ältere Definition einer Funktion*, wie sie z. B. *Lejeune-Dirichlet* gebrauchte: *y heißt eine Funktion von x in einem Intervall, wenn zu jedem Zahlenwerte x, der in dem Intervalle liegt, ein wohldefinierter Zahlenwert y gehört.*

Dies wäre die am weitesten gehende Fassung des Funktionsbegriffes in der Präzisionsmathematik. Wiederum verweise ich auf ein Referat von *A. Pringsheim* in der mathematischen Enzyklopädie:

Pringsheim, A.: Allgemeine Funktionentheorie. Enzyklop. d. math. Wiss. Bd. 2 (abgeschlossen 1899), S. 1 bis 53.

wo in schöner Weise dargestellt wird, wie die Verallgemeinerung des Funktionsbegriffes sich durchgesetzt hat.

Was ich nun auf der anderen Seite über den *Funktionsbegriff in der empirischen Mathematik* zu sagen gedenke, habe ich bereits in meiner am Schlusse der Einleitung zitierten Arbeit über den allgemeinen Funktionsbegriff dargelegt. Sie können das jetzt unmittelbar Folgende als eine Ausführung der damals skizzierten Ideen ansehen.

Ähnliche Gedanken entwickelt *M. Pasch* 1882 in zwei Schriften, in denen trotz ihrem geringen Umfange sehr interessante Überlegungen vorkommen. Es sind dies die „Vorlesungen über neuere Geometrie", Leipzig 1882 [wo Pasch mit den empirisch gegebenen Punkten und Geraden beginnt und zu abstrakten Formulierungen aufsteigt[1])], und namentlich die „Einleitung in die Differential- und Integralrechnung", Leipzig 1882. Dieses Buch möchte ich Ihrer Aufmerksamkeit ganz be-

---

[1]) [2. Auflage mit einem Anhange von *M. Dehn* über „Die Grundlegung der Geometrie in historischer Darstellung". Berlin: Julius Springer 1926.]

sonders empfehlen; man vergleiche auch die parallellaufenden Erläuterungen von Pasch in Bd. 30 der Annalen von 1887, S. 127—131[1]).

In neuerer Zeit wurde das Problem des Aufbaus einer empirischen
Geometrie im Sinne einer durch genaue Experimente kontrollierbaren
und der Wirklichkeit nicht widersprechenden Wissenschaft von dem
dänischen Mathematiker *J. Hjelmslev* in mehreren Arbeiten behandelt:

1. Die Geometrie der Wirklichkeit. Acta math. Bd. 40 (1916), S. 35—66;

2. Die natürliche Geometrie. Abhandl. aus dem math. Seminar
der Hamburgischen Universität Bd. 2 (1923), S. 1—36;

3. Elementaer Geometri (3 Bde.), Kopenhagen 1916—1921; ein Lehrbuch, das in mehreren Schulen in Dänemark eingeführt ist.

Nach dieser literarischen Abschweifung fragen wir:

*Wie mag uns in der empirischen Geometrie eine Gleichung $y = f(x)$
entgegentreten?*

Wir legen ein rechtwinkliges Koordinatensystem fest und fragen,
wieweit uns y als Funktion von x durch eine Kurve gegeben ist, die wir
uns entweder durch einen zusammenhängenden Federstrich zeichnen
oder uns auch durch einen Registrierapparat (der etwa die Temperatur
als Funktion der Zeit liefert) gegeben denken (Abb. 1). Übrigens
können wir uns eine Kurve auch festlegen, indem wir gar keinen zusammenhängenden Zug machen, vielmehr unstetig einzelne Punkte
aneinanderreihen (Abb. 2). Allerdings erscheint uns aus der Nähe ge-

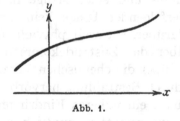

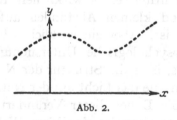

Abb. 1.   Abb. 2.

sehen das Punktaggregat als unstetig, trotzdem aber haben wir das
Gefühl, daß es uns eine ganz bestimmte Kurve festlegt, und beim Betrachten aus der Ferne glauben wir sogar eine stetige Kurve zu sehen.

Was uns hier an einem einfachen Beispiele entgegentritt, ist übrigens
eine *Eigentümlichkeit unseres Gesichtssinnes*, die auch sonst zur Geltung
kommt. Blicken Sie z. B. auf einen entfernten Wald, aus dem nicht
gerade einzelne Bäume besonders hervorragen, so meinen Sie einen
zusammenhängenden Saum zu sehen, ebenso setzen Sie diese Eigentüm-

---

[1]) *P. du Bois-Reymond* handelt in seiner „Allgemeinen Funktionentheorie",
Tübingen 1882, zwar auch fortgesetzt von dem Unterschiede der „idealistischen"
und der „empirischen" Auffassung (den er auf die Raumanschauung als solche
überträgt), nimmt aber dann keine positive mathematische Wendung, sondern
verliert sich in der Ausspinnung der von dort aus nach seiner Meinung entspringen-
den Antinomien.

lichkeit unseres Sehens voraus, wenn Sie von einem Umriß eines behaarten menschlichen Kopfes sprechen. Wir müssen also sagen: *Eine große Anzahl kleiner Gegenstände dicht beieinander gesehen läßt in uns die Vorstellung des Kontinuums entstehen.*

Ich hatte vorhin von einem zusammenhängenden Federstrich gesprochen. Würden wir ihn aber mit einem genügend scharfen Mikroskop betrachten, würde er sich als aus vielen kleinen Flecken zusammengesetzt erweisen. Wir haben also unserem letzten Satze noch hinzuzufügen: *Auch wenn wir glauben, ein Kontinuum vor uns zu haben, wird uns die genauere Betrachtung häufig überzeugen, daß wir nur die dichte Aufeinanderfolge kleiner Teilchen betrachten.*

Ich habe diese Eigentümlichkeit hier zunächst nur bei der Gesichtswahrnehmung nebeneinanderliegender Gegenstände zur Sprache gebracht. Sie gilt aber auch bei zeitlich aufeinanderfolgenden Wahrnehmungen. Die Tatsache, daß in kurzen Intervallen aufeinanderfolgende Gesichtseindrücke sich verschmelzen, als ob ein Kontinuum vorliege, beobachten wir besonders schön beim *Kinematographen.*

Zu untersuchen, wie dies zu erklären sei, ist Sache der Physiologen und Psychologen. Ich will hier nur erwähnen, daß die Elemente unserer Netzhaut aus unstetig aneinandergereihten Nervenstäbchen bestehen und daß wahrscheinlich jedes einzelne Stäbchen nur einen bestimmten Gesichtseindruck fortpflanzen kann, so daß also für uns zwischen der Beobachtung eines wirklichen Kontinuums und einer Menge in hinreichend kleinen Abständen aufeinanderfolgender Dinge kein Unterschied ist. Aber ein wirkliches Urteil darüber, wie weit physiologische und psychologische Untersuchungen über das Zustandekommen des Sehens, über die Struktur der Netzhaut, über die chemischen Veränderungen, die das Licht auf der Netzhaut durch Bestrahlung hervorbringt, über die Dauer dieser Veränderungen usw. ein näheres Eindringen in die Tatsachen der sinnlichen Wahrnehmung gestatten, muß ich selbstverständlich dem Fachmann überlassen. Wir berufen uns hier nur auf die Tatsache als solche.

Im Anschluß an unsere letzten Ausführungen fragen wir nun: In welcher Weise wird vermöge einer empirischen Kurve y als Funktion von x bestimmt?

Wir antworten: x und y sind beide nur bis auf einen Schwellenwert genau festgelegt. Daher: *Die empirische Kurve legt y nicht als scharfe Funktion von x fest, sondern definiert das einem x zugehörige y nur mit einem begrenzten Grade von Genauigkeit.*

Wir schreiben dies etwa:

$$y = f(x) \pm \varepsilon,$$

wo das unbestimmt bleibende ε (das wir uns gegebenenfalls wieder als eine Funktion von x denken mögen) einer Ungleichung $|\varepsilon| < \delta$ genügen wird, der absolute Betrag dieser kleinen Größe ε also unterhalb eines Schwellenwertes δ liegt.

Ein solches Gebilde $y = f(x) \pm \varepsilon$ von gewisser Breite habe ich in der erwähnten Arbeit von 1873 einen „*Funktionsstreifen*" genannt, so daß wir auch kürzer sagen können: *Die empirisch gegebene Kurve definiert uns nicht eine Funktion, sondern einen Funktionsstreifen.*

Da also der Verlauf der Funktion durch eine empirisch gegebene Kurve nur bis zu einem gewissen Grade genau versinnlicht werden kann, stellen wir nunmehr die mehr *psychologische Frage* in den Vordergrund, die ich schon oben als umstritten bezeichnete: Kann man sich eine Funktion unter dem Bilde einer räumlich angeschauten Kurve exakt vorstellen?

Dieses „Vorstellen" einer Kurve ist nicht mit der Auffassung des Gesetzes zu verwechseln, nach dem auf Grund der als absolut richtig vorausgesetzten Axiome die Kurve scharf definiert werden kann. Vielmehr handelt es sich um die lebendige Erfassung einer konkreten Gestalt.

Meine Antwort auf die gestellte Frage ist nach dem, was ich oben über die Vorstellbarkeit von Punktmengen auf der Abszissenachse sagte, nicht mehr überraschend; ich habe sie bereits in der genannten Note von 1873 so formuliert: *Auch wenn man sich eine Kurve nicht zeichnet oder mit dem Auge verfolgt denkt, sondern wenn man sie sich nur „vorstellt", hat die Kurve eine beschränkte Genauigkeit und entspricht also nicht dem scharfen Funktionsbegriff der Präzisionsmathematik, sondern der Idee des Funktionsstreifens.*

Die Richtigkeit dieser Auffassung soll weiterhin in der Weise hervortreten, daß ich an der Hand der Axiome die mannigfaltigsten Kurven klar definieren werde, die man sich ganz gewiß nicht vorstellen kann (so gewiß man das Gesetz ihrer Erzeugung klar versteht).

Eine entgegenstehende Ansicht ist in der mathematischen Literatur insbesondere von *A. Köpke* in den Math. Ann. Bd. 29 (1887), S. 123—140, vertreten worden. Ich gehe darauf um so lieber ein, weil ich annehme, daß diese Ansicht, wenn auch nicht in scharf formulierter Form, weit verbreitet ist.

Um den Standpunkt Köpkes verstehen zu können, muß ich etwas vorwegnehmen, was ich später ausführlicher behandeln werde.

Unter den Funktionen gibt es eine besondere Klasse, die der *stetigen Funktionen*, die wieder als besondere Unterklasse die *differenzierbaren Funktionen* in sich schließen. Ist die Differentiation beliebig oft möglich, so heißen die Funktionen *unbeschränkt differenzierbar*.

Köpke sagt nun, daß wir uns diejenigen Kurven $y = f(x)$ genau vorstellen können, deren $f(x)$ nicht nur stetig, sondern auch unbeschränkt differenzierbar ist, daß wir uns aber auf der anderen Seite solche Kurven, die stetigen Funktionen ohne Differentialquotienten entsprechen, schlechterdings nicht vorstellen können.

Sie sehen, wie dies von meiner Ansicht abweicht. Während ich behaupte, daß unsere räumliche Vorstellung an sich und immer ungenau ist, meint Köpke, daß sie völlig ausreichend sei für eine bestimmte Klasse von Funktionen, daß sie aber für andere Funktionen versage.

Man sollte meinen, daß die Physiologen und Psychologen sich mit dieser Frage beschäftigt hätten. Es scheint dies nicht der Fall zu sein, wie denn auch der einzige Forscher, der außer Köpke und mir von mathematischer Seite an diese Fragestellung ausführlich herangetreten ist, *M. Pasch* in seinen bereits genannten Lehrbüchern, sowie in den Math. Ann. Bd. 30 (1887) sein dürfte. So wenig werden die wichtigsten Fragen behandelt, die auf den Grenzgebieten verschiedener Wissenschaften liegen. Im vorliegenden Falle dürfte für die Vernachlässigung der Fragestellung übrigens mit in Betracht kommen, daß die moderne *Arithmetisierung* der Mathematik (d. h. ihr konsequenter Aufbau auf Grund des modernen Zahlbegriffs) außerhalb der mathematischen Fachkreise immer noch wenig bekannt und noch weniger nach ihrer Wichtigkeit verstanden ist.

Um so lieber mache ich hier von mir aus einen kleinen *Exkurs über Naturphilosophie*, indem ich die folgende, durch den vorliegenden Zusammenhang gegebene Frage aufstelle: *Wenn wir eine scharfe Funktion $y = f(x)$ weder empirisch realisieren, noch uns ideell vorstellen können, wie steht es dann mit der Schärfe der sogenannten Naturgesetze? Sind sie exakt oder approximativ?*

Nehmen Sie irgendein Gesetz, wie es die Physik oder die Naturwissenschaft behandelt, z. B. das *Fallgesetz:*

$$y = \frac{g\,t^2}{2} + c\,t + c'.$$

Wieweit wird dieses Gesetz durch die Beobachtung bestätigt? Wir müssen auch hier sagen: nur approximativ. Ebenso beschreibt ein geworfener Körper keine genaue Parabel, ja die ballistische Kurve kann beträchtlich von einer Parabel abweichen. Ein Tennisball vermag eine Kurve mit einer nach oben gerichteten Spitze zu beschreiben.

Wie kommen wir nun dazu, ein solches Gesetz als absolut genau zu formulieren und die Abweichungen störenden Einflüssen bzw. Beobachtungsfehlern zuzuschreiben?

Es kommt hier ein neues Prinzip in Betracht, das *Prinzip der Einfachheit der Naturerklärung* oder der *Ökonomie des Denkens*, das sich in dem vorliegenden Falle so aussprechen läßt:

Bei der Aufstellung der Naturgesetze greift man (nicht erst auf Grund ausdrücklicher Überlegung, sondern unwillkürlich) nach den einfachsten Formeln, die die Erscheinung mit hinreichender Genauigkeit darzustellen vermögen.

Was hier speziell von den Fallgesetzen gesagt ist, gilt auch für die scheinbar gesichertsten Naturgesetze, z. B. für die *Gesetze von der Konstanz der Masse und Energie.*

Bei den meisten Versuchen (besonders chemischen) ist die Masse leidlich konstant, in einer Formel ausgedrückt:

$$M = \text{konst} + \varepsilon(t),$$

wo $\varepsilon(t)$ eine nur sehr kleine Werte annehmende Funktion der Zeit ist, über welche man sonst nichts Bestimmtes in Erfahrung gebracht hat

Analoges gilt für die Energie. Auch sie ist bei den Versuchen leidlich konstant, aber von einer absoluten Genauigkeit ist gar nicht die Rede[1]), so daß wir sagen müssen: *Auch unsere allgemeinsten und für die Weltauffassung wichtigsten Naturgesetze sind immer nur in einem beschränkten Bereich mit beschränkter Genauigkeit experimentell bewiesen.* Man möchte sagen:

Die genaue Formulierung der Naturgesetze durch einfache Formeln beruht auf dem Wunsche, die äußere Erscheinung durch möglichst einfache Hilfsmittel zu beherrschen.

Vom wissenschaftlichen Standpunkte aus sollte man bei jedem Naturgesetze — damit es nicht zu einem Dogma wird, d. h. einem Satze, den wir für unumstößlich richtig halten, ohne mehr nach den Beweisgründen zu fragen — allemal die Frage stellen: Innerhalb welcher Genauigkeitsgrenzen ist es durch die Beobachtung erwiesen? Meist wird man finden, daß dies mit viel weniger Genauigkeit statthat, als man gewöhnlich glaubt.

Ich will das Gesagte an einem *Beispiele* belegen, das ich der Astronomie entnehme, d. h. einer derjenigen empirischen Wissenschaften, bei denen die Genauigkeit am weitesten getrieben ist. Ich beziehe mich dabei auf das Werk:

Newcomb, S.: The elements of the four inner planets and the fundamental constants of Astronomy. Washington 1895.

In diesem Werke hat *Newcomb* auf Grund seiner Lebensarbeit über die Bewegung der großen Planeten für sämtliche „astronomischen Konstanten" die besten Werte angegeben, welche die heutige Astronomie zu beschaffen weiß, sowie gleichzeitig den Spielraum, innerhalb dessen er sie als sicher bestimmt ansieht[2]).

Auf S. 118 bis 120 äußert er sich darüber, *wie genau das Newtonsche Gesetz der gegenseitigen Schwereanziehung zweier Massen:*

$$f = \frac{k\,m\,m'}{r^2}, \qquad (k \text{ feste Konstante})$$

durch die Beobachtung bestätigt wird.

---

[1]) Diese Genauigkeit ist sogar bislang recht gering und jedenfalls sehr viel weniger beträchtlich als bei den Versuchen, durch welche die Konstanz der Masse nachgewiesen werden soll.

[2]) [Eine Zusammenstellung neueren Datums findet man in dem Enzyklopädieartikel (VI 2, 17; abgeschlossen 1919) von *J. Bauschinger:* Bestimmung und Zusammenhang der astronomischen Konstanten, wo ebenfalls die Konstanten konsequent als Intervalle angegeben werden.]

Er unterscheidet dreierlei Beobachtungen:

1. Beobachtungen auf der Erde, wo r zwischen einigen Dezimetern (Laboratoriumsversuchen) und der Länge des Erdradius enthalten ist;

2. Beobachtungen, bei denen das Intervall für r zwischen der Länge des Erdradius und dem Abstande der Sonne von der Erde liegt (Fallgesetze, Mond- und Erdbewegungen relativ zur Sonne);

3. Beobachtungen, bei denen r bis zu dem Zwanzigfachen des Abstandes Sonne—Erde anwächst (Bewegung der fernsten Planeten).

Was die Gültigkeit des Newtonschen Gravitationsgesetzes angeht bzw. die Genauigkeit, mit der dieses Gesetz in den drei Fällen durch die Beobachtung zweifellos konstatiert wird, so setzt *Newcomb* die *Unbestimmtheit*

1. für das erstgenannte Intervall gleich $\frac{1}{3}$ des für die Anziehungskraft f sich ergebenden Betrages,

2. für das Intervall von der Länge des Erdradius bis zum Abstand Sonne—Erde gleich $\frac{1}{5000}$ des für f sich ergebenden Betrages,

3. und nur für das Intervall bis zu den entferntesten Planeten als sehr gering an.

Natürlich ist z. B. in dem ersten Intervall diese Genauigkeit nicht so zu verstehen, daß das Gesetz Werte liefert, die bis auf $\frac{1}{3}f$ falsch sind, sondern nur so, daß das vorhandene Erfahrungsmaterial einen solchen Fehler möglich erscheinen läßt.

Als Merkwürdigkeit füge ich hier an, daß der amerikanische Astronom *Hall*, um gewissen Irregularitäten in der Merkurbewegung[1]) Rechnung zu tragen, das Newtonsche Gesetz in der folgenden Form ansetzt:

$$f = \frac{k\,m\,m'}{r^2 + 0{,}1574 \cdot 10^{-7}}.$$

Nach allem müssen wir also sagen (und damit besteht meine Behauptung zu Recht):

Die Genauigkeit, mit der die allgemein geltenden Naturgesetze zwingend durch das Experiment bewiesen sind, ist selbst im Falle des Newtonschen Anziehungsgesetzes nur sehr beschränkt.

Im Anschluß an diese Ausführungen lassen Sie mich gleich die naturphilosophische Frage zur Sprache bringen, welche die Göttinger philosophische Fakultät in dem bereits in der Einleitung genannten Gutachten über die *Beneke-Preisfrage* behandelt.

Auch hier ist wesentlich von dem Unterschiede zwischen der approximativen Größenschätzung und der strengen Zahldefinition die Rede. Besonders wird dort aber die *Frage nach der inneren Konstitution der*

---

[1]) [Bekanntlich hat hier die Einsteinsche Relativitätstheorie große Fortschritte und Änderungen der Auffassung gebracht. Eine ausführliche Kritik des *Newton*schen Gravitationsgesetzes findet man in dem Enzyklopädieartikel (VI 2, 22) von *S. Oppenheim* (abgeschlossen 1920).]

Materie berührt. (Sie werden bald sehen, wie dies mit unserem engeren Gegenstande zusammenhängt.)

Bei der Frage nach der inneren Natur der Materie gibt *es zwei extreme Ansichten:*

1. Die eine will die Materie als wirklich den Raum kontinuierlich erfüllend ansehen (*Kontinuitätstheorie*),

2. die andere als eine Anhäufung getrennter, streng punktförmiger Massen (*extreme Atomtheorie*).

Die Mehrzahl der Naturforscher steht heutzutage in der Mitte. Sie sehen die Materie als molekular aufgebaut an, wobei aber die Moleküle nicht als Punkte gedacht werden, sondern als komplizierte Welten für sich.

Das erste Extrem wurde früher insbesondere von *F. Ostwald* und seiner Schule (Energetiker) vertreten, die jegliche Atomtheorie ablehnten. Die zweite Auffassung findet sich vor allem bei den französischen Mathematikern der klassischen Schule, insbesondere *Laplace*, und blieb lange herrschend; z. B. galt sie 1847 *Helmholtz* in seiner ersten Abhandlung noch als Zielpunkt. Die Annahme ist dabei, daß die getrennten „Massenpunkte" mit „Zentralkräften" aufeinander wirken. Es handelt sich um eine Verallgemeinerung der Anschauungsweise, welche seit Newton in der Astronomie herrschend war.

Übrigens ist dieses zweite Extrem gelegentlich noch wesentlich gesteigert worden. Man ging von der Frage aus: Sollte nicht, ebenso wie der Raum nur diskontinuierlich mit Materie gefüllt ist, *auch die Zeit diskontinuierlich* sein? d. h. muß nicht möglicherweise jede Bewegung als in nur diskontinuierlichen Zeitintervallen stattfindend, als sprunghaft aufgefaßt werden? Man wird zu dieser Fragestellung geführt, wenn man sich die Wirkungsweise des Kinematographen überlegt, der uns diskontinuierliche Vorgänge als kontinuierlich vortäuscht. In der Tat haben *W. K. Clifford* (On theories of the physical forces, Proceedings of the Royal Institution 1870, abgedruckt in „Lectures and Essays", Bd. I, S. 120 bis 138, London 1901) und *L. Boltzmann* derartige Vorstellungsweisen befürwortet[1]).

Wie können so verschiedenartige Ansichten nebeneinander bestehen? Dies ist die berechtigte Frage, bei der das eigentliche Interesse des Mathematikers an diesen Dingen anhebt. Wir müssen sagen:

Die verschiedenen Voraussetzungen werden gegebenenfalls mit Rücksicht auf die ungenaue Natur unserer sinnlichen Wahrnehmung gleich gute Erklärungen abgeben können, weil es sich bei der sinnlichen Wahrnehmung in der Tat nicht um Beziehungen der Präzisionsmathematik, sondern um solche der Approximationsmathematik handelt.

Die so aufgestellte Formulierung wird gern angenommen werden. Aber im Grunde nimmt sie das Resultat ernster mathematischer Be-

---

[1]) [Bekanntlich ist die oben berührte Vorstellung diskontinuierlicher Zustandsänderungen in der modernen Quantentheorie zur vollen Geltung gekommen.]

trachtung vorweg. Der Mathematiker hat weder die Fähigkeit noch die Aufgabe zu entscheiden, was der „Fall der Natur" ist, er muß das — soweit es überhaupt möglich ist, hier zu einem bestimmten Resultate zu kommen — dem berufenen Naturforscher überlassen. Er *kann* aber entscheiden und *soll* entscheiden, wieweit die verschiedenen Prämissen auf Grund geeigneter Voraussetzungen gegebenenfalls nahezu zu denselben Ergebnissen führen. In der Tat eine große Aufgabe für die Approximationsmathematik!

Nach diesen allgemeinen Erörterungen wende ich mich wieder einer bestimmten Fragestellung zu:

Jedermann verbindet mit der Idee der empirischen (etwa mit der Hand gezeichneten) Kurve gewisse Eigenschaften. Ist es möglich, den Begriff der exakten Kurve, d. h. im vorliegenden Zusammenhange die Funktion $y = f(x)$ der Präzisionsmathematik so einzuschränken, daß wir analoge Eigenschaften bei ihr wiederfinden?

Ich führe die Eigenschaften, an welche ich dabei denke, hier der Reihe nach auf:

1. Eine erste Eigenschaft, welche wir der empirischen Kurve tatsächlich beilegen, ist die *Kontinuität*, d. h. wir haben die Vorstellung, daß die Kurve in den kleinsten Teilen zusammenhängt.

Dem wird entsprechen, daß $f(x)$ durch alle Zwischenwerte geht, oder genauer:

Ist $f(a) = A$ und $f(b) = B$, so sollen alle Werte zwischen A und B von $f(x)$ im Intervalle $x = a$ bis $x = b$ wirklich angenommen werden. Wir werden lernen, daß die sogenannten „stetigen" Funktionen diese Eigenschaft haben (Abb. 3).

2. Die zweite Eigenschaft, die wir dem empirischen Verhalten der Kurve entnehmen, ist die Eigenschaft, ihrer Kontinuität entsprechend mitsamt der x-Achse und den Ordinaten zweier ihrer Punkte einen bestimmten *Flächeninhalt* abzugrenzen (Abb. 4). Hierbei ist an Kurven gedacht, die von einer Parallelen zur y-Achse in einem Punkte geschnitten werden.

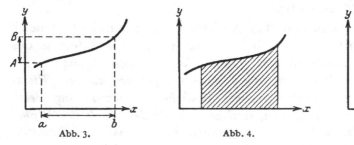

Abb. 3.   Abb. 4.   Abb. 5.

Hieraus ergibt sich für die stetige Funktion $f(x)$ keine neue Einschränkung. Wir werden vielmehr finden, daß der Flächeninhalt, d. h. das bestimmte Integral $\int\limits_{a}^{b} f(x)\,dx$ bei jeder im Intervalle $a \leqq x \leqq b$ stetigen

Funktion wohldefiniert ist, mit anderen Worten, daß jede stetige Funktion *integrierbar* ist.

3. Wir achten nun auf den Allgemeinverlauf der empirischen Kurve, d. h. auf das Anwachsen bzw. Abnehmen der Ordinate, und finden, daß die Ordinate nur endliche Werte annimmt, im Intervallinnern oder an den Intervallenden einen größten und kleinsten Wert hat, und im Intervall nur eine *endliche Anzahl Maxima und Minima darbietet* (Abb. 5).

Bei einer arithmetisch definierten stetigen Funktion $y = f(x)$ können die Maxima und Minima in einem endlichen Intervall eine Häufungsstelle haben. Ist z. B. $y = \sin\dfrac{1}{x}$ (Abb. 6), so schwankt die Funktion in dem Intervall $x = \dfrac{2}{\pi}$ bis $x = -\dfrac{2}{\pi}$ unendlich oft zwischen $y = +1$ und $y = -1$ hin und her [die Anzahl der Oszillationen wächst bei Annäherung

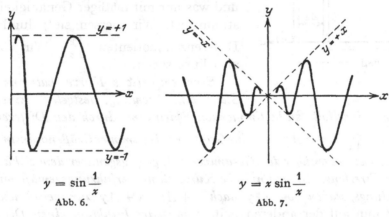

$$y = \sin\frac{1}{x}$$
Abb. 6.

$$y = x \sin\frac{1}{x}$$
Abb. 7.

an den Nullpunkt unbeschränkt]. Oder die Funktion $y = x \sin\dfrac{1}{x}$ hat in einem endlichen, den Nullpunkt enthaltenden Intervall wiederum unendlich viele Maxima und unendlich viele Minima (Abb. 7). Das zweite Beispiel hat den Vorzug, daß die Funktion nicht nur rechts und links von Null, sondern auch im Nullpunkt selbst stetig ist.

Da also bei einer stetigen Funktion $y = f(x)$ keineswegs ausgeschlossen ist, daß sie in einem endlichen Intervalle unendlich viele Maxima und Minima hat, so müssen wir, wollen wir in dieser Hinsicht Übereinstimmung mit der empirischen Kurve herstellen, als besondere Bedingung fordern:

Die Funktion $y = f(x)$ soll im gerade betrachteten Intervalle in eine endliche Zahl monotoner Stücke zerfallen.

4. Wir legen einer empirischen Kurve eine *Richtung* bei. Was verstehen wir da unter Richtung? Wir wollen hier eine möglichst unbefangene Antwort geben, d. h. nichts in die Definition hineinmengen, was wir etwa bereits aus der Differentialrechnung wissen.

Die gezeichnete Kurve repräsentiere uns einen Strom von endlicher Breite, die Ordinate y sei also nur bis auf einen Schwellenwert δ bestimmt. (Ist die Breite des Stromes zu bedeutend, so müssen wir das Folgende auf einen schmäleren Mittelstreifen beziehen.) Um nun die Richtung festzulegen, verfährt man in praxi folgendermaßen:

Man nimmt (Abb. 8) auf der Abszissenachse ein Stück Δx, welches groß gegen die Breite des Stromes (Streifens) ist, aber klein gegenüber seinem Gesamtverlauf, sucht für die Abszissenwerte x und $x + \Delta x$ die Ordinaten y bzw. $y + \Delta y$ und verbindet deren Endpunkte durch

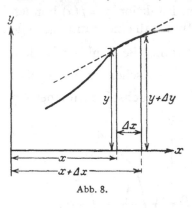

eine gerade Linie. Diese ist dann natürlich nicht scharf bestimmt, denn die beiden Punkte, die sie verbindet, sind es ja nicht. Aber diese gerade Linie gibt das, was wir in praxi die Richtung des Streifens an der betrachteten Stelle nennen und was nur mit mäßiger Genauigkeit bestimmt ist. Wir messen sie[1]) durch den Differenzenquotienten $\frac{\Delta y}{\Delta x}$. Wir können also kurz sagen:

Abb. 8.

Eine empirische Kurve hat an jeder Stelle eine Richtung, festgelegt innerhalb eines im Einzelfalle zu bestimmenden Spielraums durch den Differenzenquotienten $\frac{\Delta y}{\Delta x}$, unter $\Delta x \neq 0$ eine Größe von bestimmter Größenordnung verstanden, klein gegenüber dem Gesamtverlauf, groß gegenüber dem Schwellenwert des Streifens. Die empirische Kurve stimmt erfahrungsgemäß mit der Verbindungsgeraden von x, y nach $x + \Delta x$, $y + \Delta y$ annähernd überein.

Hat nun auf der anderen Seite *jede stetige Funktion einen Differentialquotienten?*

Wir definieren den Differentialquotienten als

$$\lim_{\Delta x \to 0} \frac{\Delta y}{\Delta x}, \qquad \Delta x \neq 0$$

und schreiben dafür abkürzend $\frac{dy}{dx}$, wo die d andeuten sollen, daß wir uns den Grenzübergang gemacht denken. Dabei müssen wir aber bedenken, daß *der Differentialquotient aus dem gerade besprochenen Differenzenquotienten durch zwei Grenzübergänge entsteht*, die in ganz bestimmter Reihenfolge vollzogen werden sollen, indem wir erstlich die Breite des Streifens und dann das Stück Δx der Abszisse unbegrenzt verkleinern.

Als allgemeinen Grundsatz über Grenzübergänge flechte ich hier ein: *Was bei einem Grenzübergang herauskommt, kann a priori schlechterdings nicht gesagt werden. Insbesondere aber ist, wenn mehrere Grenzübergänge auszuführen sind, deren Reihenfolge genau zu beachten.*

---

[1]) Noch allgemeiner könnte man $\frac{\Delta y}{\Delta x} = \frac{y_1 - y_2}{x_1 - x_2}$ setzen, wo x_1 und x_2 links und rechts von x in geeignetem Abstand genommen werden.

Früher befolgten die Mathematiker diesen Grundsatz nicht immer und glaubten an die Existenz eines Differentialquotienten jeder stetigen Funktion. Man weiß aber seit den Untersuchungen von *B. Bolzano*, *B. Riemann* und *K. Weierstraß*, daß stetige Funktionen als solche gar keinen bestimmten Differentialquotienten zu haben brauchen, d. h. daß für $\frac{\Delta y}{\Delta x}$ gegebenenfalls gar kein solcher Limes, wie wir ihn gerade definierten, existiert. Wir werden das weiterhin noch ausführlicher erläutern.

Wie mag wohl die gegenteilige Ansicht entstanden sein? Es ist nicht bestimmt zu sagen, wo der Fehlschluß lag. Es scheint aber, daß die verkehrte Annahme, daß eine stetige Funktion immer einen bestimmten Differentialquotienten haben müsse, dadurch hervorgerufen wurde, daß man bei unserer empirischen Kurve den Schwellenwert und das Stückchen Δx *gleichzeitig* verkleinert dachte, und zwar so, daß das Wesentliche der Figur, d. h. die Übereinstimmung der geraden Linie mit der Kurve für das Intervall Δx bestehen blieb. Man hielt also auch bei der strengen Funktion allgemein die Vergleichbarkeit mit einer geraden Linie für ein kleines Stück aufrecht.

Wenn diese Interpretation richtig ist, so liegt *der Fehlschluß darin, daß man zwei Grenzübergänge gleichzeitig und sozusagen in gleichem Maße machte, die vorschriftsmäßig nacheinander zu machen sind.*

Wir werden uns die Möglichkeit der Nichtexistenz des Differentialquotienten bei stetigen Funktionen später noch genauer klarmachen. Hier genügt es uns, zu wissen, daß eine stetige Funktion keinen Differentialquotienten zu haben braucht, so daß wir also, wenn wir in Übereinstimmung mit unserer empirischen Kurve, die doch sicher eine Richtung hat, bleiben wollen, *die Existenz eines Differentialquotienten der stetigen Funktion als Bedingung auferlegen* müssen.

5. Ebenso ist es bei jeder empirischen Kurve keine Frage, daß sie eine *Krümmung* besitzt.

Die Krümmung einer Kurve wird dabei durch den reziproken Wert $\frac{1}{\varrho}$ des Radius ϱ eines Kreises gegeben, der durch drei zweckmäßig gewählte Punkte der Kurve geht. Sind die drei Punkte

$$x, y\,; \qquad x + \Delta x, \quad y + \Delta y\,; \qquad x + 2\Delta x, \quad y + 2\Delta y + \Delta^2 y,$$

so kommt für die Krümmung wesentlich die zweite Differenz $\Delta^2 y$, oder wenn wir durch $(\Delta x)^2$ dividieren, der zweite Differenzenquotient $\frac{\Delta^2 y}{(\Delta x)^2}$ in Betracht. Er gibt das Maß der Abweichung von der geraden Linie ($\Delta^2 y = 0$); wir können ihn auch in der Form schreiben:

$$\frac{f(x + 2\Delta x) - 2f(x + \Delta x) + f(x)}{(\Delta x)^2}.$$

Wie werden wir die drei Punkte praktisch wählen? Offenbar wieder in Abständen, die gegen die Breite des Streifens groß, gegen seine

Gesamterstreckung klein sind. Die Schärfe, mit der der zweite Differenzenquotient oder demnach die Krümmung bei einem empirisch vorgelegten Streifen gemäß unserer Festsetzung definiert werden kann, ist, weil jetzt drei Punkte auf dem Streifen verschiebbar sind, jedenfalls geringer als die Schärfe, mit der wir den ersten Differenzenquotienten und damit die Richtung der Kurve festlegten.

Diese Unbestimmtheit der Festlegung wächst, wenn wir weitergehen und von dem dritten, vierten, ... Differenzenquotienten reden wollen.

Bei der präzisionsmathematischen Kurve müssen wir natürlich wieder, um die Analogie mit der empirischen Kurve aufrechtzuerhalten, die Existenz des zweiten und der höheren Differentialquotienten *postulieren*.

Die Punkte 4. und 5. zusammenfassend folgere ich also:

Damit diejenigen Eigenschaften, die wir einer empirisch gegebenen Kurve hinsichtlich Richtung und Krümmung (erster und höherer Differenzenquotienten) beilegen, bei einer scharf definierten Funktion sich in sinngemäßer Weise wiederfinden, werden wir die Funktion nicht nur als stetig und mit einer endlichen Anzahl von Maxima und Minima im endlichen Intervall behaftet voraussetzen, sondern ausdrücklich annehmen, daß sie einen ersten und eine Reihe höherer Differentialquotienten (soviel man gerade benutzen will) besitzt[1]).

Für das unmittelbar Folgende ist unser Programm durch die letzten Entwicklungen festgelegt. Wir haben die den Kurven beigelegten, aus der Erfahrung entnommenen Eigenschaften für die Funktionen $y = f(x)$ vom Standpunkte der Präzisionsmathematik streng zu definieren.

1. Zunächst die *Definition der Stetigkeit*.

Ich gebe hier geschichtlich an, daß diese und die Mehrzahl der übrigen in Betracht kommenden Definitionen in die Wissenschaft Eingang gefunden haben durch die fundamentalen Werke:

Cauchy, A. L.: Cours d'analyse Bd. 1. Paris 1821, und Résumé des leçons données sur le calcul infinitésimal. Paris 1823,

in die *Cauchy* (1789 bis 1857) seine Vorträge an der École polytechnique hineingearbeitet hat.

---

[1]) Man könnte natürlich an die Übereinstimmung noch weitere Forderungen stellen. Bei einer empirischen Kurve ist durch die zu einem Punkte gehörige Richtung, Krümmung usw. ein Stück des weiteren Verlaufs vorausbestimmt (was insofern selbstverständlich ist, als wir die zu einem Punkte gehörige Richtung, Krümmung usw. erst aus diesem Verlauf festlegen). *Otto Köpke* aus Ottensen [den ich S. 17 erwähnte und gelegentlich der Hamburger Naturforscherversammlung ausführlich gesprochen habe] hält es für zweckmäßig, diese *Vorausbestimmung* auch bei den präzisionsmathematischen Funktionen $y = f(x)$ als eine Forderung festzuhalten. Er kommt dadurch natürlich zu Funktionsklassen, die enger sind als die im Texte betrachteten. Für die so ausgesonderten Funktionen möchte *Köpke* einen höheren Grad von Anschaulichkeit in Anspruch nehmen als für die anderen. Ich mache demgegenüber natürlich geltend, daß nach meiner Auffassung überhaupt keine Funktionen anschaulich sind, sondern immer nur Funktionsstreifen.

Unabhängig von *Cauchy* ist in dieser Hinsicht ein anderer Forscher tätig gewesen, dessen Name erst spät in die größere Öffentlichkeit gedrungen ist. Es ist dies *Bolzano* (1781 bis 1848) in Prag (seit 1817), über dessen Bedeutung für die Geschichte der Differential- und Integralrechnung man die Arbeit von *O. Stolz* in den Math. Ann. Bd. 18 (1881), S. 255—279: Über Bolzanos Bedeutung für die Geschichte der Infinitesimalrechnung vergleichen möge. Es ist hier wie so oft in der Wissenschaft ergangen. Die historische Entwicklung knüpft nur an einen Namen an, während die Möglichkeit zu einer solchen Entwicklung an mehreren Stellen gleichzeitig gegeben war.

Wie lautet nun die *Cauchysche Definition der Stetigkeit?*

Eine Funktion $y = f(x)$ heißt in einem Punkte $x = x_0$ stetig, wenn sie erstens für diesen Punkt eindeutig erklärt ist und wenn sich zweitens zu jeder positiven Zahl η, mag sie auch noch so klein sein, eine solche positive Zahl ξ angeben läßt, daß für alle Innenpunkte x, x' eines jeden den Punkt x_0 enthaltenden Intervalls $|f(x) - f(x')| < \eta$ ausfällt, sofern nur $|x - x'| < \xi$ ist. Etwas anschaulicher ausgedrückt: Wie wir auch η wählen, immer soll es möglich sein, um x_0 herum ein Intervall von einer solchen Länge $\delta > 0$ abzugrenzen, daß für alle Punktepaare x, x' des Innern dieses Intervalls die Funktionsdifferenz ihrem absoluten Betrage nach kleiner als η ist.

Erfüllen die Forderung $|f(x) - f(x')| < \eta$ nur solche Intervalle, für die x_0 Endpunkt ist, so sagt man, daß die Funktion $y = f(x)$ im Punkte x_0 einseitig stetig ist; man nennt sie insbesondere vorwärts stetig oder rückwärts stetig, je nachdem die Intervalle δ sich rechts oder links von x_0 erstrecken. Wir können nun leicht definieren, was man unter einer „in einem Intervalle stetigen Funktion" zu verstehen hat. Man wird darunter eine Funktion verstehen, die in jedem Punkt des Intervalles stetig ist; im Falle des abgeschlossenen Intervalls aber wird man für den linken Endpunkt nur Vorwärtsstetigkeit, für den rechten Endpunkt nur Rückwärtsstetigkeit verlangen.

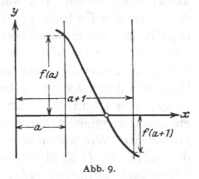

Abb. 9.

Wir beweisen nun auf Grund dieser Definition, daß *eine im abgeschlossenen Intervall $a \leqq x \leqq b$ stetige Funktion alle Werte zwischen $f(a)$ und $f(b)$ durchläuft*.

Wir beweisen den Satz in einer speziellen Form, bei der aber das allgemeine Prinzip durchleuchtet. Es möge $f(x)$ an zwei ganzzahligen Stellen $x = a$ und $x = a + 1$ betrachtet werden, dabei sei $f(a) > 0$ und $f(a + 1) < 0$ (Abb. 9). Wir beweisen, daß dann $f(x)$ zwischen a und $a + 1$ mindestens einmal durch Null geht.

Empirisch ist ganz klar, daß eine stetige Kurve, wenn sie bei a oberhalb und bei $a + 1$ unterhalb der Abszissenachse verläuft, mindestens einmal die Achse schneidet. *Theoretisch müssen wir aber beweisen, daß der in Rede stehende Satz sich aus der von uns gewählten Definition der Stetigkeit auf Grund des ein für allemal festgelegten Zahlbegriffs herleiten läßt.* Anders ausgedrückt: Es handelt sich darum, die Zweckmäßigkeit der Cauchyschen Definition der Stetigkeit zu erproben, indem wir beweisen, daß aus ihr dasjenige Theorem folgt, welches durch die Kontinuität der empirischen Kurve (infolge unserer natürlichen Ideen über Kontinuität) unmittelbar gegeben ist.

Der zu beweisende Satz lautet also, nochmals wiederholt: *Eine Funktion, die im Sinne von Cauchy im Intervall $a \leqq x \leqq a + 1$ stetig und bei $x = a$ positiv, bei $x = a + 1$ negativ ist, besitzt zwischen a und $a + 1$ mindestens eine Nullstelle.*

Der Beweis hat denselben Zuschnitt wie unsere Beweise über die Punktmengen, er ist ein „Dezimalbeweis".

Wir teilen das Intervall $a = a_0$ bis $a_0 + 1$ in 10 gleiche Teile nach den einstelligen Dezimalbrüchen

$$a_0, 0; \; a_0, 1; \; a_0, 2; \; \ldots; \; a_0, 9; \; a_0 + 1, 0.$$

Wenn dann nicht für einen der Teilpunkte $f(x)$ gleich Null ist (was wir ausschließen, da dann nichts mehr zu beweisen wäre), so gibt es ein erstes Intervall $a_0, a_1 \ldots a_0, a_1 + 1$, an dessen linkem Endpunkt $f(x)$ noch positiv, an dessen rechtem Endpunkt $f(x)$ negativ ist, so daß für dieses Zehntelintervall eben dasjenige stattfindet, was für das ganzzahlige Intervall gilt.

Das Zehntelintervall $a_0, a_1 \ldots a_0, a_1 + 1$ teilen wir jetzt in 10 Hundertelintervalle

$$a_0, a_1 0; \; a_0, a_1 1; \; a_0, a_1 2; \; \ldots; \; a_0, a_1 9; \; a_0, a_1 + 1, 0,$$

wo wieder $f(x)$ für einen der Teilpunkte verschwinden kann, was wir indes ausschließen wollen. Wir wählen wieder das erste dieser Intervalle, an dessen linkem Endpunkt $f(x)$ positiv, an dessen rechtem Endpunkt $f(x)$ negativ ist. Durch unaufhörliche Fortsetzung dieses Prozesses entsteht, wie man leicht einsieht, eine Intervallschachtelung, d. h. eine unendliche Folge von Intervallen, von denen jedes folgende in allen vorhergehenden liegt und deren Längen unbegrenzt gegen Null abnehmen. Die beiden Folgen von Dezimalbrüchen, die zu den linken und rechten Intervallendpunkten gehören, haben daher denselben Dezimalbruch x_0 zu ihrem Grenzwert. Wir wollen zeigen, daß infolge der Cauchyschen Definition der Stetigkeit $f(x_0)$ gleich Null wird. Dieser Satz läßt sich auf einen *allgemeinen Grundsatz* reduzieren.

x_0 ist der gemeinsame Limes einer fallenden und einer steigenden Folge von Dezimalbrüchen; für die erstere ist $f(x)$ positiv, für die letztere negativ:

$$x_0 = \lim a_0 \,|\, a_0, a_1 \,|\, a_0, a_1 a_2 \,|\, \ldots \text{ mit } f(x) > 0,$$
$$x_0 = \lim a_0 + 1 \,|\, a_0, a_1 + 1 \,|\, a_0, a_1 a_2 + 1 \,|\, \ldots \text{ mit } f(x) < 0,$$

$\left.\begin{array}{l} \text{für alle } x, \text{ die} \\ \text{Glieder \quad der} \\ \text{Folge sind.} \end{array}\right.$

Nun gilt für stetige Funktionen der Satz:

Wenn x_0 der Grenzwert einer Punktefolge x_1, x_2, ... ist, dann ist auch $f(x_0)$ der Grenzwert der Folge der Funktionswerte $f(x_1)$, $f(x_2)$ ...

Dies folgt einfach aus dem Wortlaut der Cauchyschen Definition der Stetigkeit und der Definition des Grenzwertbegriffs.

Hiermit ist aber unser obiger Satz unmittelbar bewiesen: Denn einmal erscheint hiernach $f(x_0)$ als Limes einer Folge nur positiver Zahlen, das andere Mal als Limes einer Folge nur negativer Zahlen. Beide Tatsachen sind nur verträglich, wenn $f(x_0) = 0$ ist.

Bei dem Beweise haben wir zuletzt einen Satz benutzt, der fast wichtiger als der bewiesene Satz selbst ist. In Zeichen lautet er:

Ist $f(x)$ stetig, so ist
$$f(\lim x) = \lim f(x).$$

Wir können aus diesem Satz noch einen weiteren ableiten, der uns später nützlich sein wird:

Wir wählen als Punktmenge x zunächst die Menge der rational-zahligen Punkte $x = \frac{m}{n}$ der Abszissenachse. Durch sie können wir alle irrationalen Zahlen festlegen, nämlich als Grenzwerte unendlicher Folgen von rationalen Zahlen. Es ist also für ein irrationales x_0

$$f(x_0) = f(\lim \text{rat.} \, x) = \lim f(\text{rat.} \, x),$$

in Worten: *Der Werteverlauf einer stetigen Funktion ist schon dann in allen Punkten eines Intervalls bestimmt, wenn er für alle rational-zahligen Punkte dieses Intervalls festgelegt ist.* — Dieses Ergebnis können wir sofort verallgemeinern, wenn wir an den von uns bereits eingeführten Begriff der Punktmenge denken, die in einem Intervalle (a, b) *überall dicht* liegt. Eine solche Punktmenge liegt dann vor, wenn jedes Teilintervall von (a, b), auch wenn es noch so klein ist, Punkte der Menge enthält. Man sieht, daß für eine solche Menge sämtliche Punkte von (a, b) Häufungsstellen sind und daß sich mithin zu jeder Stelle x_0 des Intervalls (a, b), auch wenn sie nicht zur Menge gehört, aus der Menge Punktfolgen herausheben lassen, die x_0 zum Grenzwert haben. Wir erhalten somit den Satz: *Eine stetige Funktion ist in allen Punkten eines Intervalls definiert, wenn sie für alle Punkte einer das Intervall überall dicht erfüllenden Punktmenge gegeben ist.*

Als Menge können wir beispielsweise auch die Gesamtheit der endlichen Dezimalbrüche wählen (da schon diese hinreichen, um auf der Abszissenachse eine überall dicht liegende Punktmenge zu bestimmen), so daß wir als Korollar haben:

Eine stetige Funktion ist vollkommen definiert, wenn sie für alle diejenigen Zahlen x definiert ist, die sich als endliche Dezimalbrüche anschreiben lassen.

2. Wir kommen jetzt zu dem zweiten Punkt, wo von der *Umgrenzung eines Flächeninhalts* die Rede war.

Wir haben das Gefühl, daß jedes empirische Kurvenstück mitsamt

der x-Achse und den Ordinaten seiner Endpunkte einen Flächeninhalt umgrenzt. Um diesen näherungsweise zu ermitteln, kann man
das Papier ausschneiden, wägen und mit dem Gewicht eines bekannten

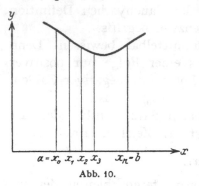
Abb. 10.

Flächeninhalts, z. B. 100 cm², vergleichen.
Durch diese Gewichtsmethode findet man
oft brauchbare Ergebnisse.

Ein weiteres praktisches Verfahren ist
die *mechanische Quadratur* oder *numerische
Integration,* wozu die *Trapezformel* und
die *Simpsonsche Regel* zu zählen sind.
Um nur die Trapezformel anzuführen, so
teile man das Intervall in so kleine Stücke
Δx (die zweckmäßig gleich groß gewählt
werden), daß die Kurvenstücke zwischen
den Ordinatenpunkten der einzelnen Δx als annähernd geradlinig betrachtet werden können und daß sich ihre Fläche demgemäß als Trapez-
fläche berechnen läßt (Abb. 10). Durch Summation aller Trapezinhalte
findet man dann für den von der Kurve umspannten Flächeninhalt:

$$\Delta x \frac{y_0 + y_1}{2} + \Delta x \frac{y_1 + y_2}{2} + \cdots + \Delta x \frac{y_{n-1} + y_n}{2}$$

$$= \frac{\Delta x}{2} (y_0 + 2y_1 + \cdots + 2y_{n-1} + y_n).$$

Ein drittes praktisches Verfahren beruht auf der Benutzung des
Planimeters[1]).

Bei der praktischen Bestimmung des Flächeninhalts liegt die Haupt-
fehlerquelle übrigens nicht in der Ersetzung der Fläche durch eine
Rechteckssumme und in der Willkür der Wahl von Δx, sondern vor
allem in der endlichen Breite der gezeichneten oder sonst empirisch
gegebenen Kurve, die den Flächeninhalt abgrenzt. So ist z. B. bei
einer Länge von 10 cm und einer Breite von $\frac{1}{3}$ mm des Streifens der aus
der Breite entstehende Fehler $\frac{1}{3}$ cm².

Wie werden wir nun *theoretisch* diese Dinge fassen?

Die theoretische Betrachtung beginnt mit der Summe $S = \sum_{1}^{n} \Delta x_\mu \cdot f_\mu(x)$,
wo n die Zahl der Intervalle irgendeiner Unterteilung des Intervalles
$a \leq x \leq b$ und $f_\mu(x)$ irgendeine Ordinate in dem Teilintervall Δx_μ bedeutet, und untersucht, wie sich diese Summe verhält, wenn die Maximallänge Δ_n der Teilintervalle gegen Null konvergiert, und damit natürlich
n unbegrenzt wächst. Ergibt sich ein Grenzwert für *jede* der Bedingung
$\Delta_n \to 0$ genügende Folge von Unterteilungen und jede Wahl der $f_\mu(x)$,
so bezeichnen wir ihn mit $\int_a^b f(x)\,dx$ und *nennen ihn das bestimmte Integral von $f(x)$ zwischen den Grenzen a und b.* Die Frage, die wir im
folgenden zu entscheiden haben, ist:

---
[1]) [Vgl. etwa Bd. II, S. 11—16.]

Wann existiert ein solcher Limes, d. h. wann ist die Funktion $f(x)$ integrierbar?

Der erste, der diese Frage aufgeworfen und in allgemeiner Weise behandelt hat, war *B. Riemann* in seiner Habilitationsschrift (1854): Über die Darstellbarkeit einer willkürlichen Funktion durch eine trigonometrische Reihe[1]).

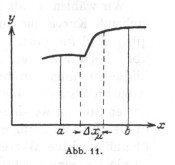

Abb. 11.

Wir beginnen damit, daß wir eine im Intervall $a \leqq x \leqq b$ *beschränkte* Funktion betrachten, d. h. eine solche, für welche der Absolutbetrag der Funktionswerte eine feste positive Zahl K nicht überschreitet. Eine solche Funktion braucht nicht stetig zu sein. Sie hat, wie wir nachher beweisen werden, in dem ganzen Intervall, wie in jedem Teilintervall, je eine obere und untere Grenze. Ist G_μ die obere, g_μ die untere Grenze für das Teilintervall Δx_μ (Abb. 11), so liegt $f_\mu(x)$ zwischen g_μ und G_μ. Wir finden somit: *Unsere ursprüngliche Summe $\sum \Delta x_\mu f_\mu(x)$ liegt zwischen zwei Grenzen $\sum \Delta x_\mu G_\mu$ und $\sum \Delta x_\mu g_\mu$*, und diese beiden Summen unterscheiden sich um die Differenz $\sum \Delta x_\mu D_\mu$, wo $D_\mu = G_\mu - g_\mu$ ist und *Schwankung* der Funktion $f(x)$ im μ^{ten} Teilintervall heißt.

Nun läßt sich aber, wie wir nicht weiter ausführen wollen, zeigen, daß für beschränkte Funktionen die beiden Summen $\sum \Delta x_\mu G_\mu$ und $\sum \Delta x_\mu g_\mu$ mit $\Delta_n \to 0$ zwei Grenzwerten A und B zustreben, zwischen denen dann $\sum f(x_\mu) \Delta x_\mu$ gleichfalls stets liegen muß. Haben A und B denselben Grenzwert C, so muß also auch der Grenzwert von $\sum f(x_\mu) \Delta x_\mu$ existieren und ebenfalls gleich C sein. A und B sind aber sicher dann gleich, die *beschränkte Funktion $f(x)$ also integrierbar*, wenn die $\sum \Delta x_\mu D_\mu$ dadurch beliebig klein gemacht werden kann, daß man die Maximallänge Δ_μ der Teilintervalle hinreichend klein macht.

Wir behaupten insbesondere: *Für jede im abgeschlossenen Intervalle $a \leqq x \leqq b$ stetige Funktion — eine solche ist notwendig beschränkt — kann die Summe $\sum \Delta x_\mu D_\mu$ beliebig klein gemacht werden.*

Bevor ich den Beweis geben kann, muß ich noch einen *feinen Punkt über Stetigkeit* erwähnen, den ich aber nicht ganz ausführen werde:

Wir hatten eine Funktion $f(x)$ an der Stelle x_0 stetig genannt, wenn es zu jedem η ein ξ gibt, so daß für alle x mit

$$|x - x_0| < \xi, \qquad |f(x) - f(x_0)| < \eta$$

folgt.

Wie ändert sich nun die Stetigkeit, wenn x_0 durch das Intervall $a \ldots b$ hinwandert, d. h. *was ist das Maß der Stetigkeit*, wenn x_0 das Intervall durchläuft?

Wir kommen zu dieser Fragestellung, wenn wir eine Kurve betrachten, die einmal flach, das andere Mal steil ansteigt. Offenbar kann ich an einer Flachheitsstelle x_{01} für dasselbe η ein größeres ξ angeben als an Steilheitsstelle x_{02}, so daß also ξ bei gegebenem η für ver-

---

[1]) Mathematische Werke, S. 213—251.

schiedene Stellen x_0 äußerst verschieden sein kann [je nachdem die Kurve flacher oder steiler verläuft (Abb. 12)].

Wir können uns dies durch eine *Hilfskurve*, die uns eine Beurteilung des Maßes der Stetigkeit gestattet, klarer machen.

Wir wählen x_0 als Abszisse und etwa $10^4\,\xi_0$ als Ordinate. Die entstehende Kurve (die uns für gegebenes η die Abhängigkeit des ξ_0 von x_0 gibt) wird im ganzen Intervalle positive Ordinaten haben. Damit ist aber noch nicht ausgeschlossen, daß die Hilfskurve in der in Abbildung 13 angedeuteten Weise verläuft. Es können nämlich die Ordinaten an einer oder mehreren Stellen der Null beliebig nahekommen, um an den Stellen, wo sie nach der Kontinuität Null werden sollen, plötzlich in die Höhe zu springen. Damit wird der Forderung, daß die Funktion überall positive Werte haben soll, in der Tat genügt. Die Hilfskurve würde also eine Unstetigkeit darbieten. Tritt ein solches Verhalten ein,

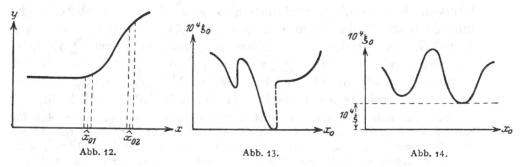

Abb. 12.   Abb. 13.   Abb. 14.

so nennen wir die Ausgangsfunktion „ungleichmäßig stetig" in dem Intervall. Wir werden sagen:

Durch die Annahme, daß eine Funktion in einem jeden einzelnen Punkte des Intervalls stetig ist, scheint zunächst noch nicht ausgeschlossen, daß die Stetigkeit über das ganze Intervall hin ungleichmäßig ist, d. h. daß es Stellen gibt, wo das ξ kleiner wird als eine noch so kleine vorgegebene Größe.

Wir haben dagegen eine *gleichmäßige Stetigkeit* in dem Intervall, wenn die ξ-Kurve wohl auf und ab schwankt, doch jener Ausnahmefall nicht eintritt (Abb. 14), d. h. wenn wir bei vorgegebenem η eine Größe ξ derart angeben können, daß für *alle* Punktepaare x, x_0 des Intervalls gleichzeitig, sobald nur $|x - x_0| < \xi$ ist, auch $|f(x) - f(x_0)| < \eta$ ist.

Jetzt kommt der Punkt, dessen Beweis ich der Kürze halber übergehe. Man zeigt, daß die schlimme Möglichkeit der ungleichmäßigen Stetigkeit, an die wir beiläufig dachten, für die im abgeschlossenen Intervall stetige Funktion von vornherein in Wegfall kommt, weil das abgeschlossene Intervall *in sich kompakt* ist, d. h. jede seiner Punktfolgen einen zum Intervall gehörigen Häufungspunkt besitzt.

Es gilt also der Satz: *Jede Funktion, die in einem abgeschlossenen Intervalle stetig ist, ist in diesem auch gleichmäßig stetig.*

Wegen des Näheren verweise ich wiederum auf *A. Pringsheim:*

Allgemeine Funktionentheorie. Enzyklopädie der math. Wissenschaften Bd. 2, S. 18[1]).

Ich habe hier auf die Möglichkeit einer ungleichmäßigen Stetigkeit deshalb so ausführlich aufmerksam gemacht, weil wir später bei Fragen der Reihenkonvergenz mit analogen Möglichkeiten zu rechnen haben.

Nunmehr nehme ich die Frage der Integrierbarkeit der stetigen Funktionen wieder auf.

Da wir wissen, daß $f(x)$ gleichmäßig stetig im abgeschlossenen Intervall $a \leq x \leq b$ ist, können wir ein ξ ein für allemal so finden, daß im *ganzen* Intervall, wenn nur $|x - x_0| < \xi$ ist, $|f(x) - f(x_0)| < \eta$ wird. Wählen wir also die Länge $\Delta x_\mu < \xi$, so wird in dem Intervall Δx_μ die Schwankung $G_\mu - g_\mu < \eta$ oder $D_\mu < \eta$. Für die Summe der mit Δx_μ multiplizierten Schwankungen folgt jetzt:

$$\sum \Delta x_\mu D_\mu < \eta \sum \Delta x_\mu = \eta \, (b - a) \, ,$$

d. h.: Für eine *im abgeschlossenen Intervall stetige* Funktion $f(x)$ können wir $\sum \Delta x_\mu D_\mu$ kleiner machen als $\eta \, (b - a)$ und damit kleiner als jede vorgegebene positive Zahl; *es ist also eine solche Funktion stets integrierbar.*

3. Wir betrachten unter Punkt 3 die Frage nach dem *größten und kleinsten Wert* einer stetigen Funktion.

Die Ordinate einer empirischen Kurve hat in einem Intervall immer einen kleinsten und einen größten Wert [der unter Umständen an den Endpunkten des Intervalls zu suchen ist (Abb. 15)]. Die Frage ist: Hat eine idealisierte Kurve, d. h. eine Funktion $y = f(x)$, die natürlich im Intervall beschränkt bleiben soll, im Sinne der Präzisionsmathematik in dem Intervall $a \ldots b$ einen größten Wert?

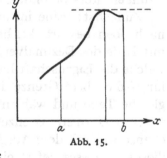

Abb. 15.

Wir müssen hier zunächst zwischen *oberer Grenze und größtem Wert* unterscheiden. Für erstere gilt der Satz: *Ist $f(x)$ eine im Intervall $a \leq x \leq b$ beschränkte Funktion, dann gibt es für die y-Werte des Intervalls sicher eine obere (und eine untere) Grenze,* wie bereits auf S. 31 bemerkt wurde.

Der Beweis folgt einfach aus unserem ersten Satz über Punktmengen S. 11—12. In der Tat: Zu jedem x unseres Intervalls gehört ein bestimmtes y, so daß wir dem Intervalle der x-Achse entsprechend auf der y-Achse eine wohldefinierte Punktmenge erhalten, die nach oben beschränkt ist. Für eine solche Punktmenge aber haben wir die Existenz der oberen Grenze bewiesen.

---

[1]) [Vgl. auch *A. Pringsheim:* Vorlesungen über Zahlen- und Funktionenlehre II, 1. Leipzig 1925, S. 54—56 und *F. Hausdorff*, Grundzüge der Mengenlehre, II. Aufl., Berlin 1927, Kap. 8, S. 197.]

Unbekannt bleibt aber zunächst noch, ob diese obere Grenze der Punkt-menge angehört, ob sie also zu einem bestimmten x als Ordinate gehört oder nicht, ob also die obere Grenze erreicht wird oder nicht. Ich will zunächst ein Beispiel geben, wo dies nicht der Fall ist. $f(x)$ sei definiert für alle Punkte zwischen $+1$ und -1 durch die Punkte eines Halb-kreises, dessen Mittelpunkt in Null liegt und dessen Radius 1 ist, nur für den Wert $x = 0$ sei $f(x) = 0$. Also:

$$y = \left| \sqrt{1 - x^2} \right| \quad \text{für} \quad x \neq 0,$$
$$y = 0 \qquad\qquad \text{für} \quad x = 0,$$

wie durch die Abbildung 16 angedeutet wird. Es handelt sich um eine wohldefinierte, allerdings unstetige Funktion. Die obere Grenze ist 1, welche aber nicht erreicht wird, da für $x = 0$, wo allein sie erreicht werden könnte, nach Definition $f(0) = 0$ ist.

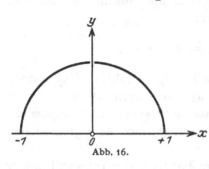
Abb. 16.

Im Gegensatz hierzu erreicht eine im Intervall $a \leq x \leq b$ stetige Funk-tion ihre obere Grenze, d. h. *eine in dem Intervall $a \leq x \leq b$ stetige Funktion hat einen größten Wert.* Wesentlich für die Gültigkeit dieses Satzes ist, daß die Intervallendpunkte mit zum Inter-vall gerechnet werden. *K. Weierstraß* hob diesen Satz in seinen Vor-lesungen stets besonders hervor.

Zunächst: Eine im abgeschlossenen Intervalle stetige Funktion ist nach oben beschränkt, hat also eine obere Grenze G. Wir können nun mit Hilfe des Dezimalverfahrens die Existenz einer Stelle x_0 erschließen, welche die Eigenschaft hat, daß in jeder noch so kleinen Umgebung von ihr G die obere Grenze ist. Wir teilen das Ausgangsintervall in zehn gleiche Teile und wählen unter den Teilintervallen das erste aus, für welches G obere Grenze ist. Mit diesem Teilintervall verfahren wir ebenso wie mit dem Ausgangsintervall. Die unbeschränkte Fortsetzung dieses Prozesses liefert eine Intervallschachtelung, welche eine Stelle x_0 der gewünschten Art definiert. So weit ist der Schluß für jede nach oben beschränkte Funktion f zu machen, *daß aber dann $f(x_0) = G$ ist, gilt nicht für jede beschränkte Funktion, wohl aber ausnahmslos für jede im abgeschlossenen Intervall stetige Funktion.* Letzteres wollen wir jetzt noch ausdrücklich zeigen.

Wir tun dies auf indirektem Wege, indem wir annehmen, daß $f(x_0) = G'$ sei, wo G' kleiner als G ist. Aus der Stetigkeit der Funktion $f(x)$ folgt, daß wir um x_0 ein Intervall so abgrenzen können, daß die Differenz

$$\left| f(x) - f(x_0) \right| \leq \eta$$

ist, wo wir η ausdrücklich kleiner als $G - G'$ wählen wollen. Es liegen also die Funktionswerte zwischen $G' - \eta$ und $G' + \eta$. Da aber $G' + \eta$

immer noch kleiner als G ist, so folgt, daß G für unser Intervall nicht obere Grenze ist, was wir aber doch wegen der Definition der Stelle x_0 annehmen müssen. Der Widerspruch läßt sich also folgendermaßen formulieren: Wäre $f(x_0) = G' < G$, so würde man infolge der Stetigkeit von $f(x)$ um x_0 ein Intervall abgrenzen können, derart, daß sämtliche Funktionswerte um mindestens eine feste positive Zahl δ kleiner als G sind, was mit der Annahme, G sei die obere Grenze für jedes den Punkt x_0 umgebende Intervall, unvereinbar ist.

Fassen wir zusammen, so sehen wir, daß sich die Kontinuität, die wir bei der empirischen Kurve voraussetzen, bei den im abgeschlossenen Intervalle stetigen Funktionen der Präzisionsmathematik wiederfindet, und daß auch die Eigenschaften: Umgrenzung eines Flächeninhalts und Existenz des größten und kleinsten Wertes bei diesen statthaben.

Wie bereits hervorgehoben wurde, werden wir außerdem im Interesse der Übereinstimmung mit den empirischen Funktionen ausdrücklich voraussetzen, daß es bei unserem $f(x)$ nur eine endliche Zahl von Maxima und Minima, d. h. von größten und kleinsten Werten in bezug auf je eine gewisse, wenn auch vielleicht kleine Nachbarschaft, in jedem endlichen Intervall gibt.

4. Wie steht es *mit der Existenz des Differentialquotienten* bei unserem $f(x)$?

Wir sagen zunächst: Bei der empirischen Kurve sahen wir die Richtung als durch den Differenzenquotienten $\frac{\Delta y}{\Delta x}$ (Δx von bestimmter Größenordnung) definiert an. Bei der Funktion $y = f(x)$ der Präzisionsmathematik definierten wir sie durch den Differentialquotienten

$$\frac{dy}{dx} = \lim_{\Delta x \to 0} \frac{\Delta y}{\Delta x}.$$

Die Frage ist: *Existiert ein solcher Limes, und zwar für alle gegen Null konvergierenden Folgen Δx, derselbe Limes?*

Damit ich völlige Klarheit in dieser Frage erziele, beginne ich mit einem *Beispiele*.

Wir wählen die bereits oben (Abb. 7, S. 23) herangezogene Funktion

$$y = x \sin \frac{1}{x}.$$

Sie läuft von rechts wie links mit sich immer dichter folgenden Schwingungen zwischen den Geraden $y = +x$ und $y = -x$ auf den Nullpunkt zu, in welchem selbst sie übrigens stetig ist. (Man vergleiche den Wortlaut der Cauchyschen Definition.) Wir bilden uns für den Koordinatenanfangspunkt und einen beliebigen anderen Punkt (x, y) den Differenzenquotienten. Er wird offenbar

$$\frac{\Delta y}{\Delta x} = \frac{y}{x} = \sin \frac{1}{x}.$$

Was werden wir nun von dem Differentialquotienten sagen können?

$\sin\frac{1}{x}$ ist eine Funktion, die bei unbeschränkt kleiner werdenden x unendlich oft zwischen $+1$ und -1 auf und ab schwankt. Also: Der Differenzenquotient $\frac{\Delta y}{\Delta x}$ schwankt, wenn Δx gegen Null geht, fortgesetzt zwischen $+1$ und -1 hin und her, ohne sich einer festen Grenze zu nähern. *Die Zahlen $+1$ und -1 sind in der Wertemenge, welche der Differenzenquotient annimmt, die obere und untere Grenze, wie klein man auch das Intervall nehmen mag, in welchem sich Δx bewegt.* Man erkennt, daß hier Existenz und Größe des Grenzwertes der Folge $\frac{\Delta y_\nu}{\Delta x_\nu}$ von der Wahl der Folge Δx_ν abhängt. Ziehen wir nur die Folgen Δx_ν in Betracht, für die er existiert, so kann er jeden Wert von -1 an bis $+1$ einschließlich annehmen.

Bezeichnen wir für positives δ die obere Grenze aller $\frac{\Delta y}{\Delta x}$, die wir im Intervalle $0 < x < \delta$ für die Stelle 0 bilden können, mit $G(0, \delta)$, die untere mit $g(0, \delta)$ und die Grenzwerte $\lim\limits_{\delta \to 0} G(0, \delta)$, $\lim\limits_{\delta \to 0} g(0, \delta)$ mit D^+ und D_+, die entsprechenden für negatives δ sich ergebenden Grenzwerte mit D^- und D_-, so ist in unserem Beispiel:

$$D^+ = +1, \quad D_+ = -1, \quad D^- = +1, \quad D_- = -1.$$

Die so definierten vier Zahlen heißen die vier *Derivierten* oder *verallgemeinerten Ableitungen* der Funktion $y = x \sin\frac{1}{x}$ an der Stelle 0; insbesondere werden D^+ und D_+ die vordere obere bzw. untere Ableitung, D^- und D_- die hintere obere bzw. untere Ableitung genannt. Vier der-

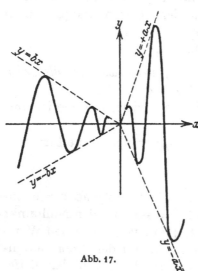

Abb. 17.

artige Zahlen können wir nun an jeder Stelle einer stetigen Funktion bilden, wie wir weiterhin noch zu erörtern haben.

Zur Veranschaulichung ändern wir unser voriges Beispiel ein wenig ab, so daß die Funktion rechts und links von der y-Achse nicht mehr symmetrisch ist. Wir schreiben

$$y = a x \sin\frac{1}{x} \text{ rechts},$$

$$y = b x \sin\frac{1}{x} \text{ links, mit } a + b \neq 0.$$

Das geometrische Bild ist dann eine Kurve, die rechts zwischen $+a x$ und $-a x$, links zwischen $+b x$ und $-b x$ schwankt und im Nullpunkt stetig ist (Abb. 17).

Unsere vier Grenzen des Differenzenquotienten für unbeschränkt kleiner werdendes Δx sind dann

$$D^+ = a, \quad D_+ = -a, \quad D^- = b, \quad D_- = -b,$$

d. h.: Wir haben hier ein *Beispiel, bei dem die vier Derivierten verschieden sind.*

Wir gehen in der Verallgemeinerung noch einen Schritt weiter. Unserem Beispiel wohnt nämlich noch die Besonderheit inne, daß der Differenzenquotient den Grenzwert, auf welchen sich seine obere bzw. untere Grenze für gegen Null konvergierendes Δx hinbewegt, schon selbst unendlich oft annimmt. Man kann aber sehr leicht Beispiele bilden, wo dies nicht der Fall ist.

Es sei $y = y_1 \sin \frac{1}{x}$, wo y_1 die Ordinate einer Kurve ist, welche nach Art der Abb. 18 unter 45° durch den Nullpunkt geht.

Hier erreicht $\frac{\Delta y}{\Delta x}$ nicht $+1$ und -1, kommt aber diesen Grenzwerten seiner oberen und unteren Grenze beliebig nahe.

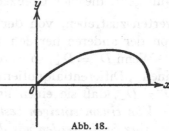

Abb. 18.

Wählen wir für y_1 eine gesetzmäßige Kurve, etwa eine Lemniskate (um eine geschlossene analytische Formel zu haben), so sind y_1 und x durch die Gleichung

$$(x^2 + y_1^2)^2 = x^2 - y_1^2$$

aneinander gebunden, d. h.

$$y_1 = \left| \sqrt{\frac{|\sqrt{8x^2 + 1}| - (2x^2 + 1)}{2}} \right|$$

für das Kurvenstück im ersten Quadranten.

Mithin lautet unsere Funktion

$$y = \left| \sqrt{\frac{|\sqrt{8x^2 + 1}| - (2x^2 + 1)}{2}} \right| \sin \frac{1}{x} .$$

Es ergibt sich für die Punkte $0, 0$ und xy, wobei x positiv ist, der Differenzquotient

$$\frac{\Delta y}{\Delta x} = \frac{1}{x} \left| \sqrt{\frac{|\sqrt{8x^2 + 1}| - (2x^2 + 1)}{2}} \right| \sin \frac{1}{x}$$

$$= \left| \sqrt{\frac{2(1 - x^2)}{|\sqrt{8x^2 + 1}| + (2x^2 + 1)}} \right| \sin \frac{1}{x} .$$

Für $x \to 0$ nähert sich der erste Faktor unbeschränkt der 1, während der zweite zwischen $+1$ und -1 unendlich oft hin und her schwankt. *Hier schwankt $\frac{\Delta y}{\Delta x}$ zwischen $D^+ = +1$ und $D^- = -1$, wenn Δx gegen Null geht, aber diese Werte selbst werden von $\frac{\Delta y}{\Delta x}$ nicht angenommen.*

Durch diese Beispiele dürfte folgendes klargeworden sein: Es sei irgendeine stetige Funktion $y = f(x)$ gegeben. Wir markieren den Punkt (x, y) und konstruieren nach rechts Δx und das zugehörige Δy, dann gibt es zwei Grenzwerte D^+ und D_+, denen die obere und untere Grenze von $\frac{\Delta y}{\Delta x}$ bei unbeschränkt kleiner werdendem Δx zustrebt. Ebenso werden, wenn Δx von links gegen Null geht, die Grenzen von $\frac{\Delta y}{\Delta x}$ zwei bestimmte Grenzwerte D^- und D_- haben. Dabei können auch $+\infty$ bzw. $-\infty$ als Grenzwerte auftreten. Also: Wie immer die stetige Funktion $f(x)$ beschaffen sein mag, stets werden, wenn Δx gegen Null geht, die vier Grenzen des Differenzenquotienten $\frac{\Delta y}{\Delta x}$ vier Grenzwerten zustreben, von der einen Seite her den Werten D^+ und D_+, von der anderen her den Werten D^- und D_-[1]).

Wenn $D^+ = D_+$, so werden wir sagen, daß die Funktion nach rechts einen „Differentialquotienten" (eine Ableitung) besitzt; ebenso bei $D^- = D_-$, daß sie einen linksseitigen Differentialquotienten hat.

Von einem einzigen bestimmten Differentialquotienten einer Funktion an einer Stelle werden wir dann und nur dann reden können, wenn sämtliche vier Derivierte einander gleich sind.

Wenn man sich in dieser Weise klarmacht, wie viele Bedingungen zu erfüllen sind, damit eine Funktion in jedem Punkte einen Differentialquotienten hat, so muß man sich wundern, daß es überhaupt solche Funktionen gibt. Dieses Stadium der Verwunderung ist das andere Extrem, dessen Gegenstück durch die gedankenlose Gewöhnungsansicht gebildet wird, der zufolge jede stetige Funktion einen Differentialquotienten besitzen soll[2]).

Nach diesen allgemeinen Erörterungen beschäftigen wir uns nunmehr ausführlich mit einem *Beispiele einer stetigen Funktion, die an keiner einzigen Stelle einen Differentialquotienten in dem von uns bezeichneten Sinne hat.*

---

[1]) [Eine genauere Untersuchung der vier Derivierten findet man bei *C. Carathéodory*, Vorlesungen über reelle Funktionen, 2. Aufl., Leipzig 1927.]

[2]) [In dem bekannten Werke „Les Atomes" von *Jean Perrin* [ins Deutsche übersetzt von A. Lottermoser (1914)] findet man das Obige treffend ergänzende Bemerkungen. Dort sagt Perrin auf Seite IX und X seines Vorwortes: „Wir bleiben noch vollkommen in der experimentellen Wirklichkeit, wenn wir mit Hilfe des Mikroskops die Brownsche Bewegung beobachten, welche jedes kleine in einem Medium in Suspension befindliche Teilchen hin und her bewegt. Um an seine Bahn eine Tangente anzulegen, müßten wir einen wenigstens annähernden Grenzwert für die Gerade finden, welche die Stellungen dieses Teilchens in zwei sehr nahe beieinander liegenden Zeitpunkten miteinander verbindet. Nun, soweit man diese Untersuchung durchführen kann, verändert sich diese Richtung fortwährend, wenn man die Zeitdauer zwischen zwei Beobachtnngen immer mehr abkürzt. Aus dieser Untersuchung kann der unvoreingenommene Beobachter nur die Vorstellung der Funktion ohne Differentialquotienten, aber nicht im geringsten die einer Kurve mit Tangente ableiten."

Man vergleiche auch die interessanten Bemerkungen *E. Borels* in seinem 1912 gehaltenen Vortrage „Les théories moléculaires et les mathématiques", abgedruckt als Note VII in seiner „Introduction géométrique à quelques théories physiques" (Paris 1914).]

Wir wählen die bekannte *Funktion*, die *Weierstraß* um 1861 auffand, die aber erst 1874 in einem Aufsatze von *P. du Bois-Reymond* veröffentlicht wurde (J. f. Math. Bd. 79. 1875)[1]).

Die Weierstraßsche Funktion ist durch eine unendliche trigonometrische Reihe von der Form

$$y = \sum_0^\infty b^\nu \cos(a^\nu \pi x)$$

gegeben, wo $b > 0$ ist, aber, damit die Reihe konvergiert, < 1 sein muß und a und das Produkt ab gewissen, noch näher anzugebenden Bedingungen zu genügen haben.

Wir wollen uns zunächst an einem *Zahlenbeispiel* den Aufbau der Funktion klarmachen. Es sei $b = \frac{1}{2}$, $a = 5$; also

$$y = \cos \pi x + \tfrac{1}{2} \cos 5\pi x + \tfrac{1}{4} \cos 25\pi x + \tfrac{1}{8} \cos 125\pi x + \cdots$$

Wir betrachten zuerst die *Teilkurven:*

$$y_0 = \cos \pi x,$$
$$y_1 = \tfrac{1}{2} \cos 5\pi x,$$
$$y_2 = \tfrac{1}{4} \cos 25\pi x,$$
$$\dots\dots\dots\dots\dots$$

aus denen durch Überlagerung die Kurve y hervorgeht.

Das Kurvenbild von $y_0 = \cos \pi x$ ist eine gewöhnliche Kosinuslinie von der halben Wellenlänge 1, deren erste positive Nullstelle bei $x = \frac{1}{2}$ liegt.

Die Funktion $y_1 = \frac{1}{2} \cos 5\pi x$ gibt eine Wellenlinie, deren Höhe zwischen $+\frac{1}{2}$ und $-\frac{1}{2}$ schwankt, deren erste positive Nullstelle bei $x = \frac{1}{10}$ liegt und deren halbe Wellenlänge $\frac{1}{5}$ beträgt. Die Wellenlinie y_1 verläuft daher *steiler* als y_0. Dabei messen wir die Steilheit der Teilkurven passend durch den absoluten Betrag der Steigung in einer Nullstelle. Für y_0 beträgt dann die Steilheit $\left|\dfrac{dy_0}{dx}\right|_{x=\frac{1}{2}} = \pi$, für y_1 ist sie bereits auf $\left|\dfrac{dy_1}{dx}\right|_{x=\frac{1}{10}} = \dfrac{5\pi}{2}$ angewachsen.

---

[1]) [*Weierstraß'* eigene Darstellung findet man in Bd. 2 seiner Werke, S. 71 bis 74. Man lese hierzu die sehr interessanten Briefe von *Weierstraß* an *P. du Bois-Reymond* und *L. Koenigsberger*, die in Bd. 39 (1923), S. 199—239, der Acta math. veröffentlicht wurden. — 30 Jahre vor *Weierstraß* hat, wie erst vor einigen Jahren entdeckt wurde, bereits *Bolzano* ein Beispiel einer nirgends differenzierbaren stetigen Funktion konstruiert. Vgl. hierzu *G. Kowalewski*: Bolzanos Verfahren zur Herstellung einer nirgends differenzierbaren stetigen Funktion. Leipziger Ber. (math.-phys.) Bd. 74 (1922), S. 91—95; Über Bolzanos nichtdifferenzierbare stetige Funktion. Acta math. Bd. 44 (1923), S. 315—319. — Was die sonstige Literatur des in Rede stehenden Gegenstandes angeht, so sei verwiesen auf: *Knopp, K.*: Ein einfaches Verfahren zur Bildung stetiger nirgends differenzierbarer Funktionen. Math. Zschr. Bd. 2 (1918), S. 1—26; und *A. Rosenthal*: Neuere Untersuchungen über Funktionen reeller Veränderlichen. Enzyklopädie der math. W. Bd. 2, S. 1091—1096.]

Die Funktion $y_2 = \frac{1}{4} \cos 25\pi x$ gibt eine Wellenlinie, die abermals steiler als die vorhergehende verläuft. Die erste positive Nullstelle liegt bei $x = \frac{1}{50}$, die halbe Wellenlänge beträgt $\frac{1}{25}$, die Ordinaten schwanken zwischen $+\frac{1}{4}$ und $-\frac{1}{4}$. Für die Steilheit ergibt sich $\frac{25\pi}{4}$.

Die folgenden Teilkurven verlaufen entsprechend mit immer gesteigerter Steilheit und geringerer Höhe. Die Amplituden nehmen nach einer geometrischen Reihe mit dem Quotienten $\frac{1}{2}$ ab, die Wellenlängen dagegen viel rascher nach einer geometrischen Reihe mit dem Quotienten $\frac{1}{5}$, während die Steigungen sehr rasch anwachsen nach einer Reihe mit dem Quotienten $\frac{5}{2}$. Als springenden Punkt, durch dessen Beachtung der Erfolg später wesentlich bedingt ist, merken wir an: *Die einzelnen Teilkurven, welche überlagert die Endkurve ergeben, stellen Wellenlinien von abnehmender Amplitude, aber sehr stark zunehmender Steilheit dar.*

Wir verlassen nun das Zahlenbeispiel und gehen zu der ursprünglich gegebenen Funktion $y = \sum_{0}^{\infty} b^\nu \cos a^\nu \pi x$ zurück. Bei ihr unterscheiden wir

1. *Teilkurven* $y_\nu = b^\nu \cos a^\nu \pi x$,

2. *Näherungskurven* $Y_m = \sum_{0}^{m} b^\nu \cos a^\nu \pi x$

(Y_m ist die Summe von $m+1$ Teilkurven).

In bezug auf die Teilkurven haben wir für $a > 1$, $b < 1$ jedenfalls den Satz: Mit wachsendem ν werden Amplitude und Wellenlänge der Teilkurven unbeschränkt kleiner. Werden die Teilkurven aber auch immer steiler, wie in unserem Zahlenbeispiel?

Der Differentialquotient $\frac{dy_\nu}{dx}$ wird gleich $-a^\nu b^\nu \pi \sin a^\nu \pi x$; für eine Nullstelle von y_ν wird hiernach:

$$\left| \frac{dy_\nu}{dx} \right| = (ab)^\nu \pi.$$

Sobald also $ab > 1$ ist, wächst die Steilheit der Teilkurven, obwohl sie an Höhe unbegrenzt abnehmen, mit zunehmendem ν unbegrenzt.

Wir sagen nunmehr etwas über die *Näherungskurven*. Haben wir uns erst klargemacht, wie eine solche Näherungskurve aus der nächstvorangehenden entsteht, so werden wir in der Lage sein, uns ein gewisses Bild von der bei unbeschränkter Fortsetzung des Prozesses entstehenden Endkurve zu machen.

Es ist

$$Y_1 = \cos \pi x + b \cos a \pi x,$$

d. h. also: Die Näherungskurve Y_1 hat man sich in der Weise entstanden zu denken, daß man der gewöhnlichen Kosinuslinie eine feinere Wellenlinie überlagert.

Bilden wir Y_2, so ist

$$Y_2 = \cos \pi x + b \cos a \pi x + b^2 \cos a^2 \pi x,$$

d. h. hier tritt zu der vorigen eine noch feinere Wellenlinie hinzu.

Ist hiermit der organische Aufbau der Näherungskurven gegeben[1]), so erlahmt doch unsere Vorstellungskraft rasch, wenn wir die ent-

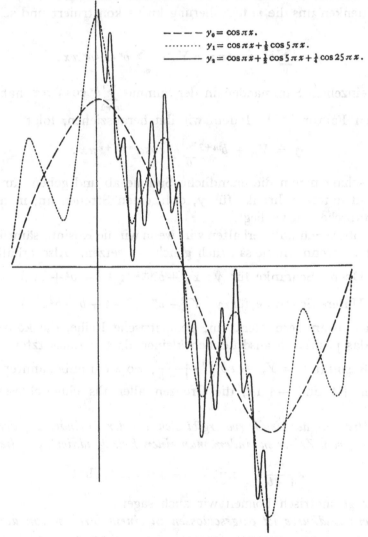

$$- - - - \ y_0 = \cos \pi x.$$
$$\cdots\cdots\cdots\cdots \ y_1 = \cos \pi x + \tfrac{1}{2} \cos 5 \pi x.$$
$$\underline{\qquad\qquad} \ y_2 = \cos \pi x + \tfrac{1}{2} \cos 5 \pi x + \tfrac{1}{4} \cos 25 \pi x.$$

Abb. 19. Näherungskurven der Weierstraßschen Kurve $\sum\limits_{0}^{\infty} b^\nu \cos a^\nu \pi x$ für $b = \tfrac{1}{4}$, $a = 5$.

---

[1]) Vgl. Abb. 19; hier ist wieder $b = \tfrac{1}{2}$, $a = 5$ genommen. Ich schließe mich mit dieser Zeichnung und den folgenden Betrachtungen an die Entwicklungen von *Chr. Wiener* in Journ. f. Math. 90 (1881), S. 221—252 an, ohne indessen seine unrichtige Kritik der Weierstraßschen Behauptungen aufzunehmen. [Die Darstellung Wieners ist sehr lehrreich in Hinblick auf die unklaren Vorstellungen, die gelegentlich mit dem Begriffe des Differentialquotienten verbunden werden. Man vergleiche damit die klare Erwiderung von *Weierstraß* (Werke Bd. 2, S. 228—230).]

stehende Kurve als Ganzes überblicken wollen; wir müssen uns vielmehr sehr bald mit der logischen Definition begnügen, die ich so formuliere:

Jede folgende Näherungskurve ergibt sich dadurch aus der vorangehenden, daß dieser eine neue feinere Welle von kleinerer Amplitude, aber noch unverhältnismäßig viel kleinerer Wellenlänge überlagert wird.

Was können wir nun über die *Endkurve* aussagen?

Wir denken uns die m-te Näherungskurve konstruiert und schreiben daher

$$y = \sum_{0}^{\infty}{}' b^\nu \cos a^\nu \pi x = Y_m + \sum_{m+1}^{\infty} b^\nu \cos a^\nu \pi x.$$

Die einzelnen Summanden in der Summe $\sum\limits_{m+1}^{\infty} b^\nu \cos a^\nu \pi x$ haben alle denselben Faktor b^{m+1}. Indem wir ihn herausziehen, folgt

$$y = Y_m + b^{m+1} \sum_{0}^{\infty} b^\nu \cos a^{m+1+\nu} \pi x.$$

Wir schätzen nun die unendliche Summe ab und geben damit eine obere und untere Schranke für y, d. h. einen Streifen an, in dem die Weierstraßsche Kurve liegt.

Eine obere Schranke erhalten wir, wenn wir die Kosinus sämtlich $+1$, eine untere, wenn wir sie sämtlich gleich -1 setzen. Also erhalten wir

Obere Schranke für y: $Y_m + b^{m+1}(1 + b + b^2 + \ldots)$

Untere Schranke für y: $Y_m + b^{m+1}(-1 - b - b^2 \ldots)$

In den Klammern steht eine geometrische Reihe, die konvergiert, da wir das positive b ausdrücklich kleiner als 1 voraussetzten. Somit ist das Resultat $y = Y_m + \varepsilon b^{m+1} \cdot \dfrac{1}{1-b}$, wo ε ein unbekannter Faktor zwischen $+1$ und -1 ist, die Grenzen allenfalls eingeschlossen. In Worten:

Die Ordinate der Endkurve ergibt sich aus der Ordinate Y_m der Näherungskurve vom Zeiger m, indem man einen Betrag addiert, der die Gestalt

$$\varepsilon \frac{b^{m+1}}{1-b} \qquad \text{mit} \qquad -1 \leqq \varepsilon \leqq 1 \quad \text{hat.}$$

Mehr geometrisch können wir auch sagen:

Unsere Endkurve ist eingeschlossen in einem Streifen von der Breite $2\dfrac{b^{m+1}}{1-b}$, *dessen Mittellinie die Näherungskurve Y_m ist.*

Ist z. B. $b = 0{,}1$ und messen wir in Zentimetern, so ergibt sich für $m = 6$ die Breite $2\dfrac{b^{m+1}}{1-b} = 2\dfrac{0{,}1^7}{0{,}9} = \dfrac{2}{9} \cdot 10^{-6}$, d. h. eine Breite, die unter dem liegt, was mit dem schärfsten Mikroskope wahrzunehmen ist. Ist also b einigermaßen klein, so sinkt die Breite des Streifens mit zunehmendem m außerordentlich rasch herab. *Jedenfalls folgt aber auf diese Weise die Stetigkeit der Funktion y,* und zwar folgendermaßen:

Y_m ist stetig als endliche Summe stetiger Funktionen. Was noch hinzugefügt wird, damit wir die Endkurve erhalten, ist bei genügend großem m gleichmäßig klein für alle x. Beides zusammengenommen heißt aber nichts anderes, als daß y stetig ist. Wir wollen hierfür noch kurz die Formeln geben:

Es sei

$$y(x) = Y_m + \varepsilon \, \frac{b^{m+1}}{1-b},$$

$$y(x') = Y'_m + \varepsilon' \, \frac{b^{m+1}}{1-b},$$

so ist

$$\left| y(x) - y(x') \right| = \left| Y_m - Y'_m + (\varepsilon - \varepsilon') \frac{b^{m+1}}{1-b} \right|,$$

$$\left| y(x) - y(x') \right| \leqq \underbrace{\left| Y_m - Y'_m \right|}_{\eta_1} + \underbrace{\left| (\varepsilon - \varepsilon') \frac{b^{m+1}}{b-1} \right|}_{\eta_2},$$

und also

$$\left| y(x) - y(x') \right| \leqq \eta_1 + \eta_2 = \eta.$$

In Worten:

Wir nehmen erstlich m so groß, daß $\left| (\varepsilon - \varepsilon') \cdot \frac{b^{m+1}}{1-b} \right| \leqq 2 \frac{b^{m+1}}{b-1} < \frac{\eta}{2}$ wird, nachher nehmen wir x' so nahe an x, daß $\left| Y_m - Y'_m \right| \leqq \frac{\eta}{2}$ ausfällt; dann wird auch $\left| y - y' \right|$ kleiner als irgendein vorgegebenes positives η. Wir fassen zusammen:

Da die Breite des Streifens bei $b < 1$ mit wachsendem m beliebig klein gemacht werden kann und andererseits die Näherungskurve Y_m eine stetige Funktion ist, ist auch die Endkurve für $b < 1$ stetig.

Wir können aber noch mehr über die Endkurve aussagen. *Es ist bei geeigneter Wahl von a möglich, für sie bestimmte Punkte, nämlich die Knoten und Scheitel, von vornherein in geschlossener Form anzugeben.*

Zunächst die *Knoten*:

Der Kosinus eines Winkels wird Null, wenn das Argument ein ungerades Vielfaches von $\frac{\pi}{2}$ ist. Wir nehmen $x = \frac{2g+1}{2a^m}$, wo g eine ganze Zahl ist. Dann ist $a^m \pi x = (2g+1)\frac{\pi}{2}$, $\cos a^m \pi x = \cos(2g+1)\frac{\pi}{2} = 0$. *Setzen wir nun weiterhin a als ungerade Zahl voraus*, so werden, da das Produkt ungerader Zahlen ebenfalls ungerade ist, auch $a^{m+1}\pi x$, $a^{m+2}\pi x, \ldots$ von der Form $(2g+1)\frac{\pi}{2}$, und wir erhalten:

$$\cos a^{m+1} \pi x = \cos a^{m+2} \pi x = \cdots = 0.$$

Ist also $x = \frac{2g+1}{2a^m}$, wo g eine beliebige ganze Zahl und a eine ungerade ganze Zahl ist, so hat an dieser Stelle nicht nur die m-te Teilkurve eine Nullstelle, sondern auch jede folgende Teilkurve, und die Endkurve stimmt an dieser Stelle hinsichtlich ihrer Ordinate mit der $(m-1)$-ten und allen folgenden Näherungskurven überein. Es gibt also auf der

Endkurve Punkte, die zugleich auf der $(m-1)$-ten Näherungskurve und allen folgenden Näherungskurven liegen. Diese Punkte nennen wir *Knotenpunkte*; sie liegen überdies auf den Ordinatenlinien, die zu den Nullstellen der Teilkurven gehören. — Ist $2g+1$ durch a teilbar, so würde der in Frage stehende Knotenpunkt schon bei einer früheren Näherungskurve aufgetreten sein; diesen Fall brauchen wir aber fernerhin nicht weiter zu beachten.

Da für den Exponenten m und ebenso für g beliebig große ganze Zahlen eingesetzt werden können, andererseits $a>1$ vorausgesetzt wurde, so folgt nebenbei, daß die Punkte, welche die Ordinatenlinien der Knotenpunkte auf der x-Achse ausschneiden, überall dicht liegen, d. h. daß in jedem noch so kleinen Teilintervall unendlich viele Knoten vorkommen.

Eine Kleinigkeit schwieriger, aber für unseren Beweis der Nichtdifferenzierbarkeit der Weierstraßschen Funktion allein von Bedeutung sind die *Scheitel*. Diese Bezeichnung werden wir sowohl auf gewisse Punkte der Näherungskurven als auch der Endkurve anwenden. Unter den Scheiteln von Y_m verstehen wir die Punkte dieser Kurve, die sich für $x = \frac{g}{a^m}$ ergeben, unter g wieder eine ganze Zahl verstanden, unter den Scheiteln der Endkurve die Gesamtheit der Stellen $x = \frac{g}{a^m}$ $(m=0,1,2,\ldots)$. Die m-te Teilkurve hat an diesen Stellen ihre Maxima und Minima, denn es wird dort:
$$\cos a^m \pi x = \cos \pi g = (-1)^g.$$

Da a ungerade ist, so ist auch
$$\cos a^{m+1} \pi x = \cos a\pi g = (-1)^g.$$

Dasselbe gilt für alle folgenden Teilkurven, so daß wir das Resultat haben: Die Scheitel der Näherungskurven und folglich auch der Endkurve liegen auf den Ordinatenlinien, die durch die Maxima und Minima der Teilkurven gehen.

Für einen Scheitel $x = \frac{g}{a^m}$ hat für $\nu \geqq m$ das ν-te Glied der Weierstraßschen Reihe den Wert $b^\nu (-1)^g$.

Infolgedessen läßt sich für einen Scheitel die Reihensumme leicht angeben. Bezeichnen wir mit Y_{m-1} die Ordinate, welche die Näherungskurve vom Zeiger $m-1$ an der betreffenden Stelle hat, so ergibt sich:
$$y = Y_{m-1} + (-1)^g \cdot \frac{b^m}{1-b}.$$

Projiziert man die Scheitel der Weierstraßschen Kurve auf die x-Achse, so liegen diese Projektionen natürlich aus demselben Grunde wie die der Knoten überall dicht. Das Ergebnis unserer bisherigen Überlegung ist also:

Die Weierstraßsche Funktion ist, wenn $0 < b < 1$, a eine ungerade Zahl und größer als 1 ist, überall stetig und legt auf der x-Achse zwei uns bekannte, überall dicht liegende Punktmengen fest. Als stetige Funktion *ist sie schon durch die Werte in den Punkten der einen dieser beiden Mengen vollständig definiert.*

Die nächste Frage, die sich nun ganz systematisch anschließt, ist:

Wie steht es an jeder Stelle x mit den vier Grenzen D^+, D_+, D^-, D_- der Differenzenquotienten? Wir werden finden, daß die vier Derivierten für keinen Punkt x einen gemeinsamen endlichen oder unendlichen Wert haben, so daß also für keine Stelle x unsere Funktion einen endlichen oder unendlichen Differentialquotienten hat. Es genügt natürlich schon, zu zeigen, daß zwei der vier Derivierten, etwa D^+ und D_-, verschiedene Werte haben.

Das Beweisverfahren von *Weierstraß* ist summarisch, insofern die Stellen x nicht weiter klassifiziert werden. Wir folgen ihm, um nicht zu viel Zeit mit diesem Gegenstande zu verlieren; es wäre indessen leicht, noch tiefer in die Einzelheiten einzudringen.

Es sei x_0 die Stelle, für welche die Existenz des Differentialquotienten zu untersuchen ist. Wir betrachten zunächst die m-te Näherungskurve. Von den beiden der Stelle x_0 benachbarten Scheiteln dieser *Näherungskurve* wählt Weierstraß den nächstliegenden; wenn x_0 gerade in der Mitte liegt, den nach links gelegenen (Abb. 20).

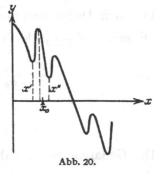

Abb. 20.

Ist $\frac{\alpha_m}{a^m}$ die Abszisse dieses Scheitels, wo natürlich α_m eine ganze Zahl ist, so hat er also die Ungleichung:

$$-\tfrac{1}{2} < x_0 a^m - \alpha_m \leqq +\tfrac{1}{2}.$$

Dieser so festgelegte Scheitel hat auf der m-ten Näherungskurve seinerseits zwei Nachbarscheitel, von denen der linke die Abszisse x', der rechte die Abszisse x'' haben soll. Für x' und x'' bestimmt man die Ordinaten der *Endkurve* und verbindet die so erhaltenen beiden Punkte x', y' und x'', y'' mit dem gegebenen Punkte x_0, y_0. Auf diese Weise legt man zwei Differenzenquotienten der Endkurve fest und hat nun zuzusehen, ob diese sich einem gemeinsamen endlichen oder unendlichen Grenzwert nähern, wenn die Differenzen $x' - x_0$ und $x'' - x_0$ beide gegen Null gehen. Wir werden sehen, daß dabei für hinreichend große Werte des Produktes ab

$$\frac{y' - y_0}{x' - x_0} \qquad \text{und} \qquad \frac{y'' - y_0}{x'' - x_0}$$

unendlich großen Werten von verschiedenem Vorzeichen zustreben, oder beide zwischen $-\infty$ als unterer und $+\infty$ als oberer Grenze oszillieren, womit sowohl die Existenz eines endlichen als auch die eines unendlichen Differentialquotienten ausgeschlossen ist.

Zunächst wollen wir die Differenzen $x' - x_0$ und $x'' - x_0$ untersuchen. Da

$$x' = \frac{\alpha_m - 1}{a^m} \qquad \text{und} \qquad x'' = \frac{\alpha_m + 1}{a^m}$$

ist, ergibt sich:

$$x' - x_0 = \frac{\alpha_m - 1 - x_0 a^m}{a^m} = \frac{-1 - (x_0 a^m - \alpha_m)}{a^m},$$

$$x'' - x_0 = \frac{1 - (x_0 a^m - \alpha_m)}{a^m}$$

oder aber, wenn wir mit Weierstraß für die Differenz $x_0 a^m - \alpha_m$ die Abkürzung x_{m+1} einführen,

$$x' - x_0 = \frac{-1 - x_{m+1}}{a^m}, \qquad x'' - x_0 = \frac{1 - x_{m+1}}{a^m}.$$

Da $|x_{m+1}| \leqq \frac{1}{2}$ ist, so folgt, daß für $a > 1$ die beiden Differenzen mit wachsendem m gegen Null gehen, was wir auch ohne weiteres hätten an der Tatsache erkennen können, daß die Punktmenge, die den Scheiteln der Endkurve auf der x-Achse entspricht, dort überall dicht liegt.

Die Werte für y' und y'' schreiben wir in der folgenden Form:

$$y' = \sum_\nu^{m-1} b^\nu \cos a^\nu \pi x' - (-1)^{\alpha_m} b^m \sum_\nu^\infty b^\nu,$$

$$y'' = \sum_\nu^{m-1} b^\nu \cos a^\nu \pi x'' - (-1)^{\alpha_m} b^m \sum_\nu^\infty b^\nu.$$

Für den Differenzenquotienten $\frac{y' - y_0}{x' - x_0}$ ergibt sich dann, wenn wir die Differenz $y' - y_0$ gleich in zwei Teile zerspalten:

$$\frac{y' - y_0}{x' - x_0} = \sum_\nu^{m-1} b^\nu \frac{\cos a^\nu \pi x' - \cos a^\nu \pi x_0}{x' - x_0}$$

$$+ \sum_\nu^\infty b^{m+\nu} (-1)^{\alpha_m+1} \frac{1 + \cos a^\nu \pi x_{m+1}}{x' - x_0}.$$

Der Gedanke, welcher der Spaltung zugrunde liegt, ist, die Differenzenquotienten der $(m-1)$-ten Näherungskurve $\sum^{m-1} b^\nu \cos a^\nu \pi x$ und der „Restkurve" $\sum_m^\infty b^\nu \cos a^\nu \pi x$ zu trennen. Wir gehen jetzt zur Abschätzung dieser beiden Quotienten über.

Für den Differenzenquotienten der $(m-1)$-ten Näherungskurve ergibt sich, wenn wir die im Zähler stehende Differenz in ein Produkt überführen:

$$\sum_\nu^{m-1} b^\nu \frac{\cos a^\nu \pi x' - \cos a^\nu \pi x_0}{x' - x_0} = \sum_\nu^{m-1} b^\nu \frac{2 \sin a^\nu \pi \frac{x_0 + x'}{2} \cdot \sin a^\nu \pi \frac{x_0 - x'}{2}}{x' - x_0}.$$

Erweitern wir mit $a^n \pi$ und setzen $\dfrac{1}{\frac{x_0 - x'}{2}}$ für $\dfrac{2}{x_0 - x'}$ so folgt:

$$\sum_\nu^{m-1} b^\nu \frac{\cos a^\nu \pi x' - \cos a^\nu \pi x_0}{x' - x_0} = \sum^{m-1} - a^\nu b^\nu \pi \frac{\sin a^\nu \pi \frac{x_0 - x'}{2}}{a^\nu \pi \frac{x_0 - x'}{2}} \cdot \sin a^\nu \pi \frac{x_0 +}{2} -.$$

Da sowohl $\left| \dfrac{\sin a^\nu \pi \frac{x_0 - x'}{2}}{a^\nu \pi \frac{x_0 - x'}{2}} \right|$ als auch $\left| \sin a^\nu \pi \dfrac{x_0 + x'}{2} \right| \leq 1$ ist, so

ergibt sich, daß der absolute Betrag des Differenzenquotienten der $(m-1)$-ten Näherungskurve kleiner oder gleich $\pi \sum\limits_{0}^{m-1} a^\nu b^\nu = \pi \dfrac{a^m b^m - 1}{ab - 1}$ ist und bestimmt den Wert $\pi \dfrac{a^m b^m}{ab - 1}$ nicht erreicht (ab ist größer als 1 vorausgesetzt). Wir dürfen also den Differenzenquotienten der $(m-1)$-ten Näherungskurve gleich

$$\varepsilon \pi \frac{a^m b^m}{ab - 1}, \qquad (-1 < \varepsilon < +1)$$

setzen.

Indem wir uns nunmehr zum Differenzenquotienten der Restkurve wenden, erhalten wir:

$$\sum_{0}^{\infty}{}_\nu\, b^{m+\nu} (-1)^{\alpha_{m+1}} \frac{1 + \cos a^\nu \pi x_{m+1}}{x' - x_0} = (-1)^{\alpha_m} a^m b^m \sum_{0}^{\infty} b^\nu \frac{1 + \cos a^\nu \pi x_{m+1}}{x_{m+1} + 1}.$$

Das erste Glied der hier auftretenden unendlichen Reihe wird

$$\frac{1 + \cos \pi x_{m+1}}{x_{m+1} + 1}.$$

Da

$$-\frac{1}{2} < x_{m+1} \leq +\frac{1}{2},$$

ist $\cos \pi x_{m+1} \geq 0$. Der Nenner $x_{m+1} + 1$ schwankt zwischen $\frac{1}{2}$ und $\frac{3}{2}$. Mithin ist:

$$\frac{1 + \cos \pi x_{m+1}}{x_{m+1} + 1} \geq \frac{2}{3}.$$

Die folgenden Glieder der Reihe sind ebenfalls entweder positiv oder gleich Null, so daß auch die Summe der Reihe $\geq \frac{2}{3}$ ist.

Unter η' eine positive Zahl ≥ 1 verstehend und $\dfrac{(-1)^{\alpha_m}}{\eta'} \cdot \varepsilon = \varepsilon'$ setzend (so daß ε' wie ε zwischen -1 und $+1$ liegt), können wir jetzt schreiben:

$$\frac{y' - y_0}{x' - x_0} = (-1)^{\alpha_m} a^m b^m \eta' \left(\frac{2}{3} + \varepsilon' \frac{\pi}{ab - 1} \right).$$

Damit ist für den linksseitigen Differenzenquotienten der Weierstraßschen Funktion eine Abschätzung gelungen. Eine analoge Formel erhalten wir für den rechtsseitigen Differenzenquotienten, nämlich:

$$\frac{y'' - y_0}{x'' - x_0} = (-1)^{\alpha_{m+1}} a^m b^m \eta'' \left(\frac{2}{3} + \varepsilon'' \frac{\pi}{ab - 1} \right),$$

nur ist hier noch der Faktor (-1) hinzugetreten, da $x'' - x_0$ positiv ist, während oben $x' - x_0$ negativ war.

Wir wünschen nunmehr in den Differenzenquotienten zu erreichen, daß der Beitrag, den die Restkurve zum Differenzenquotienten gibt, größer ist als der Beitrag, den die $(m-1)$-te Näherungskurve liefert. Durch eine qualitative Überlegung kommen wir hier vorab zu dem Schlusse:

Man wird dafür Sorge tragen müssen, daß die *Teilwellen*, die auf die $(m-1)$-te Näherungskurve aufgesetzt sind, *möglichst steil werden*. Die Steilheit hängt aber ab von dem Produkte ab; wir werden also ab hinreichend groß machen müssen.

Quantitativ gestaltet sich die Sache so:

Wir wählen den ungünstigsten Fall: ε' (und auch ε'') gleich -1, dann muß $\dfrac{2}{3} > \dfrac{\pi}{ab-1}$ sein, d.h.

$$ ab > 1 + \frac{3\pi}{2}. $$

Diese Bedingung nehmen wir jetzt als erfüllt an. Dann ist $\eta'\left(\dfrac{2}{3} + \varepsilon' \dfrac{\pi}{ab-1}\right)$ sicher eine positive Zahl p'_m, die von m abhängt. Dasselbe gilt für

$$ \eta''\left(\frac{2}{3} + \varepsilon'' \frac{\pi}{ab-1}\right) = p''_m. $$

Wir erhalten:

$$ \left.\begin{array}{l} p'_m = \eta' \cdot \dfrac{2}{3} + \eta' \cdot \varepsilon' \dfrac{\pi}{ab-1} \\[2mm] p''_m = \eta'' \cdot \dfrac{2}{3} + \eta'' \cdot \varepsilon'' \dfrac{\pi}{ab-1} \end{array}\right\} \geqq \left(\frac{2}{3} - \frac{\pi}{ab-1}\right). $$

Setzen wir zur Abkürzung:

$$ \frac{2}{3} - \frac{\pi}{ab-1} = q, $$

so ist

$$ \left.\begin{array}{l} p'_m \\ p''_m \end{array}\right\} \geqq q, $$

wo nun q eine von m unabhängige Zahl ist.

Damit folgen für die Differenzenquotienten entweder die Beziehungen:

1.
$$ \frac{y' - y_0}{x' - x_0} \geqq (-1)^{\alpha_m} a^m b^m q, $$
$$ \frac{y'' - y_0}{x'' - x_0} \leqq (-1)^{\alpha_m+1} a^m b^m q, $$

oder 2.
$$ \frac{y' - y_0}{x' - x_0} \leqq (-1)^{\alpha_m} a^m b^m q, $$
$$ \frac{y'' - y_0}{x'' - x_0} \geqq (-1)^{\alpha_m+1} a^m b^m q, $$

je nachdem $(-1)^{\alpha_m} = +1$ oder $(-1)^{\alpha_m} = -1$ ist.

Hiermit haben wir die Endformeln, auf welche sich der Weierstraßsche Beweis für die Nichtexistenz eines Differentialquotienten stützt. Wir lassen nämlich in unseren Differenzenquotienten m immer größer und größer werden, damit x' von links und x'' von rechts unbeschränkt an x_0 heranrückt.. Wenn es einen *endlichen* Differentialquotienten gäbe, dann müßten die beiden Differenzenquotienten sich unbegrenzt

demselben endlichen Werte nähern. Gäbe es einen bestimmten *unendlichen* Differentialquotienten, so müßten die beiden Differenzen-
quotienten, nachdem $|x' - x_0|$ und $|x'' - x_0|$ hinreichend klein geworden
sind, schließlich dauernd mit demselben Vorzeichen ins Unendliche
wachsen. Wenn wir aber m in den beiden Endformeln für die Differenzenquotienten wachsen lassen, so sind drei Fälle zu unterscheiden:

1. Alle α_m (bis auf endlich viele) sind gerade; dann strebt

$$\frac{y' - y_0}{x' - x_0} \text{ gegen } +\infty, \qquad \frac{y'' - y_0}{x'' - x_0} \text{ gegen } -\infty.$$

2. Alle α_m (bis auf endlich viele) sind ungerade, dann strebt

$$\frac{y' - y_0}{x' - x_0} \text{ gegen } -\infty, \qquad \frac{y'' - y_0}{x'' - x_0} \text{ gegen } +\infty.$$

3. Liegt weder Fall 1 noch Fall 2 vor, so bedeutet es keine Einschränkung der Allgemeinheit, anzunehmen, daß $(-1)^{\alpha_m}$ mit wachsendem m alternierendes Vorzeichen besitzt. Dann bilden aber sowohl die
$\frac{y' - y_0}{x' - x_0}$ wie die $\frac{y'' - y_0}{x'' - x_0}$ eine oszillierende Folge mit der unteren Grenze
$-\infty$ und der oberen Grenze $+\infty$. Also hat die *Weierstraß*sche Funk-
tion in keinem Fall an der Stelle x_0, die ganz beliebig war, einen bestimmten endlichen oder unendlichen Differentialquotienten.

Ich will das Wesentliche der Sache noch an einer Abbildung verständlich machen. Wir nehmen (Abb. 21) x_0 in einem unteren (α_m ungerade) Scheitel der m-ten Näherungskurve und denken
uns, daß er unterer Scheitel für alle folgenden Näherungskurven bleibt. Dies setzt voraus, daß alle $\alpha_{m+\nu}$ ($\nu = 0, 1,$
$2, \ldots$) ungerade sind. Dann nimmt die Höhendifferenz
der Nachbarscheitel bei wachsendem m allerdings ab und
ebenfalls ihr seitlicher Abstand von x_0, aber weil wir das
Produkt ab so groß genommen haben, nimmt die Höhendifferenz unverhältnismäßig viel langsamer ab als der horizontale Abstand. Die Folge ist, daß die beiden Sekanten,
die den Differenzenquotienten entsprechen, bei wachsendem m unbegrenzt steiler werden, so daß ihre Steigungen
mit entgegengesetztem Vorzeichen unendlich groß werden. Hierbei
nahmen wir an, daß ein unterer Scheitel der m-ten Teilkurve unterer
Scheitel der $(m+1)$-ten, $(m+2)$-ten, ... Näherungskurve bleibt. Wenn
die Zahlen $\alpha_{m+\nu}$ ($\nu = 0, 1, 2, \ldots$) gerade sind, wird x_0 natürlich für
die betreffende Teilkurve oberer Scheitel, die Nachbarscheitel werden
untere Scheitel. Die Abbildung kehrt sich also um, der Widerspruch
gegen die Annahme eines bestimmten Differentialquotienten bleibt dabei
aber der gleiche[1]).

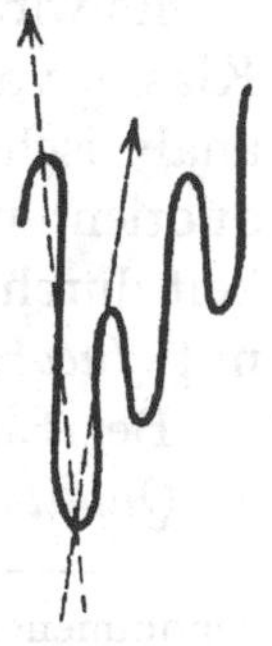

Abb. 21.

---

　[1]) [Der Leser wird vermuten, daß für die Nirgendsdifferenzierbarkeit der
Weierstraßschen Funktion bereits die Bedingung $ab > 1$ statt der von uns an-

Unsere Betrachtung der Weierstraßschen Funktion hat ergeben, daß die Voraussetzung der Stetigkeit bei einer Funktion noch nicht die Existenz eines Differentialquotienten bedingt. Wollen wir von einer stetigen Funktion, daß sie einen ersten, zweiten und höhere Differentialquotienten besitzt, so müssen wir ihr das vielmehr ausdrücklich als Bedingung auferlegen.

Blicken wir auf die Entwicklungen dieses Abschnitts zurück, so ergibt sich folgendes: Wir legten der empirischen Kurve gewisse Eigenschaften:

1. Kontinuität,

2. Vorhandensein eines größten und eines kleinsten Wertes, endliche Anzahl von Maxima und Minima in einem endlichen Intervall,

3. Vorhandensein einer Richtung und

4. einer Krümmung usw.

von Hause aus bei. Damit etwas Analoges bei einer Funktion der Präzisionsmathematik stattfand, mußten wir bei dieser nacheinander die Eigenschaften:

1. Stetigkeit im abgeschlossenen Intervall,

2. endliche Anzahl von Maxima und Minima im abgeschlossenen Intervall,

3. Vorhandensein eines ersten Differentialquotienten und

4. eines zweiten Differentialquotienten usw.

ausdrücklich voraussetzen.

Es wird so aus der Gesamtheit der Funktionen eine ganz bestimmte Klasse von Funktionen ausgeschieden, die aber allgemeiner als die analytischen sind, da wir nicht einmal die Existenz der Differentialquotienten beliebiger hoher Ordnung, geschweige denn die Darstellbarkeit durch die Taylorsche Reihe verlangen. Ich nenne diese Funktionen mit *Jacobi* „*vernünftige Funktionen*"[1]).

Bei Einführung dieses Ausdrucks können wir also sagen:

Qualitativ (d. h. der Art nach) finden sich die Eigenschaften, welche

---

genommenen schärferen $ab > 1 + \frac{3\pi}{2}$ genügt, und daß die Bedingung „*a* ist eine ungerade Zahl" nichts mit dem Wesen der Sache zu tun hat. In der Tat hat *G. H. Hardy* (Transactions of the American Mathematical Society Bd. 17 (1916), S. 301 bis 325) bewiesen, daß die Bedingungen $0 < b < 1$ und $ab \geqq 1$ hinreichen, wenn man unter Nichtdifferenzierbarkeit versteht, daß kein *endlicher* Differentialquotient vorhanden ist. Läßt man die Beschränkung auf endliche Differentialquotienten fallen, so reicht die Bedingung $ab \geqq 1$ nicht hin, um die Nirgendsdifferenzierbarkeit zu sichern. — Diese Tatsachen hat bereits *Weierstraß*, wie aus seinem auf S. 39 erwähnten Briefwechsel mit *L. Koenigsberger* hervorgeht, gekannt, ohne etwas darüber zu veröffentlichen. Die oben außer $0 < b < 1$ geforderten Bedingungen: *a* ist eine ungerade Zahl, $ab > 1 + \frac{3\pi}{2}$ haben den Vorzug, eine elementare Untersuchung zu ermöglichen.]

[1]) Weiter unten sprechen wir in demselben Sinne von „regulären" Funktionen oder „regulären" Kurven.

man üblicherweise den empirischen Kurven beilegt, bei denjenigen Funktionen $y = f(x)$ der Präzisionsmathematik wieder, welche wir vernünftige Funktionen nennen.

Damit ist noch nichts über die Frage der *quantitativen* Übereinstimmung gegeben, über die wir jetzt in dem folgenden Abschnitt etwas sagen wollen.

III. Von der angenäherten Darstellung der Funktionen.

Annäherung empirischer Kurven durch vernünftige Funktionen.

Es sei eine empirische Kurve gegeben. Die Frage ist: Können wir eine Funktion $y = f(x)$ der Präzisionsmathematik so bestimmen, daß sie für jedes x die empirische Kurve hinsichtlich der Ordinate, Richtung und Krümmung hinreichend genau approximiert? Da wir für diesen Zweck der Approximation keine komplizierten Funktionen benutzen werden, sondern nur Funktionen von einfacher analytischer Bauart, so reiht sich an die eben gestellte Frage sofort die andere:

Wie weit kann man eine empirische Kurve nach Gesamtverlauf, Richtung und Krümmung durch einfache analytisch definierte Funktionen annähern?

Wir überzeugen uns zunächst an einem beliebig vorgelegten Beispiele, daß wir jede empirische Kurve mit beliebiger Annäherung durch eine vernünftige Funktion ersetzen können. Es sei verlangt, die durch die Abbildung 22 gegebene Beziehung zwischen Ordinaten und Abszissen durch eine Funktion $y = f(x)$ mit hinreichender Genauigkeit darzustellen. Wir schreiben der Kurve ein geradliniges Polygon von so großer Seitenzahl ein, daß seine Seiten merklich mit den korrespondierenden Kurvenstückchen zusammenfallen. Wie dies im Einzelfalle auszuführen ist, ich meine, wie lang die einzelnen Seiten und wo die einzelnen Endpunkte zu wählen sind, darüber können wir hier nichts Allgemeines aussagen; jedenfalls aber können wir jede empirische Kurve mit der durch die Verhältnisse gebotenen Genauigkeit durch ein geradliniges Polygon ersetzen[1]); und dieses Polygon vertritt uns ein Gesetz $y = f(x)$, welches wir als eine Annäherung an das durch die Kurve gegebene Gesetz betrachten können.

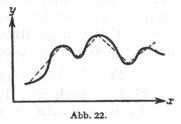

Abb. 22.

Damit haben wir indes noch keine Funktion, die wir überall differenzieren können, geschweige denn eine solche, deren Differentialquotienten überall mit der „Richtung" der empirischen Kurve übereinstimmen; die innerhalb der verlangten Fehlergrenzen vorhandene Übereinstimmung mit der empirischen Kurve bezieht sich nur erst auf die Ordinaten.

---

[1]) Dies ist ein Ergebnis der praktischen Erfahrung und tritt als solches an die Spitze unserer mathematischen Überlegung.

Um auch in bezug auf die Richtung das Entsprechende zu leisten, verfahren wir am einfachsten so, daß wir aus der vorgelegten empirischen Kurve, deren Ordinate y heißt, eine erste „abgeleitete Kurve" dadurch herstellen, daß wir für die ursprüngliche Kurve den die Richtung fest-

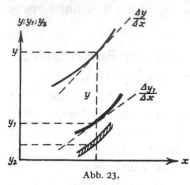

Abb. 23.

legenden Differenzenquotienten $\frac{\Delta y}{\Delta x}$ (vgl. S. 24) an jeder Stelle x ermitteln und seinen Wert als Ordinate y_1 einer neuen Kurve $y_1 = f_1(x)$ auftragen (Abb. 23).

Da die empirische Kurve uns nicht genau gegeben ist, sondern einen „Streifen" darstellt, wird die Richtung $\frac{\Delta y}{\Delta x}$ zwischen ziemlich weiten Genauigkeitsgrenzen schwanken; die „erste abgeleitete Kurve" wird also eine ziemlich bedeutende Breite haben; eine Kontrolle liegt darin, daß allemal (innerhalb der zulässigen Genauigkeitsgrenzen) $\int f_1(x)\,dx = f(x)$ sein muß.

Entsprechend können wir eine „zweite abgeleitete Kurve" konstruieren, indem wir die Richtung $\frac{\Delta y_1}{\Delta x}$ der ersten abgeleiteten Kurve als Ordinate y_2 auftragen. Natürlich ist diese dann in einem noch höheren Maße unbestimmt usw.

Nachdem wir dies durchgeführt haben, ersetzen wir die Kurve y_2 durch ein geradliniges Polygon und erhalten dadurch eine Funktion $f_2(x)$, die zweimal integriert uns eine Funktion $f(x)$ gibt, die die vorgelegte Kurve hinsichtlich der Ordinate, Richtung und Krümmung mit der gewünschten Genauigkeit darstellt. Kurz in Formeln:

$$y_2 = f_2(x)\,, \qquad y_1 = \int f_2(x)\,dx\,, \qquad y = \int y_1\,dx = f(x)\,.$$

Ich fasse noch einmal zusammen:

Um eine zweimal differenzierbare vernünftige Funktion so zu bestimmen, daß sie nicht bloß die Ordinate einer vorgelegten empirischen Kurve, sondern auch die Richtung der Kurve und die Krümmung innerhalb der jeweils gegebenen Genauigkeitsgrenzen darstellt, konstruiert man zu der gegebenen Kurve die erste und zweite abgeleitete Kurve, so genau dies im empirischen Gebiet möglich ist, ersetzt die zweite abgeleitete Kurve durch ein geradliniges Polygon und definiert dadurch eine Funktion $f_2(x)$, welche zweimal integriert die gesuchte Approximationsfunktion $f(x)$ ergibt.

Dies ist natürlich nur *eine* Methode zur Ermittlung einer vernünftigen Funktion von den gewollten Eigenschaften; jeder Mathematiker wird sich sofort andere Methoden ausdenken können.

Wie eine solche Methode im·einzelnen zu handhaben ist, unterliegt von Fall zu Fall der praktischen Entscheidung. Wir bewegen uns hier gar nicht allein auf dem streng logischen Gebiete der reinen Mathematik, sondern auf einem Gebiete, in dem außer den rein logischen Schlüssen der Mathematik noch ein gewisses Gefühl für das Praktische, Zweckmäßige und Erreichbare eine bedeutsame Rolle spielt. Da wir nicht auf die einzelnen Anwendungsgebiete eingehen können und doch nicht wünschen, uns stets so unbestimmt wie eben auszudrücken, wollen wir bei der weiteren Frage nach der approximativen Darstellung durch einfache analytische Formeln uns statt der empirischen Kurve von vornherein eine „vernünftige" Funktion $y = f(x)$ gegeben denken, die je nachdem einmal, zweimal (oder auch öfter) differenzierbar sein soll, und fragen: *Wie weit ist es möglich, eine solche vernünftige Funktion durch einfache analytische Ausdrücke (Polynome, trigonometrische Summen usw.) zu approximieren?*

Wir verpflanzen also unsere approximative Betrachtung ganz auf das Gebiet der reinen Mathematik, wo sich alle Voraussetzungen scharf bezeichnen und daher auch alle Aussagen scharf formulieren lassen. Den „angewandten" Disziplinen überlassen wir es aber, zu beurteilen, was mit unseren Entwicklungen in den einzelnen Fällen praktisch geleistet werden kann.

Behandeln wir also nunmehr die

Annäherung einer vernünftigen Funktion durch einfache analytische Ausdrücke.

Die analytischen Formeln, die man zumeist zur angenäherten Darstellung benutzt, sind

a) *endliche Polynome*

$$y = A + Bx + Cx^2 + \cdots + Kx^n,$$

b) *endliche trigonometrische Reihen* (trigonometrische Polynome oder Summen)

$$y = a_0 + a_1 \cos x + a_2 \cos 2x + \cdots + a_\nu \cos nx,$$
$$+ b_1 \sin x + b_2 \sin 2x + \cdots + b_\nu \sin nx.$$

Wir haben davon zu reden, wie weit vernünftige Funktionen durch diese einfachen Funktionen dargestellt werden können und wie weit sich insbesondere die Approximation auch auf die Differentialquotienten bezieht.

In den Lehrbüchern ist die Approximation der Funktionen durch endliche Reihen häufig vernachlässigt gegenüber der Frage nach der exakten Darstellung durch unendliche Reihen (Taylorsche, Fouriersche Reihen usw.). Dies ist aber eine ganz andere Frage, die ihrerseits zwar sehr wichtig ist, in den Anwendungen aber nie zur Geltung kommt. Denn bei den Anwendungen kann es sich naturgemäß nur darum handeln, wieweit und in welchem Sinne man durch *endliche* Reihen approximieren kann. Die Einseitigkeit vieler Lehrbücher ist nur so zu verstehen, daß die Verfasser nicht aus der Praxis heraus schreiben, sondern lediglich auf Grund theoretischer Beschäftigung.

Bei der Approximation kann man eine der folgenden beiden Ideen heranziehen. Man kann:

a) die endlichen Polynome und die endlichen trigonometrischen Reihen nur an einzelnen Stellen an die Funktion bzw. ihre Differentialquotienten anschließen,

b) die Koeffizienten aus dem Gesamtverlauf entnehmen, indem man etwa nach der Methode der kleinsten Quadrate die Summe der Fehlerquadrate zu einem Minimum macht[1]).

Ich beginne mit den Polynomen, welche sich nur an einzelnen Stellen an die gegebene Funktion anschließen.

Es sei $y = f(x)$ und es seien n Stellen $x = \alpha$, β, ..., ν gegeben, an welchen das gesuchte Polynom genau die Ordinate der Funktion geben soll.

Das Polynom niedrigsten Grades, welches nur n Konstanten enthält, wird uns durch die bekannte *Lagrangesche Interpolationsformel* gegeben:

$$Y = f(\alpha)\frac{(x-\beta)(x-\gamma)\cdots(x-\nu)}{(\alpha-\beta)(\alpha-\gamma)\cdots(\alpha-\nu)} + f(\beta)\frac{(x-\alpha)(x-\gamma)\cdots(x-\nu)}{(\beta-\alpha)(\beta-\gamma)\cdots(\beta-\nu)} + \cdots$$
$$+ f(\nu)\frac{(x-\alpha)(x-\beta)\cdots}{(\nu-\alpha)(\nu-\beta)\cdots}.$$

Sie liefert uns ein Polynom $(n-1)$-ten Grades, welches an den gegebenen Stellen in der Tat genau dieselben Ordinaten besitzt wie die Funktion $y = f(x)$. Für $x = \beta$ ist z. B. $Y = f(\beta)$.

Jetzt ist zu untersuchen, wie weit an anderen Stellen als den n gegebenen das Lagrangesche Interpolationspolynom unsere Funktion annähert.

Wir bezeichnen, um dies zu entscheiden, unser Polynom Y mit $\Theta(x)$ und den Rest $y - Y$ mit $R(x)$. Dann wird:

$$y = \Theta(x) + R(x).$$

Da der Ausdruck $R(x)$ für $x = \alpha$, β, ... verschwindet, können wir den Faktor $\varphi(x) = (x - \alpha)(x - \beta)\cdots(x - \nu)$ aus ihm herausziehen und schreiben:

$$y = \Theta(x) + \varphi(x) \cdot r(x).$$

Gleichzeitig geben wir der Lagrangeschen Formel die Gestalt:

$$\Theta(x) = \frac{f(\alpha)}{\varphi'(\alpha)}\frac{\varphi(x)}{x-\alpha} + \cdots + \frac{f(\nu)}{\varphi'(\nu)}\frac{\varphi(x)}{x-\nu}.$$

Soll die Lagrangesche Formel für ein gegebenes Intervall brauchbar sein, so muß $|r(x)|$ ($\varphi(x)$ ist in jedem abgeschlossenen Intervall be-

---

[1]) [Die oben angeführten Probleme wurden schon in Bd. I (S. 205–215; S. 241–255) behandelt. Unnötig erscheinende Wiederholungen wurden im folgenden vermieden.]

schränkt) in diesem Intervalle hinreichend klein bleiben. Wir haben also die folgende zentrale Fragestellung:

Vermag man r(x) so in Grenzen einzuschließen, daß $\Theta(x)$ als angenäherter Ausdruck für $f(x)$ gelten kann?

Man bezeichnet das Gebiet, mit dem wir uns hier beschäftigen, gewöhnlich mit dem Worte *Interpolation* oder Einschaltung. Dieser Name hat darin seinen Ursprung, daß man sich den Wert x, für den man die Funktion $f(x)$ annähern will, innerhalb des Intervalls $\alpha, \beta, \ldots, \nu$ gelegen denkt. Unsere Frage betrifft aber auch solche x, welche außerhalb des Intervalls liegen (*Extrapolation*)[1].

Von diesem allgemeinen Ansatz gehen wir zu speziellen Fällen über, indem wir annehmen, daß zwei oder mehrere Punkte $\alpha, \beta, \ldots$ zusammenfallen, d. h. daß uns an einzelnen Stellen auch der erste und weitere Differentialquotienten gegeben sind[2].

Sind uns außer $f(\alpha), f(\beta) \ldots$ auch $f'(\alpha), f'(\beta) \ldots$ gegeben, so entsteht die Frage:

Wie konstruiert man ein *Polynom*, welches an den Stellen $\alpha, \beta, \gamma, \ldots$ nicht nur die gewollten Ordinaten, sondern *auch die vorgegebenen Differentialquotienten* hat (oskulierende Interpolation)?

Es läßt sich dies entweder direkt erledigen oder auch aus der Lagrangeschen Formel durch Grenzübergang ableiten, und es ist dann die Frage, wie weit das so gewonnene Polynom zur Approximation für $f(x)$ und seine Differentialquotienten zu gebrauchen ist.

Lassen wir insbesondere alle Punkte $\alpha, \beta, \ldots, \nu$ in einen Punkt a zusammenfallen, so ergibt sich die Taylorsche Formel:

$$f(x) = f(a) + \frac{f'(a)}{1}(x-a) + \frac{f''(a)}{2!}(x-a)^2 + \cdots + \frac{f^{(n-1)}(a)}{(n-1)!}(x-a)^{n-1} + r(x) \cdot (x-a)^n.$$

Auf ihre Herleitung aus der Lagrangeschen Formel, die sich übrigens leicht ergibt, gehe ich hier nicht ein[3].

Was uns nun bei der Lagrangeschen Formel und ihren Spezialfällen besonders interessiert, ist, wie wir schon sagten, die *Abschätzung des Restgliedes*.

Als Grundlage für die Abschätzung ziehen wir den als *Theorem von Rolle* bekannten Spezialfall des *Mittelwertsatzes der Differentialrechnung* heran. Dieses Theorem heißt: *Es sei $F(z)$ eine im abgeschlossenen Intervalle $a \leq z \leq b$ stetige Funktion, die für jeden Punkt des Intervallinneren einen Differentialquotienten besitzt. Es sei ferner $F(a) = F(b) = 0$. Dann*

---

[1] [In Bd. I, S. 247 wurde darauf hingewiesen, daß es zweckmäßiger ist, statt „Interpolation" das die Extrapolation mitumfassende Wort „Approximation" zu gebrauchen. Neuerdings wird bei Interpolation stets stillschweigend auch die Extrapolation mit umfaßt gedacht.]

[2] [Näheres findet man in Bd. I, S. 247—252.]

[3] [Die ausführliche Behandlung findet man in Bd. I, S. 247ff.]

hat die Ableitung F′(z) im Inneren des Intervalls mindestens eine Null-stelle (Abb. 24).

Der Beweis dieses Satzes ist einfach. Wir erinnern uns an den Satz von *Weierstraß*, nach dem jede in einem abgeschlossenen Intervalle

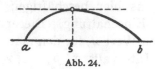
Abb. 24.

stetige Funktion entweder im Intervallinnern oder an einem der Intervallenden einen größten Wert besitzt. Wir schließen nun den trivialen Fall, daß $F(z)$ konstant gleich Null ist, aus und nehmen zunächst an, daß $F(z)$ im Inneren des Intervalls $a \ldots b$ nicht ohne positive Werte ist. Dann muß $F(z)$ seinen größten Wert an einer Stelle ξ des Intervallinneren annehmen. Aus der eindeutigen Bestimmtheit des Differentialquotienten folgt aber dann sofort $F'(\xi) = 0$.

Hätte $F(z)$ im Intervallinneren nur negative Werte, so würde man nach dem größten Wert von $-F(z)$ fragen und zu dem gleichen Ergebnis kommen.

Die einfachen Elemente, auf die sich dieser Beweis aufbaut, sind, wie Sie sehen, der Weierstraßsche Satz und die Voraussetzung der einmaligen Differenzierbarkeit von $F(z)$.

Wir werden jetzt den Satz auf drei Punkte a, b, c ausdehnen, für die $F(z)$ verschwinden soll. Aus zweimaliger Anwendung unseres Theorems folgt, daß $F''(z)$ mindestens einmal im Intervall $a \ldots c$ verschwindet.

Damit erhalten wir folgenden Satz, den ich in der Form ausspreche, in der wir ihn brauchen werden:

Ist F(z) eine Funktion, die an k Stellen verschwindet, ist ferner F(z) in dem durch diese Nullstellen festgelegtem abgeschlossenen Intervalle stetig und hinreichend oft differenzierbar, dann hat der (k − 1)-te Differentialquotient von F(z) im Inneren des genannten Intervalls mindestens eine Nullstelle.

Dieser Satz führt uns nun bei der Lagrangeschen Interpolationsformel folgendermaßen zur Abschätzung des Restes.

Wir betrachten die Funktion

$$F(z) = f(z) - \Theta(z) - r(x) \cdot \varphi(z) ,$$

wo $\Theta(z)$ [vom $(n-1)$-ten Grade] das *Lagrange*sche Polynom ohne Restglied bedeutet und $\varphi(z)$ (vom n-ten Grade) der auf S. 54 eingeführte Faktor ist; x ist ein beliebiger, aber fest gewählter Wert der unabhängigen Veränderlichen z. Für die Funktion $F(z)$ kennen wir nun eine Reihe von Nullstellen. Erstens werden für $\alpha, \beta, \ldots$, sowohl $f(z) - \Theta(z)$ als auch $\varphi(z) = 0$, mithin auch $F(z) = 0$. Ferner ist x eine Nullstelle. Denn für $z = x$ ist nach Definition $f(x) = \Theta(x) + r(x) \cdot \varphi(x)$; also $F(x) = 0$.

Somit können wir auf $F(z)$ das Rollesche Theorem in seiner allgemeinen Form anwenden, indem wir $k = n + 1$ nehmen. Es folgt, daß

$F^{(n)}(z)$ mindestens eine Nullstelle ξ im Inneren des Intervalles $\alpha \ldots \nu, x$ hat. Rechnen wir diesen n-ten ·Differentialquotienten aus, so kommt

$$F^{(n)}(z) = f^{(n)}(z) - r(x) \cdot n!$$

[($\Theta(z)$ als vom Grade $(n-1)$ gibt additiv den Beitrag 0 und $r(x)$ als Konstante gibt multiplikativ den Beitrag $r(x)$, $\varphi(z) = z^n + \cdots$ liefert den Zahlenfaktor $n!$]. Also haben wir für das betreffende ξ:

$$f^{(n)}(\xi) - r(x)n! = 0$$

und damit

$$r(x) = \frac{f^n(\xi)}{n!}.$$

Setzen wir diesen auf so einfachem, aber doch sehr sinnreichem Wege gefundenen Wert von $r(x)$ in die Lagrangesche Formel mit Restglied ein, so folgt

$$f(x) = \Theta(x) + \varphi(x)\frac{f^{(n)}(\xi)}{n!},$$

wobei ξ, uns sonst nicht bekannt, irgendwo in dem Intervalle $\alpha, \beta, \ldots,$ ν, x liegt. Wir haben somit das Ergebnis:

Die Lagrangesche Formel ist brauchbar, mit anderen Worten, $f(x)$ wird durch $\Theta(x)$ approximiert, sofern der Ausdruck $\varphi(x) \cdot f^{(n)}(\xi) : n!$ für alle im Intervall gelegenen ξ eine hinreichend kleine Größe ist. Dabei ist einerlei, ob x zwischen $\alpha \ldots \nu$ oder außerhalb davon liegt. Unsere Formel mit Restglied dient ebensowohl zur Interpolation wie zur Extrapolation.

Wollen wir jetzt insbesondere *die Taylorsche Formel* anschreiben, so folgt:

$$f(x) = f(a) + \frac{f'(a)}{1}(x-a) + \cdots + \frac{f^{(n-1)}(a)}{(n-1)!}(x-a)^{n-1} + \frac{f^{(n)}(\xi)}{n!}(x-a)^n.$$

Die Form des Restgliedes ist hier dieselbe, die man in der Differentialrechnung bei der Behandlung der Taylorschen Reihe als Lagrangesches Restglied vorzutragen pflegt.

Übrigens haben wir es bei der Taylorschen Formel nur mit Extrapolation zu tun, da alle $\alpha, \beta, \ldots, \nu$ in einen Punkt a zusammenrücken.

Ich beabsichtige nun an einer Reihe von Beispielen die Bedeutung der eben behandelten Dinge klarzumachen.

In erster Linie spreche ich von der Anwendung der Lagrangeschen Formel, die Sie alle bei dem Gebrauch von Logarithmentafeln von ihr machen. Wir finden in den Tafeln den Logarithmus zweier Zahlen a und $a+1$. Die Frage ist: Dürfen wir geradlinig interpolieren,

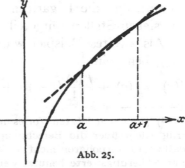

Abb. 25.

d. h. das Stückchen der Logarithmuskurve zwischen den Ordinaten $\log a$ und $\log(a+1)$ durch die Sehne ersetzen? (Abb. 25.)

Die Lagrangesche Formel liefert für den Fall $n = 2$ und $f(x) = \log x$:

$$\log x = \log a + (x - a) \; \{\log (a + 1) - \log a\} + R.$$

Zur Abschätzung des Restes

$$R = \frac{f''(\xi)}{2} (x - a) (x - a - 1),$$

ermitteln wir $f'(x) = \dfrac{d \log x}{d x} = \dfrac{M}{x}$ und $f''(x) = -\dfrac{M}{x^2}$, wo M der Modul des Logarithmensystems ist. Das Produkt $(x - a) (x - a - 1)$ hat als Kurvenbild eine Parabel, die ihre im Intervall $a \leqq x \leqq a + 1$ dem ab-

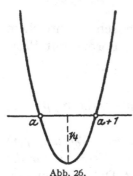

Abb. 26.

soluten Betrage nach größte Ordinate $-\dfrac{1}{4}$ für $x = \dfrac{a + (a + 1)}{2} = a + \tfrac{1}{2}$ annimmt (Abb. 26). Tragen wir diese Werte in die obige Formel ein, so kommt als obere Schranke des Fehlerbetrages $|r(x)|$, den wir durch Weglassung des Restgliedes begehen, $\dfrac{M}{8 \xi^2}$. Also:

Wenn wir einen Logarithmus mit Proportionalteilchen berechnen, so bekommen wir einen Wert, der zu klein ist, aber höchstens um $\dfrac{M}{8 \xi^2}$. Hierbei ist ξ irgendein Wert zwischen a und $(a + 1)$. Der Fehler ist also dem absoluten Betrage nach gewiß kleiner als $\dfrac{M}{8 a^2}$.

Machen wir uns noch die Größe des Fehlers numerisch klar. Wir wollen siebenstellige Tafeln benutzen, wo wir die Logarithmen fünfstelliger Zahlen ohne weiteres angegeben finden. Es ist also a und mithin auch ξ fünfstellig. Den Modul $M = 0{,}43429 \ldots$ der gewöhnlichen Logarithmen ersetzen wir durch die etwas größere Zahl $0{,}5$ und erhalten, indem wir für a die kleinste fünfstellige Zahl (für welche der Fehler am größten ist) wählen, als obere Schranke des Fehlers $\dfrac{0{,}5}{8 \cdot 10000^2} = \dfrac{1}{16 \cdot 10^8}$, ein Betrag, der wesentlich kleiner ist als der Fehler, der dadurch herauskommt, daß die Logarithmen der fünfstelligen ganzen Zahlen nur bis auf sieben Stellen mitgeteilt sind[1]).

Als zweites Beispiel würden Erläuterungen zum *Taylorschen Satz* zu geben sein:

$$f(x) = f(a) + \frac{f'(a)}{1!} (x - a) + \cdots + \frac{f^{(n-1)}(a)}{(n-1)!} (x - a)^{n-1} + \frac{f^{(n)}(\xi)}{n!} (x - a)^n.$$

---

[1]) [In seiner letzten Vorlesung (1911) über Differential- und Integralrechnung trug Klein über die Berechnung des Abrundungsfehlers, der dadurch entsteht, daß zum Interpolieren nicht die genauen Werte von $\log a$ und $\log (a + 1)$, sondern nur Näherungswerte benutzt werden, ausführlich vor. Über diese bis jetzt leider nicht veröffentlichte Darstellung, bei der Klein in schöner Weise die Idee des Funktionsstreifens zur Veranschaulichung heranzieht, berichtet *W. Lorey* in der Zeitschr. f. math. u. naturw. Unterricht Bd. 43 (1912), S. 544—556.]

Diese Formel hat auch dann ihre gute Bedeutung, wenn $f(x)$ nicht unbegrenzt differenzierbar ist. Hingegen wird in allen Büchern gewöhnlich vorausgesetzt, daß $f(x)$ unbegrenzt differenzierbar ist. Wenn dann der Rest bei wachsendem n absolut genommen unter jeden Betrag hinabsinkt, kann $f(x)$ gleich der entstehenden unendlichen Reihe gesetzt werden. Dies ist in zahlreichen Fällen für hinreichend kleine $|x - a|$ der Fall; man hat dann ein „Konvergenzintervall". Konvergiert die Reihe für jedes endliche x, so wird $f(x)$ als *ganze* Funktion bezeichnet.

Falls überhaupt Konvergenz stattfindet, ist es interessant, das Verhalten der den aufeinanderfolgenden Teilsummen der Taylorschen Reihe entsprechenden Näherungskurven zu untersuchen. Dies ist im ersten Band dieses Werkes an der Hand von Zeichnungen ausführlich geschehen, so daß wir hier nicht noch einmal darauf zurückzukommen brauchen[1]).

Ich gehe nunmehr zur Behandlung der weiteren Frage über: *Wie weit ermöglicht die Lagrangesche Formel mit Restglied die Approximation des Integrals bzw. der Differentialquotienten einer Funktion $y = f(x)$?*

Zunächst die *Approximation des Integrals*.

Hierüber findet man das Wichtigste in den meisten Lehrbüchern, da die auf die Lagrangesche Formel gegründete numerische Auswertung des von einer Kurve umspannten Flächeninhalts überall im Gebrauch ist (sog. *mechanische Quadratur* oder *numerische Integration*). Dagegen wird die Fehlerabschätzung oft fortgelassen oder nicht so eingehend behandelt, wie es für den praktischen Gebrauch der Formeln notwendig ist[2]). Hier gebe ich nur eine kurze Zusammenstellung von vier wichtigen einfachen Fällen, ohne auf die Einzelheiten der Rechnung einzugehen.

Zu berechnen sei $\int_a^b f(x)\,dx$.

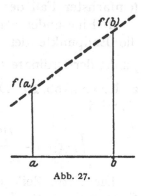

a) Es seien in den Punkten a und b die Werte der Funktion $f(x)$ gegeben. Das zwischen den Ordinaten $f(a)$ und $f(b)$ liegende Stück ihrer Kurve ersetzen wir durch die Sehne (Abb. 27). Aus der Lagrangeschen Formel für $n = 2$ erhalten wir durch Integration:

$$\int_a^b f(x)\,dx = \frac{f(a) + f(b)}{2}(b - a) - \frac{f''(\xi)(b - a)^3}{12},$$

Abb. 27.

d. h. $\int_a^b f(x)\,dx$ ist gleich dem Inhalte des Trapezes plus einem Restgliede, in dem ξ eine uns unbekannte Größe in dem Intervall $a \ldots b$ bezeichnet.

[1]) Bd. I, S. 241—245.

[2]) [Vgl. hierzu etwa *C. Runge* u. *H. König*: Numerisches Rechnen. Berlin 1924; *J. F. Steffensen*: Interpolationslaere. Kopenhagen 1925 (englische Ausgabe: Interpolation. Baltimore 1927; deutsche Bearbeitung in Vorbereitung).]

b) Eine andere Methode, geradlinig zu interpolieren, ist, die Kurve durch ihre Tangente für die Abszisse $\dfrac{a+b}{2}$ zu ersetzen. Dann kommt:

$$\int_a^b f(x)\,dx = f\!\left(\frac{a+b}{2}\right)(b-a) + \frac{f''(\xi)\,(b-a)^3}{24},$$

d. h. der Fehler wird halb so groß wie im vorhergehenden Falle und hat entgegengesetztes Zeichen.

Merkwürdig ist hier, daß der Richtungskoeffizient $f'\!\left(\dfrac{a+b}{2}\right)$ in der Endformel nicht auftritt. In der Tat ist es für den Inhalt des Trapezes, durch welches wir den Kurveninhalt approximieren, gleichgültig, in welcher Richtung die betreffende Trapezseite durch den Punkt $x = \dfrac{a+b}{2}$, $y = f\!\left(\dfrac{a+b}{2}\right)$ hindurchläuft (Abb. 28).

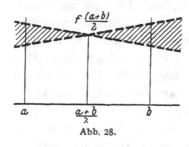

Abb. 28.

c) Wollen wir entsprechend für $n = 4$ die Lagrangesche Formel anschreiben, d. h. die Kurve $y = f(x)$ durch eine Parabel dritter Ordnung approximieren, so empfiehlt es sich, die Parabel dadurch zu bestimmen, daß man für die Punkte a und b sowohl die Ordinaten als auch die Richtungen der Parabel gibt. Man erhält dann:

$$\int_a^b f(x)\,dx = \frac{f(a)+f(b)}{2}(b-a) - \frac{f'(b)-f'(a)}{12}(b-a)^2 + \frac{f^{IV}(\xi)\,(b-a)^5}{720}.$$

(einfachster Fall der sog. *Eulerschen Summenformel*).

d) Eine andere Art, die kubische Parabel festzulegen, ist, sie durch die Endpunkte der Ordinaten $f(a)$ und $f(b)$ und durch den Endpunkt der Ordinate $f\!\left(\dfrac{a+b}{2}\right)$ mit vorgegebener Richtung $f'\!\left(\dfrac{a+b}{2}\right)$ gehen zu lassen (Abb. 29). Dann fällt wieder $f'\!\left(\dfrac{a+b}{2}\right)$ in der Endformel heraus. Es wird

$$\int_a^b f(x)\,dx = \frac{f(a)+4f\!\left(\dfrac{a+b}{2}\right)+f(b)}{6}(b-a) - \frac{f^{IV}(\xi)\,(b-a)^5}{2880}.$$

Die letzte Zeile enthält die Inhaltsbestimmung, die bei der sog. *Simpsonschen Regel* in Anwendung kommt[1].

Was nun die Frage angeht, wieweit die Lagrangesche Formel mit Restglied *den Differentialquotienten von $f(x)$ approximiert*, so machen wir folgenden Ansatz:

---

[1] [Von ausführlicheren Werken über mechanische Quadratur, über Interpolationslehre und numerisches Rechnen überhaupt sei neben den bereits erwähnten Büchern von *Runge-König* und *Steffensen* besonders „The calculus of observations" von *E. T. Whittaker* und *G. Robinson* (London 1924) genannt.]

Die Funktion

$$f(x) - \Theta(x),$$

hat n uns bekannte Nullstellen $\alpha, \beta, \ldots, \nu$. Zum Vergleiche von $f'(x)$ mit $\Theta'(x)$ fragen wir nach den Nullstellen der Funktion $f'(x) - \Theta'(x)$.

Aus dem Mittelwertsatze können wir sofort schließen, daß sie mindestens $(n-1)$ Wurzeln $\alpha', \beta', \ldots, \mu'$ zwischen $\alpha \ldots \nu$ hat. Nun ist der Ansatz, den ich hier vorschlage, der, daß wir, unter $\psi(x)$ das Produkt $(x-\alpha') \cdots (x-\mu')$ verstanden,

$$f'(x) = \Theta'(x) + s(x) \cdot \psi(x)$$

setzen, wo man $s(x)$ ganz analog wie das $r(x)$ in der Stammformel berechnen kann (vgl. S. 56—57).

Es folgt leicht

$$s(x) = \frac{f^n(\xi)}{(n-1)!},$$

so daß das Resultat so in Worte zu fassen ist:

So gut wir setzen können

$$f(x) = \Theta(x) + \frac{f^{(n)}(\xi)}{n!} \cdot \varphi(x),$$

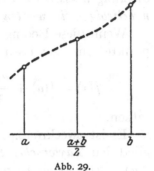

Abb. 29.

genau so gut haben wir eine Annäherungsformel für den Differential-quotienten

$$f'(x) = \Theta'(x) + \frac{f^n(\xi)}{(n-1)!} \psi(x),$$

wo $\psi(x)$ das Produkt der neuen Faktoren $(x-a'), \ldots, (x-\mu')$ und ξ eine uns unbekannte Größe im Intervall $\alpha', \ldots \mu', x$ ist.

Im Einzelfalle muß man natürlich zusehen, wie man sich mit der Funktion $\psi(x)$ zurechtfindet. Kann man die Wurzeln von $\psi(x)$ nicht einzeln bestimmen, so kann man doch zuweilen den Wert von $\psi(x)$ abschätzen[1]).

Ich möchte an dieser Stelle noch einige Zwischenbemerkungen einflechten, um den Begriff der

analytischen Funktion

allgemein zu besprechen und klarzulegen, wieweit er hier eingreift oder vielmehr nicht eingreift.

Wir gehen von der Taylorschen Formel aus:

$$f(x) = f(a) + \frac{f'(a)}{1!}(x-a) + \frac{f^{(n-1)}(a)}{(n-1)!}(x-a)^{n-1} + \frac{f^n(\xi)}{n!}(x-a)^n.$$

Ich bemerke hier nochmals ausdrücklich, daß die Taylorsche Formel mit Restglied nicht die unbeschränkte, sondern nur die n-malige Diffe-

---

[1]) [Vgl. im übrigen zu der mathematisch recht interessanten Frage der numerischen Differentiation das S. 59 zitierte Buch von *Steffensen*.]

renzierbarkeit der Funktion $f(x)$ voraussetzt. Ich füge der Deutlichkeit halber noch hinzu: In den Anwendungen wird die vorstehende Formel nach Möglichkeit so gebraucht, daß man in dem Intervalle, mit dem man sich beschäftigt, das Restglied vernachlässigen darf.

Wann nennen wir $f(x)$ nun eine analytische Funktion?

Dazu sind *zwei Bedingungen erforderlich:*

Erstlich muß es formal möglich sein, die Taylorsche Formel bis ins Unendliche fortzusetzen, d. h. *die Differentialquotienten beliebig hoher Ordnung müssen existieren* und *der Rest muß schließlich bei wachsendem n beliebig klein werden.*

Wenn diese Bedingungen erfüllt sind, dann darf man für alle Innenpunkte eines gewissen Intervalls

$$f(x) = f(a) + \frac{f'(a)}{1!}(x - a) + \frac{f''(a)}{2!}(x - a)^2 + \cdots \text{ in inf.}$$

setzen.

Es ist zweckmäßig, die Formel mit endlicher Gliederzahl und Restglied den *Taylorschen Satz,* die Formel mit unendlicher Gliederzahl die *Taylorsche Reihe* zu nennen, so daß wir jetzt sagen können:

$f(x)$ heißt in der Umgebung der Stelle $x = a$ eine analytische Funktion, wenn $f(x)$ innerhalb eines den Punkt a umgebenden Intervalls durch die Taylorsche Reihe darstellbar ist.

Damit ist schon gesagt, daß der Begriff der analytischen Funktion nur der Präzisionsmathematik angehört. Wir erwähnen ferner, daß man sich erst verhältnismäßig spät die Bedingungen klargemacht hat, unter denen die Taylorsche Reihe eine Funktion in einem Intervalle darstellt.

Die alte Ansicht war, daß hierzu allein schon die formale Konvergenz der Reihe genüge. Daß einzelne Punkte eine Ausnahme bilden können, hatte allerdings schon *Cauchy* bemerkt. Es gibt aber Funktionen, die unbegrenzt differenzierbar sind und die an keiner Stelle durch die Taylorsche Reihe dargestellt werden. In dieser Hinsicht hat *A. Pringsheim*[1]) 1893 einen gewissen Abschluß erreicht, indem er angab, welche Bedingungen zu der unbegrenzten Differenzierbarkeit der Funktion noch hinzukommen müssen, damit die Taylorsche Reihe die Funktion wirklich darstellt, damit also der Rest für unbeschränkt wachsendes n unter jede vorgegebene Größe herabsinkt.

Mit dem Umstande, daß diese verschiedenen Dinge nicht immer scharf geschieden sind, hängt zweifellos die von uns schon wiederholt genannte *Ansicht* (die man in vielen Büchern findet) zusammen, *daß in der Natur nur analytische Funktionen vorkämen.*

---

[1]) Mathematical papers read at the International Mathematical Congress held in Chicago 1893. New York 1896, S. 288—304; Math. Annalen Bd. 44 (1894), S. 57—82.

Wenn man diese Ansicht näher prüft, so ergibt sich, daß sie aus zwei Quellen hervorgewachsen ist:

1. aus der Meinung, daß in der Natur nur Funktionen vorkommen, die differenzierbar und damit unbegrenzt oft differenzierbar sind (einer Auffassung, die für das landläufige Denken zugleich mit der Stetigkeit der Naturerscheinungen gegeben erscheint);

2. aus dem Umstande, daß man von der Notwendigkeit der Pringsheimschen Bedingungen nichts wußte und sich um sie keine Sorge machte.

Ich stelle einer solchen Ansicht natürlich die andere entgegen, daß wir es bei den Naturvorgängen unmittelbar nur mit Funktionsstreifen zu tun haben und daß die Entscheidung der Frage, ob es sich empfiehlt, die Naturvorgänge präzisionsmathematisch auf bestimmte Klassen stetiger Funktionen zu beziehen, über unser Wahrnehmungsvermögen hinausgeht.

Ganz etwas anderes ist es aber, wenn die Mathematiker aus mathematischen Gründen die analytischen Funktionen bevorzugen, und ich will hier in einem Anhange etwas über *die mathematischen Vorzüge der analytischen Funktionen* sagen.

Diese liegen in dem Umstande begründet, daß man die analytischen Funktionen auch für komplexes $x = u + iv$ definieren kann. Setzt man den Wert $x = u + iv$ in die Taylorsche Reihe ein, so erhält man sofort die Entwicklung der Funktion $f(x)$ für komplexe Variable. Umgekehrt aber beschränkt sich die Theorie der komplexen Funktionen auch auf die so entstehenden analytischen Funktionen. Also:

Die analytischen Funktionen einer reellen Variablen gestatten eine Erweiterung auf komplexe Variable.

Wie sich dies im einzelnen gestaltet, muß in einer Vorlesung über Funktionentheorie entwickelt werden. Ich kann hier nur einzelne springende Punkte hervorheben.

Zunächst über das *Konvergenzgebiet der Taylorschen Reihe.*

Die Funktionentheorie zeigt, daß das Konvergenzgebiet der *Taylor*schen Reihe für einen Punkt x in der komplexen Ebene ($x = u + iv$) diejenige um x als Mittelpunkt herumgelegte Kreisscheibe ist, deren Rand durch den nächstgelegenen singulären Punkt der Funktion hindurchgeht (Abb. 30). Wie die Reihe sich *auf* dem Rand verhält, bleibt zweifelhaft und ist von Fall zu Fall zu entscheiden.

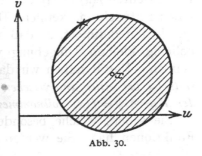

Abb. 30.

Beschränken wir uns auf reelle Veränderliche, so hat dieser Satz hier offenbar folgende Rückwirkung: Das Konvergenzgebiet erstreckt sich im Reellen immer gleich weit nach rechts und links von der betrachteten Stelle aus, unentschieden bleibt aber, wie sich die Reihe in den Endpunkten verhält (Abb. 31).

Ich erläutere aus der Theorie der komplexen Funktionen noch die Begriffe: *Funktionselement und analytische Fortsetzung.*

Man nennt nach *Weierstraß* die *Taylor*sche Reihe einer Funktion $f(x)$ an einer Stelle a ein *Funktionselement von* $f(x)$. Es ist also im Inneren des Konvergenzkreises um a definiert.

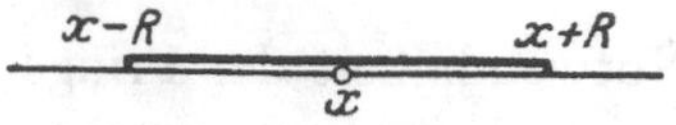

Abb. 31.

Man kann nun aber in zahlreichen Fällen über dieses Gebiet weiter hinausgehen, indem man in seinem Inneren einen neuen Wert b annimmt und die ursprüngliche Reihe nach Potenzen von $(x-a)$ in eine andere nach Potenzen von $(x-b)$ umsetzt. Diese neue Reihe konvergiert möglicherweise in einem Kreise, der über den ersten hinübergreift. Man bekommt also eine Definition der Funktion für ein neues Stück der komplexen Ebene. Diesen Prozeß, den man gegebenenfalls beliebig weiterführen kann, bezeichnet man als *analytische Fortsetzung der Funktion.* Jede dabei auftretende Taylorsche Reihe heißt ein Funktionselement der Funktion.

Zusammenfassend werden wir sagen: Die ursprüngliche Reihe ergibt unmittelbar nur ein erstes Element der in Betracht kommenden analytischen Funktion. Man kann aber in vielen Fällen durch sog. analytische Fortsetzung über den ersten Bereich hinausgehen und so die Funktion in immer größeren Bereichen definieren. *Die analytische Funktion schlechtweg genommen ist der Inbegriff des ersten Elementes und der aus ihm durch analytische Fortsetzung entstehenden neuen Funktionselemente.*

Die nähere Ausführung gehört in eine Vorlesung über analytische Funktionen. Für uns kommt mehr die philosophische Seite der Sache in Betracht. Wir fragen zunächst: Was müssen wir von einer analytischen Funktion wissen, damit wir ein Funktionselement für sie kennen (aus dem wir dann fernerhin auf den Gesamtverlauf der Funktion schließen können)?

Offenbar ist dazu erforderlich, aber auch ausreichend, daß wir die Koeffizienten $f(a)$, $f'(a)$, . . . in der zum Punkte $x = a$ gehörigen Taylorschen Entwicklung kennen. Diese sind als Grenzwerte von Differenzenquotienten definiert, so daß sie festgelegt sind, wenn wir das zu einer beliebig kleinen Umgebung von $x = a$ gehörende Stück der Kurve kennen. Damit haben wir das Ergebnis: *Das Funktionselement seinerseits ist bei einer analytischen Funktion durch ein beliebig kleines Stück der Kurve* $y = f(x)$ *vollkommen gegeben*[1]).

Sie sehen, welche besondere Bewandtnis es mit den analytischen Funktionen hat. Sie werden bereits durch ein beliebig kleines Stück

---

[1]) [Lange hat man geglaubt, daß allein die analytischen Funktionen die Eigenschaft haben, durch Anfangswert und die zugehörigen Ableitungen in ihrem Gesamtverlauf bestimmt zu sein. *E. Borel* hat nachgewiesen, daß es auch *nichtanalytische* Funktionen mit dieser Eigenschaft gibt. Man vergleiche hierzu *T. Carleman*, Les Fonctions Quasi Analytiques. Paris 1926.]

in ihrem Gesamtverlauf gegeben, aber wohlverstanden nur im Sinne der Präzisionsmathematik, da sich nur hier die Koeffizienten $f(a)$, $f'(a) \ldots$ als Grenzwerte von Differenzenquotienten definieren lassen.

Wenn wir uns jetzt wieder nach der *mathematischen Darstellung der Naturerscheinungen* umschauen, so macht man gewöhnlich den Ansatz, daß man die Koordinaten x, y, z als analytische Funktionen der Zeit anschreibt:

$$x = \varphi(t), \qquad y = \psi(t), \qquad z = \chi(t).$$

Dies führt nach unseren obigen Bemerkungen zum *vollkommenen Determinismus;* die Bahn eines Teilchens in einem noch so kleinen Zeitintervall legt unverbrüchlich die Bahn in allen folgenden Zeiten fest. Wir müssen daher sagen:

Wenn es wahr ist, daß in der Natur nur analytische Funktionen vorkommen, daß insbesondere die Bewegung jedes einzelnen Teilchens durch analytische Funktionen $x = \varphi(t)$, $y = \psi(t)$, $z = \chi(t)$ geregelt wird, dann ist zwingend richtig, daß der Verlauf der Welt durch ihr Verhalten in einem beliebig kleinen Zeitintervall vorausbestimmt ist.

Das sind Folgerungen, die manchem unsympathisch sind. Daher findet man dieser ersten Ansicht verschiedentlich die andere gegenübergestellt, wonach die Bahnen nicht durch analytische Funktionen, sondern nur durch *Differentialgleichungen mit analytischen Koeffizienten* gegeben sind. Also etwa

$$\frac{d^2 x}{dt^2} = \text{analytische Funktion von } x,\, y,\, z,\, t,\, \frac{dx}{dt},\, \frac{dy}{dt},\, \frac{dz}{dt}.$$

Diese Auffassung ist die, welche sich aus dem Studium der theoretischen Mechanik herausgebildet hat. Sie führt nicht zu ganz denselben strengen Folgerungen wie oben. Es können nämlich die Lösungen solcher Differentialgleichungen mit analytischen Koeffizienten sozusagen „Verzweigungsstellen" darbieten, wo es fraglich ist, ob der Punkt auf der einen oder anderen Bahn weitergeht. Man denke an die Beziehung zwischen den allgemeinen Integralkurven einer Differentialgleichung erster Ordnung und den singulären Lösungen, welche als Enveloppe der ersteren auftreten können (Abb. 32).

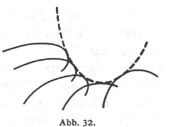

Abb. 32.

In einem solchen Verzweigungspunkt wäre dann nach der genannten Ansicht die Bewegung eines Punktes nicht allein durch die allgemeinen mechanischen Naturgesetze bestimmt, sondern es ist die Möglichkeit offengelassen, daß der Punkt hier noch durch einen außermechanischen Anlaß determiniert wird. Besonders *J. Boussinesq* in Paris hat diese Idee mit Leidenschaft verfolgt und glaubt geradezu in dem Umstande, daß bei der Integration der Differentialgleichungen mit analytischen

Koeffizienten sich solche Verzweigungsstellen einstellen können, den Platz gefunden zu haben, wo in die allgemeine mechanische Weltordnung eine andere Potenz (biologischer oder ethischer Art) sich einmengen kann. Er meint durch das Auftreten solcher Stellen sowohl das Vorhandensein des freien Willens als auch den Unterschied zwischen lebender und toter Materie erklären zu können. Es entscheidet nach ihm also das Prinzip des lebenden Organismus in einem solchen Verzweigungspunkte über den Weg des betreffenden Massenpunktes. Man vergleiche in dieser Beziehung die Veröffentlichung:

Boussinesq, J.: Conciliation du véritable déterminisme mécanique avec l'existence de la vie et la liberté morale. Paris: Gauthier-Villars 1879.

Sie verstehen, welche Kritik ich an dieser Auffassung üben werde.

Es handelt sich bei Boussinesq überall um Ideen der Präzisionsmathematik (Bestimmtheit einer analytischen Funktion durch ein kleines Stück usw.). Wenn wir uns aber erinnern, daß alle Naturbeobachtungen nur mit beschränkter Genauigkeit möglich sind, so erscheint es als eine durch nichts bewiesene Annahme, zu sagen, daß bei der Natur selbst die besprochenen Beziehungen der Präzisionsmathematik zugrunde liegen. Soll es überhaupt die Präzisionsmathematik sein, so erinnern wir daran, daß diese auch andere Ideen enthält, z. B. diejenige der unstetigen Funktionen von unstetigen Variablen, die ebensogut bei der mathematischen Naturdarstellung zur Verwendung kommen könnten[1]). Es bewegt sich aber diese ganze Diskussion, bei welcher uns die Beobachtung gar keine Entscheidung liefern kann, von vornherein jenseits der Erfahrung auf metaphysischem Gebiet. Hiernach ist die Boussinesqsche Theorie nicht deshalb mathematisch unsicher, weil sie aus der Voraussetzung heraus, es handle sich in der Natur um analytische Differentialgleichungen, falsche oder unsichere mathematische Folgerungen zöge, sondern weil sie die genannte, unbewiesene Voraussetzung an die Spitze stellt. Wir können zusammenfassend sagen:

Der schwache Punkt bei allen derartigen Betrachtungen ist der, daß es sich um willkürliche Bevorzugung bestimmter Ideen und Begriffsbildungen der Präzisionsmathematik handelt, während die Beobachtungen in der Natur immer nur angenäherte Genauigkeit besitzen und in sehr verschiedener Weise auf präzisionsmathematische Dinge bezogen werden können[2]). Überhaupt aber bleibt es fraglich, ob das Wesen einer richtigen Naturerklärung auf präzisionsmathematischer Basis zu suchen ist, ob man je über eine geschickte Verwendung der Approximationsmathematik hinausgelangen kann.

---

[1]) [Man vgl. hierzu die Ausführungen von *E. Borel* in seinem bereits auf S. 38 zitierten Vortrage über die Molekulartheorien und die Mathematik.]

[2]) Vgl. die Idee der vollständig unstetigen Welt nach Art der Kinematographen.

Wir hatten diese ganzen Erörterungen an die Lagrangesche Interpolationsformel angeknüpft, die uns zum Taylorschen Lehrsatz und
weiterhin zur Taylorschen Reihe und damit zum Begriff der analytischen
Funktion führte. Wir gehen nun zu der *Interpolation durch trigonometrische Reihen* über und betrachten zunächst endliche, dann unendliche Reihen dieser Art.

Wir nehmen die Funktion $f(x)$ periodisch mit der Periode 2π an,
so daß $f(x + 2\pi) = f(x)$ wird.

Man macht zur approximativen Darstellung einer solchen Funktion
gerne den Ansatz der folgenden trigonometrischen Reihe:

$$f(x) = \frac{a_0}{2} + a_1 \cos x + \cdots + a_n \cos nx + b_1 \sin x + \cdots + b_n \sin nx + R$$

$$= \frac{a_0}{2} + \sum_{\nu=1}^{n} (a_\nu \cos \nu x + b_\nu \sin \nu x) + R = \Theta(x) + R,$$

wo der Rest R weggelassen wird, wenn er seinem Betrage nach unbedeutend ist. Die Reihe $\Theta(x)$ enthält eine ungerade Anzahl $(2n+1)$
von Konstanten.

Zur Aufstellung der Reihe $\Theta(x)$ verfahren wir zunächst analog wie
bei der parabolischen Interpolation und denken uns also vor allem die
$2n+1$ Konstanten durch $2n+1$ Werte $f(x_0)$, $f(x_1)$, ... der Funktion
$f(x)$ festgelegt. Es handelt sich dann darum, einen Ausdruck $\Theta(x)$
aufzustellen, welcher für $x = x_0$, x_1, ... die Funktionswerte $f(x_0)$,
$f(x_1)$, ... gibt.

Wir können das gesuchte $\Theta(x)$ gleich in einer Gestalt anschreiben,
die der Lagrangeschen Formel analog ist, nämlich in der folgenden:

$$\Theta(x) = f(x_0) \frac{\sin\frac{x-x_1}{2} \cdot \sin\frac{x-x_2}{2} \cdots \sin\frac{x-x_{2n}}{2}}{\sin\frac{x_0-x_1}{2} \cdot \sin\frac{x_0-x_2}{2} \cdots \sin\frac{x_0-x_{2n}}{2}}$$

$$+ f(x_1) \frac{\sin\frac{x-x_0}{2} \cdot \sin\frac{x-x_2}{2} \cdots \sin\frac{x-x_{2n}}{2}}{\sin\frac{x_1-x_0}{2} \cdot \sin\frac{x_1-x_2}{2} \cdots \sin\frac{x_1-x_{2n}}{2}}$$

$$+ \cdots\cdots\cdots\cdots\cdots\cdots\cdots\cdots\cdots$$

$$+ f(x_{2n}) \frac{\sin\frac{x-x_0}{2} \cdot \sin\frac{x-x_1}{2} \cdots \sin\frac{x-x_{2n-1}}{2}}{\sin\frac{x_{2n}-x_0}{2} \cdot \sin\frac{x_{2n}-x_1}{2} \cdots \sin\frac{x_{2n}-x_{2n-1}}{2}}.$$

Durch wiederholte Anwendung der bekannten Formeln für $\cos\alpha \pm \cos\beta$
ist es möglich, in jedem Zähler eine Summe von Kosinus und Sinus der

Vielfachen des Winkels herauszubringen, was doch unser ursprüngliches Ziel war. Wir merken uns also:

Der Ausdruck $\Theta(x)$ läßt sich ganz nach Analogie des Lagrangeschen Polynoms aufstellen, worauf nur eine formelle Umsetzung nötig ist, um die Form:

$$\Theta(x) = \frac{a_0}{2} + \sum_{\nu=1}^{n} (a_\nu \cos \nu x + b_\nu \sin \nu x)$$

zu erhalten.

Diese Art der Interpolation wird in der Praxis oft gebraucht; allerdings meist unter der besonderen Annahme, daß alle Punkte $x_0, x_1, \ldots, x_{2n}$ *äquidistant* sind, und zwar so, daß das Intervall $x_0, x_0 + 2\pi$ in $(2n+1)$ gleiche Teile zerlegt wird. In diesem Falle läßt sich die Reihe $\Theta(x)$ einfacher, als eben gezeigt wurde, durch eine *direkte Methode* berechnen. Die äquidistanten Punkte sind:

$$x_0, \; x_1 = x_0 + \frac{2\pi}{2n+1}, \; x_2 = x_0 + 2\frac{2\pi}{2n+1}, \ldots, x_{2n} = x_0 + 2n\frac{2\pi}{2n+1},$$

die zugehörigen Funktionswerte seien mit $y_0, y_1, \ldots, y_{2n}$ bezeichnet. Dann haben wir zur Berechnung der Koeffizienten a_μ, b_μ die folgenden $(2n+1)$ linearen Gleichungen:

$$y_0 = \frac{a_0}{2} + a_1 \cos x_0 + \cdots + a_n \cos n x_0 + b_1 \sin x_0 + \cdots + b_n \sin n x_0,$$
$$\cdots\cdots\cdots\cdots\cdots\cdots\cdots\cdots\cdots\cdots\cdots\cdots\cdots\cdots$$
$$y_{2n} = \frac{a_0}{2} + a_1 \cos x_{2n} + \cdots + a_n \cos n x_{2n} + b_1 \sin x_{2n} + \cdots + b_n \sin n x_{2n}.$$

Die Auflösung nach den a_μ und b_μ geschieht nun einfach dadurch, daß man einmal jeweils die ν-te Reihe des Systems mit $\cos \mu x_\nu$, das andere Mal mit $\sin \mu x_\nu$ ($\nu = 0, 1, 2, \ldots, 2n$) multipliziert und dann addiert. Erinnert man sich noch, daß x_ν und $x_{\nu+1}$ sich um $\frac{2\pi}{2n+1}$ voneinander unterscheiden, so kommt, wenn ich die Einzelheiten übergehe, als Endresultat:

$$\sum_{\nu}^{2n}{}_0 \, y_\nu \cos \mu x_\nu = a_\mu \cdot \frac{2n+1}{2},$$

$$\sum_{\nu}^{2n}{}_0 \, y_\nu \sin \mu x_\nu = b_\mu \cdot \frac{2n+1}{2}.$$

Die so gewonnene Interpolationsformel wird in der Praxis sehr oft benutzt, ebenso wie eine andere, bei der eine gerade Zahl äquidistanter Beobachtungen vorausgesetzt wird[1]). Ist z. B. in der Lehre vom Erd-

---

[1]) In der Meteorologie benennt man diese Formeln nach *Bessel;* siehe dessen Aufsatz in den Astronomischen Nachrichten von 1828, S. 333—348: *Über die Bestimmung des Gesetzes einer periodischen Erscheinung.*

magnetismus die Aufgabe gestellt, die Abhängigkeit der Deklination auf einem Breitenkreise von der geographischen Länge zu geben, so beobachtet man etwa an $2n+1$ äquidistanten Punkten die Deklination[1]), berechnet die Koeffizienten a_μ, b_μ nach obigen Formeln und erhält die gesuchte Funktion in Form einer endlichen trigonometrischen Reihe. Dabei ist der Rest als unwichtig vernachlässigt; ob dies gegebenenfalls gerechtfertigt ist, muß der Praktiker beurteilen.

Es ist nun besonders interessant, in der vorstehenden Formel die Stellen, an denen die Ordinaten gegeben sind, unendlich dicht zu wählen. Dann folgt für $\Theta(x)$ rein formal eine unendliche trigonometrische Reihe

$$\Theta(x) = \frac{a_0}{2} + \sum_{\mu=1}^{\infty} (a_\mu \cos \mu x + b_\mu \cos \mu x).$$

Wir wollen zusehen, was dabei aus unseren Formeln für a_μ, b_μ wird.

Wir bezeichnen den Abstand $\dfrac{2\pi}{2n+1}$ zweier aufeinanderfolgenden Ordinaten $f(x_\nu)$ und $f(x_{\nu+1})$ mit Δx_ν. Dann erhalten wir aus unseren obigen Formeln:

$$a_\mu = \frac{1}{\pi} \sum_{\nu=0}^{2n} y_\nu \cos \mu x_\nu \cdot \Delta x_\nu,$$

$$b_\mu = \frac{1}{\pi} \sum_{\nu=0}^{2n} y_\nu \sin \mu x_\nu \cdot \Delta x_\nu,$$

und wenn wir Δx_ν gegen Null streben, also n unbeschränkt wachsen lassen, ergeben sich als Grenzwerte die beiden Integrale:

$$a_\mu = \frac{1}{\pi} \int_0^{2\pi} f(x) \cos \mu x \, dx,$$

$$b_\mu = \frac{1}{\pi} \int_0^{2\pi} f(x) \sin \mu x \, dx.$$

Die mit diesen Koeffizienten gebildete unendliche Reihe $\Theta(x)$ ist die bekannte *Fouriersche Reihe*. Indem wir die Untersuchung des Restes $R(x)$ verschieben, können wir das Bisherige so zusammenfassen:

Die Approximation von $f(x)$ durch eine unendliche Fouriersche Reihe ordnet sich als besonderer Fall unter die Approximation durch eine endliche, äquidistanten Ordinaten entsprechende trigonometrische Reihe unter[2]).

---

[1]) Oder auch man verschafft sich diese Deklination durch vorherige Interpolation aus Beobachtungen an Nachbarorten.

[2]) [Vgl. zu diesen Dingen eine in den Abh. a. d. Math. Seminar d. Hamb. Univ. erscheinende Arbeit von *A. Walther*, wo durch Übertragung auf *fastperiodische Funktionen* der rein periodische Fall neu behandelt wird.]

IV. Nähere Ausführungen zur trigonometrischen Darstellung der Funktionen.

Mit den vorstehenden Erläuterungen ist noch nichts über das Restglied, also die Konvergenz der Fourierschen Reihe gesagt, worauf ich jetzt eingehe.

Ich bemerke zunächst, daß sich *für das Restglied der endlichen, äquidistante Ordinaten benutzenden trigonometrischen Reihe,* soweit ich sehe, in der Literatur keine bequeme Formel vorfindet[1]). Und doch ist es diese Reihe[2]), die in den Anwendungen meist gebraucht wird, wenn man es mit periodischen Erscheinungen, die als Funktionen der Zeit dargestellt werden sollen, zu tun hat. Ich mache hier einige Disziplinen namhaft, die sich dieses Hilfsmittels bedienen: die Meteorologie (Darstellung des Temperaturwechsels und anderer meteorologischer Erscheinungen als Funktion der Zeit), Schallanalyse, Lehre vom Erdmagnetismus (Abhängigkeit der magnetischen Elemente auf einem Breitenkreise von der geographischen Länge) und die Elektrotechnik (Änderung der Intensität der Wechselströme mit der Zeit). Daß aber auf die Abschätzung des Restes besondere Aufmerksamkeit verwandt werden muß, lehrt ein Resultat, das aus der Praxis der Meteorologie hervorgegangen ist und das ich hier etwas eingehend schildere, weil es in den ganzen Gedankengang der Vorlesung hineinpaßt.

Wir denken uns die 24 Stunden des Tages als Abszissen auf einer Achse abgetragen und vielleicht für vier von ihnen, beispielsweise 12 Uhr nachts, 6 Uhr vormittags, 12 Uhr vormittags, 6 Uhr nach-

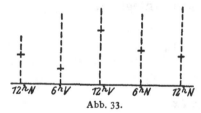
Abb. 33.

mittags, die beobachtete Temperatur als Ordinate aufgetragen (Abb. 33). Man hat nun versucht, den Verlauf der Temperaturkurve aus diesen vier Werten mittels der endlichen trigonometrischen Reihe festzulegen. Hierbei hat sich (indem man sich darauf verließ, daß das Restglied als unbedeutend zu vernachlässigen sei) das merkwürdige Resultat ergeben, daß das Minimum der Temperatur mehrere Stunden vor Sonnenaufgang liegt. Dieses Resultat, das in sämtliche Lehrbücher überging und übrigens zu den merkwürdigsten Erklärungen Anlaß gab, erwies sich aber als falsch, seitdem man die selbsttätigen Registrierapparate hat. Diese lassen erkennen, daß das wahre Minimum unmittelbar vor Sonnenaufgang liegt, indem die Kurve bis zur Ordinate des Sonnenaufgangs (z. B. bei 6 Uhr vormittags) herabsinkt und hier plötzlich wieder stark ansteigt (Abb. 34 unten). Diese Bewegung nach unten und das starke

---

[1]) Vgl. den Vorschlag in Anmerkung [1]) auf S. 72.

[2]) Bzw. die andere, die sich bei Einführung einer geraden Zahl äquidistanter Ordinaten ergibt.

Aufsteigen der Kurve treten aber bei den der Interpolation zugrunde-
liegenden Daten nicht hervor, so daß die interpolatorische Kurve hierüber naturgemäß keinen Aufschluß gibt (Abb. 34 oben). Wie schon
hervorgehoben, ist dieser beträchtliche
Fehler durch die Vernachlässigung des
Restgliedes entstanden[1]). Wir kommen
hiermit zu folgendem Resultat:

Wie weit man in der Praxis mit
derartigen Interpolationsformeln zu
gehen hat, um hinreichende Überein-
stimmungen mit den Beobachtungen zu
bekommen, muß in jedem einzelnen Falle
kontrolliert werden. Ein Beispiel dafür,
daß eine rein formale Interpolation ohne

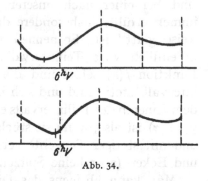

Abb. 34.

diese Kontrolle zu ganz falschen Angaben führen kann, ist das eben zur
Sprache gebrachte Beispiel aus der Meteorologie, das übrigens von den
Meteorologen selbst richtiggestellt wurde.

Was nun insbesondere *die „Fouriersche" Reihe* angeht, so ist die
Untersuchung über deren Konvergenz und darstellende Kraft seit der
klassischen Arbeit von *Dirichlet* im 4. Bande des Crelleschen Journals
(1829) Gemeingut aller Lehrbücher und Vorlesungen geworden. Man
führt die Untersuchung meist in der Weise, daß man die $(2n+1)$ ersten
Glieder der Reihe in eine Summe $S_n(x)$ zusammenfaßt, die sich —
wie wir bereits in Bd. I auf S. 211 ableiteten — in folgender Gestalt
schreiben läßt:

$$S_n(x) = \frac{1}{2\pi} \int_{-\pi}^{+\pi} f(\xi) \frac{\sin\frac{2n+1}{2}(\xi-x)}{\sin\frac{1}{2}(\xi-x)} \, d\xi.$$

Hierbei ist die Integrationsvariable zum Unterschiede von der als
fest zu betrachtenden Stelle x mit ξ bezeichnet. Nunmehr sieht man
zu, welchem Grenzwert das Integral zustrebt, wenn n unbeschränkt
wächst. Es zeigt sich, daß in zahlreichen Fällen in der Tat der Grenzwert die darzustellende Funktion $f(x)$ ist. Indem ich die Einzelheiten
der Rechnung übergehe, erwähne ich folgendes:

Man kann die Summe der $(2n+1)$ ersten Terme der Reihe in Form
eines Integrals geschlossen darstellen und überzeugt sich, daß dieses
Integral für $n \to \infty$ jedenfalls dann unserer mit 2π periodischen Funktion $f(x)$ zustrebt, wenn diese im Intervalle $0 \leq x \leq 2\pi$ die folgenden sog.
Dirichletschen Bedingungen erfüllt: 1. $f(x)$ ist eindeutig und beschränkt.
2. $f(x)$ ist abteilungsweise stetig, d. h. es besitzt nur eine endliche

¹) Wegen der Literatur und der Einzelheiten siehe den Aufsatz von *Ad. Schmidt:* Über die Verwendung trigonometrischer Reihen in der Meteorologie. Programm des Gymnasium Ernestinum zu Gotha vom Jahre 1894.

Anzahl von Unstetigkeitsstellen. 3. $f(x)$ ist abteilungsweise monoton, d. h. es hat nur eine endliche Anzahl Maxima und Minima.

Diese hinreichenden, aber freilich nicht notwendigen Bedingungen sind bei einer nach unserer Ausdrucksweise vernünftigen Funktion immer erfüllt, insbesondere dann, wenn $f(x)$ für $0 \leq x \leq 2\pi$ „stückweise glatt" ist. So nennen wir $f(x)$, wenn das Intervall $0 \leq x \leq 2\pi$ in endlich viele Teilintervalle zerlegt werden kann derart, daß die Funktion $f(x)$ selbst und die Ableitung $f'(x)$ im Inneren jedes Teilintervalls stetig sind und sich in den Randpunkten bei Annäherung aus dem Inneren des Teilintervalls endlichen Randwerten nähern. Die Kurve $y = f(x)$ ist also, wenn sie stückweise glatt heißt, im allgemeinen stetig und mit stetiger Tangente versehen, kann aber endlich viele Sprünge und Ecken (aber keine Spitzen mit vertikaler Tangente) aufweisen.

Man kann übrigens das Dirichletsche Integral für $S_n(x)$ auch benutzen, um zu sehen, wie weit eine vorgegebene Funktion $f(x)$ durch eine endliche Anzahl von Gliedern ihrer Fourierreihe approximiert wird. Man hat hierzu dieses Integral nur in geeigneter Weise abzuschätzen[1]) (vgl. Bd. I, S. 211f.).

Ich erinnere hier noch an folgende Eigenschaften der Fourierschen Reihe:

Sie hat die Kraft, auch *unstetige Funktionen einfacher Art* darzustellen, d. h. Funktionen mit einfachen Sprungstellen (die in $0 \leq x \leq 2\pi$ ebenso wie die Maxima und Minima nur in endlicher Anzahl vorhanden sein sollen). An der Sprungstelle selber ist der durch die Reihe gegebene Funktionswert das arithmetische Mittel aus den Funktionswerten, die man erhält, wenn man sich von links und rechts der Unstetigkeitsstelle nähert (Abb. 35) oder in Dirichletscher Bezeichnung:

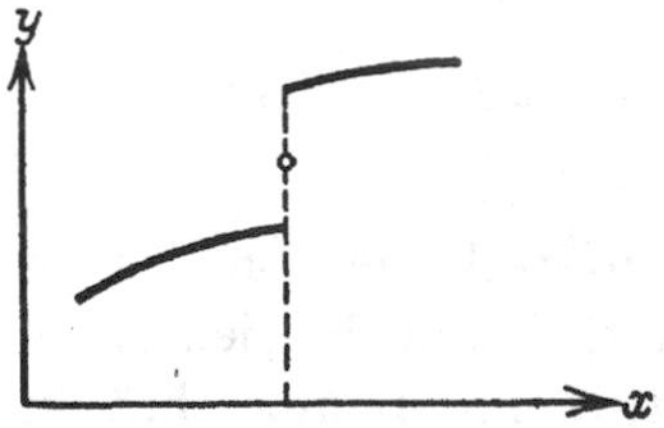

$$\lim_{n \to \infty} S_n(x) = \frac{f(x+0) + f(x-0)}{2}.$$

Abb. 35.

Dies sind lauter Dinge, die bereits im I. Bande dieses Werkes behandelt wurden.

Für die Formeln a_μ, b_μ der Koeffizienten der Fourierreihe wurde jedoch eine andere Ableitung gegeben, die zuerst *Bessel* in seiner auf S. 68 angeführten Abhandlung gebracht hat. Da wir hernach bei anderer Gelegenheit den Grundgedanken der Besselschen Ableitung verwenden, erscheint es zweckmäßig, an ihre Hauptzüge zu erinnern.

Wenn die Funktion $f(x)$ durch eine endliche trigonometrische Reihe

$$\frac{a_0}{2} + a_1 \cos x + \cdots + a_n \cos n x$$
$$+ b_1 \sin x + \cdots + b_n \sin n x$$

---

[1]) Dieselbe Methode schlage ich für die endliche Reihe vor, die äquidistante Ordinaten benutzt.

dargestellt werden soll, so kann ich mir, unbestimmt zu reden, die Aufgabe stellen, die Koeffizienten a_μ und b_μ so zu bestimmen, daß die Approximation eine „möglichst gute" ist. Es liegt dann nahe, einen Ansatz zu machen, der an die *Methode der kleinsten Quadrate* anknüpft.

Wir bilden uns die Differenz

$$\left.\begin{aligned}f(x) - \frac{a_0}{2} - a_1 \cos x - \cdots - a_n \cos n x\\ - b_1 \sin x - \cdots - b_n \sin n x\end{aligned}\right\} = f(x) - S_n(x),$$

sehen diese als *Fehler der Darstellung* an und stellen die Forderung, die Summe der Fehlerquadrate, erstreckt über das Intervall 2π, also das Integral:

$$\int_0^{2\pi} [f(x) - S_n(x)]^2 \, dx,$$

zu einem Minimum zu machen. Durch diesen plausiblen Ansatz finden wir dann das, was wir die „beste" Approximation der Funktion $f(x)$ durch eine endliche trigonometrische Reihe nennen werden. *Wenn wir dieses Minimumproblem lösen, so ergeben sich unabhängig davon, wie groß wir n nehmen, genau die Fourierschen Werte der Koeffizienten a_μ und b_μ.* Man braucht sogar nicht alle Glieder vom Index 1 bis n ($n \geqq \mu$) hinzuschreiben, sondern kann beliebig viele von ihnen beim Ansatze weglassen; das Resultat ist für die in Ansatz gebrachten Glieder immer dasselbe. Ich schließe mit dem folgenden Satz ab:

Irgendein endliches Aggregat von Gliedern der endlichen Fourierschen Reihe ergibt eine Approximation von $f(x)$, welche unter allen Approximationen, die man durch trigonometrische Glieder der herausgegriffenen Art zuwege bringt, nach der Methode der kleinsten Quadrate die beste ist.

Es gibt zahlreiche Apparate, welche von der Annahme aus, daß die Kurve $y = f(x)$ gezeichnet vorliegt, die mechanische Berechnung einer Anzahl Koeffizienten der Fourierschen Reihe gestatten. Man nennt diese Apparate in Anlehnung an die englische Ausdrucksweise „*harmonische Analysatoren*". Die Engländer bezeichnen nämlich die Zerlegung einer Funktion in periodische Einzelterme als „harmonische Analyse", wobei das Wort harmonisch daran erinnern mag, daß in der Akustik sich zum ersten Male die Zerlegung von Schwingungen in Einzelschwingungen möglichst einfachen Charakters aufgedrängt hat. Der Analysator, den ich Ihnen vorführen werde, in der Konstruktion von *Coradi* (Zürich), nach den Ideen von *Henrici* (London), gibt je ein a_μ und ein b_μ für $\mu = 1, 2, \ldots, 6$; was das konstante Glied a_0 angeht, so ist dieses gleich $\frac{1}{\pi} \int_0^{2\pi} f(x) \, dx$, also ein in der Ausgangsfigur vorkommender Flächeninhalt und kann als solcher sofort mit einem Planimeter ausgewertet werden.

Ich schicke der näheren Beschreibung des Apparates folgende Bemerkung voran:

Um die Koeffizienten der Fourierschen Reihe zu berechnen, haben wir die Integrale

$$a_\mu = \int\limits_0^{2\pi} \frac{f(x)\cos\mu x}{\pi}\,dx \qquad \text{und} \qquad b_\mu = \int\limits_0^{2\pi} \frac{f(x)\sin\mu x}{\pi}\,dx$$

auszuwerten (wo das Kurvenbild von $f(x)$ sich irgendwie von $x = 0$ bis $x = 2\pi$ erstreckt). Natürlich werden wir solche Integrale im allgemeinen durch die früher erwähnten Methoden der mechanischen Quadratur berechnen können und sind hierauf sogar angewiesen, wenn wir nur eine diskontinuierliche Anzahl von Beobachtungen zur Verfügung haben[1]). In dem Buche

Kirsch: Bewegung der Wärme in den Zylinderwandungen der Dampfmaschine. Leipzig 1886

sind graphische Methoden zur angenäherten Berechnung der Koeffizienten entwickelt[2]). Liegt dagegen die Kurve gezeichnet vor, so können wir einen kontinuierlich arbeitenden Apparat anwenden.

Um zu verstehen, wie insbesondere unser Apparat arbeitet, ist eine Umsetzung der Integrale durch partielle Integration nötig. Wir haben:

$$a_\mu = \frac{1}{\pi}\int\limits_0^{2\pi} y\cos\mu x\,dx = \frac{1}{\pi}\left[\frac{y\sin\mu x}{\mu}\right]_0^{2\pi} - \frac{1}{\pi}\int\limits_0^{2\pi} \frac{\sin\mu x}{\mu}\,dy,$$

$$b_\mu = \frac{1}{\pi}\int\limits_0^{2\pi} y\sin\mu x\,dx = -\frac{1}{\pi}\left[\frac{y\cos\mu x}{\mu}\right]_0^{2\pi} + \frac{1}{\pi}\int\limits_0^{2\pi} \frac{\cos\mu x}{\mu}\,dy.$$

Nach Einsetzen der Grenzen fallen, wenn $y = f(x)$ stetig, nicht nur stückweise stetig ist, die ersten Terme rechterhand fort, so daß die wesentlichen Integrale, an die der Apparat anknüpft, folgende sind:

$$\int\limits_0^{2\pi}\sin\mu x\,dy \qquad \text{und} \qquad \int\limits_0^{2\pi}\cos\mu x\,dy.$$

Die Auswertung dieser Integrale bewerkstelligt der Apparat so:

---

[1]) Die Fouriersche Reihe kommt dann gegebenenfalls auf die früher besprochene endliche trigonometrische Reihe mit ihren durch Summen definierten Koeffizienten zurück.

[2]) [Vgl. hierzu auch *H. v. Sanden:* Praktische Analysis 2. Aufl. (1924). S. 122 bis 135, wo man auch die rechnerischen Methoden entwickelt findet. Über die Durchführung der Rechnung vgl. man das bereits (S. 59) zitierte Buch von *C. Runge* u. *H. König* und das Tafelwerk von *L. W. Pollack:* Rechentafeln zur harmonischen Analyse. Leipzig 1926. Außerdem sei auf die Ausführungen von *H. Friesecke, J. Groeneveld, W. Lohmann, R. von Mises, H. Pollaczek-Geiringer* und *L. Zipperer* in Bd. 2 (1922), Bd. 3 (1923) und Bd. 6 (1926) der Zeitschr. f. angewandte Mathematik und Mechanik hingewiesen.]

1. Zunächst besteht er in der Hauptsache aus einem rechtwinkligen Rahmen, der infolge geeigneter Rollenführung nur parallel der y-Achse verschiebbar ist (Abb. 36).

2. An dem Rahmen entlang bewegt sich parallel mit der x-Achse ein Schlitten mit Stift St, so daß

3. durch die kombinierte Bewegung des Rahmens und des Schlittens relativ zum Rahmen die Möglichkeit gegeben ist, mit dem Stifte eine beliebige, gegebene Kurve zu umfahren.

4. Das wichtigste Organ des Apparates ist eine mattgeschliffene Glaskugel an der dem Schlitten gegenüberliegenden Seite des Rahmens, die so angebracht ist, daß sie bei der Bewegung des Rahmens durch Rollen auf der Unterlage jeweils eine zu dy proportionale Drehung um einen Durchmesser parallel der x-Achse erfährt (Abb. 37).

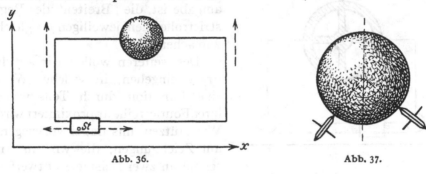

Abb. 36.   Abb. 37.

5. Pressen wir an die Glaskugel eine Registrierrolle an, so wird diese von dem Parallelkreis, den sie berührt, eine Drehung der Kugel aufnehmen, die mit $dy\cos\varphi$ proportional ist, wenn φ die „Breite" des Parallelkreises bedeutet (der Proportionalitätsfaktor hängt von den Dimensionen des Apparates ab und sei mit c bezeichnet).

Eine ebensolche Rolle, die unter 90° gegen die erste orientiert ist, registriert die Drehung $c\,dy\sin\varphi$. Beide Rollen sind mit Zählwerken versehen, so daß wir sofort

$$\int c\cos\varphi\,dy \quad \text{und} \quad \int c\sin\varphi\,dy$$

ablesen können.

6. Ein weiterer wesentlicher Bestandteil des Apparates sorgt dafür, daß die „Breiten" der einen oder anderen Registrierrolle gleich μx werden ($\mu = 1, 2, \ldots, 6$ in unserem Apparat), wie es doch nötig ist, um die Integrale:

$$\int\cos\mu x\,dy \quad \text{und} \quad \int\sin\mu x\,dy$$

zu erhalten.

7. Zu dem Zwecke werden oberhalb der Glaskugel auf dem Apparate Messingscheiben mit passend gewählten Durchmessern angebracht. Die Befestigung einer solchen Scheibe ist derart, daß ihre Drehung die beiden Registrierrollen mitnimmt. Diese Drehung wird aber dadurch dem x des Fahrstiftes proportional, daß ein dünner Silberdraht, der an

den Fahrstift angeknüpft ist, um die Messingscheibe herumgeführt wird; vgl. Abb. 38.

8. Wähle ich jetzt die Radien der Messingscheiben so, daß sie sich wie $1 : \frac{1}{2} : \cdots : \frac{1}{6}$ verhalten, dann wird die Drehung der Scheiben und damit die „Breite" φ meiner Registrierrollen der Reihe nach proportional $1 \cdot x, 2 \cdot x, \ldots, 6 \cdot x$ sein, und ich werde jeweils an beiden Rollen die beiden Integrale, auf die es für $\mu = 1, 2 \ldots, 6$ ankommt, mit gewissen Apparatkonstanten multipliziert ablesen können. Die Theorie ist also äußerst einfach. Die eigentliche mathematische Erfindung steckt in der Umformung der Integrale durch partielle Integration. Diese so umgeformten Integrale werden dann ganz systematisch am Apparate konstruiert, indem zuerst dy, dann die Komponenten $\cos \mu x \, dy$, $\sin \mu x \, dy$,

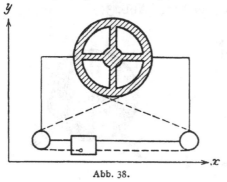

hergestellt werden, wobei die Hauptaufgabe ist, die „Breiten" der Registrierrollen dem jeweiligen μx gleichzumachen.

Des weiteren wollen wir auf die Frage eingehen, in welcher Weise eine Funktion durch Teilsummen ihrer Fourierreihe approximiert wird. Wir stützen uns dabei vorwiegend auf Zeichnungen, die wir im Anschluß an zwei Beispiele entwerfen.

Abb. 38.

Auf eine solche mehr induktive Betrachtungsweise beschränke ich mich bei einer ersten Einführung um so lieber, als dabei sofort eine Menge von Einzelheiten begriffen werden, die in der abstrakten Theorie oft schwer verständlich sind.

Als erstes Beispiel wähle ich eine Funktion $f(x)$, deren Bild ein durch die Punkte $\pm k\pi$ ($k = 0, 1, \ldots$) der x-Achse gehender Zug von Strecken ist, die unter einem Winkel von 45° abwechselnd steigen und fallen. Die Funktion $f(x)$ ist also periodisch mit der Periode 2π und hat im Intervall $0 \leqq x \leqq 2\pi$ folgenden Verlauf:

$$f(x) = x, \qquad \text{wenn} \qquad 0 \leqq x \leqq \frac{\pi}{2},$$

$$f(x) = \pi - x, \qquad \text{wenn} \qquad \frac{\pi}{2} \leqq x \leqq \frac{3\pi}{2},$$

$$f(x) = -(2\pi - x), \qquad \text{wenn} \qquad \frac{3\pi}{2} \leqq x \leqq 2\pi.$$

Sie ist überall stetig, aber nur stückweise analytisch, da ihre erste Ableitung bei $(2k - 1) \frac{\pi}{2}$ ($k = 0, \pm 1, \pm 2 \ldots$) Sprungstellen hat. Die Fourierkoeffizienten a_μ von $f(x)$ müssen sämtlich gleich Null sein, da — wie man unmittelbar sieht — $f(x)$ eine ungerade Funktion ist. Die Kosinusglieder der Fourierreihe von $f(x)$ fallen also weg. Die

Koeffizienten b_μ der Sinusglieder rechnen wir nach der oben (vgl. S. 69) angegebenen Formel aus und erhalten

$$f(x) = \frac{4}{\pi}\left(\frac{\sin x}{1^2} - \frac{\sin 3x}{3^2} + \frac{\sin 5x}{5^2} - \cdots\right),$$

wobei die Berechtigung des Gleichheitszeichens daraus folgt, daß die Dirichletschen Bedingungen erfüllt sind.

In Abb. 39 sind die ersten beiden Annäherungsfunktionen

$$s_1(x) = \frac{4}{\pi}\frac{\sin x}{1^2},$$

$$s_2(x) = \frac{4}{\pi}\left(\frac{\sin x}{1^2} - \frac{\sin 3x}{3^2}\right)$$

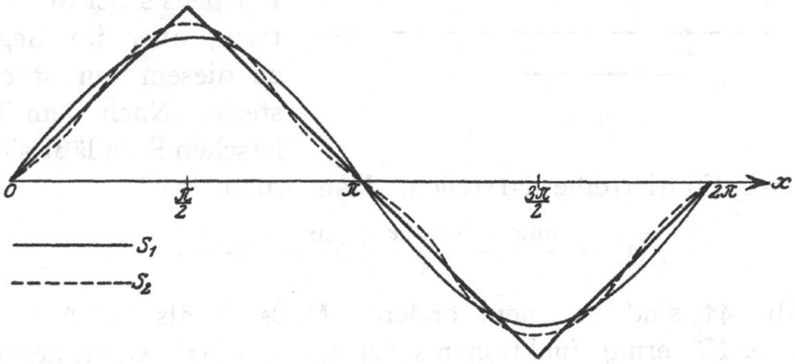

Abb. 39.

durch ihre Kurven dargestellt. Die erste Näherungskurve hat den Typus einer Sinuslinie, welche die gegebene Kurve im Intervall $\left(0, \frac{\pi}{2}\right)$ einmal schneidet und sich nach Möglichkeit dem über $(0, \pi)$ liegenden Dreieck anschmiegt; die zweite Näherungskurve weist im Intervall $\left(0, \frac{\pi}{2}\right)$ zwei Schnittpunkte mit der Originalkurve auf und windet sich relativ zu dieser schlangenartig hin und her. Man wird fragen, *ob mit wachsendem n die Zahl der Schnitte der Näherungskurven $s_n(x)$ mit der Originalkurve unbegrenzt wächst*[1]). Dies ist in der Tat, wie beiläufig erwähnt sei, für unser Beispiel $f(x)$ der Fall.

Was die Approximation der Ordinaten von $f(x)$ anlangt, so wird diese mit wachsendem n unbegrenzt besser, und zwar für alle x. Daß auch die Richtung der Originalkurve approximiert wird, dürfen wir dagegen nicht für alle Punkte erwarten, nämlich bestimmt nicht für die Punkte $x = (2k - 1)\frac{\pi}{2}$ $(k = 0, \pm 1, \ldots)$. Dort haben sämtliche Näherungsfunktionen $s_n(x)$ den Differentialquotienten Null, ihre Kurven also eine zur x-Achse parallele Tangente, während die Originalkurve an dieser Stelle eine Ecke hat.

---

[1]) [Diese Frage wird in der Arbeit von *L. Fejér*: Math. Ann. Bd. 64 (1907), S. 273—288, untersucht.]

Ehe wir auf die Approximation der Richtung für die übrigen x eingehen, wollen wir als zweites Beispiel die mit 2π periodische Funktion $g(x)$ heranziehen, die im Intervalle $0 \leq x \leq 2\pi$ wie folgt definiert ist:

$$g(x) = \frac{\pi}{4}, \qquad \text{wenn} \qquad 0 < x < \pi,$$

$$g(x) = 0, \qquad \text{wenn} \qquad x = 0 \text{ oder } = \pi \text{ oder } = 2\pi,$$

$$g(x) = -\frac{\pi}{4}, \qquad \text{wenn} \qquad \pi < x < 2\pi.$$

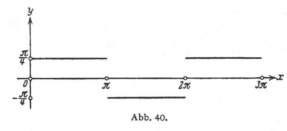

Abb. 40.

In Abb. 40 ist das Bild von $g(x)$ gezeichnet; $g(x)$ ist wie das $f(x)$ des vorigen Beispiels stückweise analytisch, aber im Gegensatz zu diesem nur stückweise stetig. Nach dem Dirichletschen Satz läßt sich $g(x)$ durch seine Fourierreihe darstellen. Man erhält

$$g(x) = \frac{\sin x}{1} + \frac{\sin 3x}{3} + \frac{\sin 5x}{5} + \cdots.$$

In Abb. 41 sind in einem anderen Maßstab als bei Abb. 40 die Kurven der Näherungsfunktionen $s_1(x)$, $s_6(x)$, $s_{11}(x)$, $s_{16}(x)$ gezeichnet. In Übereinstimmung mit dem Vorigen bemerken wir zunächst, daß

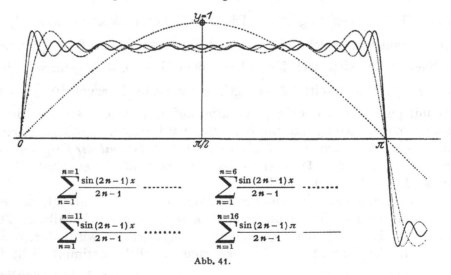

Abb. 41.

auch hier die Zahl der Schnittpunkte der Original- und Annäherungskurve um so größer wird, je mehr Glieder der Reihe wir berücksichtigen[1]).

Wie steht es aber mit der Annäherung der Ordinate selbst?

---

[1]) [Für die Herstellung der Abb. 41 wurde ein Diapositiv des Math. Instituts der Universität Göttingen verwendet.]

Wir kommen hiermit zu einem feinen Punkt, der weiterverfolgt zur sog. *„ungleichmäßigen Konvergenz"* der Fourierschen Reihe in der Nähe der Sprungstellen der darzustellenden Funktion führt. Die Sache ist folgende:

Betrachten wir etwa die Näherungskurve $s_6(x)$, so sehen wir, daß sie die Ordinaten von $g(x)$ schon ganz gut approximiert für alle x, die nicht zu nahe an einer Sprungstelle liegen. Kommen wir aber nahe genug an eine solche heran, so wird die Approximation schlechter und schlechter. Gehen wir z. B. von rechts an den Punkt 0 heran — diesen aber selbst ausschließend —, so hat die Ordinate der Originalkurve beständig den Wert $\frac{\pi}{4}$, die der Näherungskurve aber schießt von einer gewissen Stelle ab weiter als sonst über $\frac{\pi}{4}$ hinaus, um schließlich sehr rasch auf 0 herabzusinken. Dieser Sachverhalt wird prinzipiell nicht anders, wenn wir zu den Näherungskurven $s_{11}(x)$ und $s_{16}(x)$ übergehen. Wenn man bei festgehaltenem n nur nahe genug an die Unstetigkeitsstelle herangeht, wird $f(x)$ nicht approximiert.

Wenn ich dies in Form einer allgemeinen Sentenz fassen darf, die natürlich an sich keine Beweiskraft hat, die Sache aber verständlich macht, so heißt es:

Für jeden bestimmten Wert $x = x_0$ können wir in der Gliederzahl der Reihe so weit gehen, daß die Ordinate der Näherungskurve mit der Ordinate der Originalkurve „befriedigend" übereinstimmt. Je näher aber das x_0 an der Unstetigkeitsstelle liegt, um so größer muß man das n nehmen, damit die gewollte befriedigende Übereinstimmung eintritt, und weiter, wenn man die n-te Näherungskurve gibt, dann können wir mit dem x_0 so nahe an die Unstetigkeitsstelle herangehen, daß mit diesem gegebenen n noch keine befriedigende Übereinstimmung erzielt wird.

Was das Beispiel induktiv erläutert, faßt man theoretisch so:

Die unendliche Fouriersche Reihe einer den Dirichletschen Bedingungen genügenden Funktion $f(x)$ konvergiert zwar für alle Stetigkeitsstellen x gegen $f(x)$, bei Annäherung an eine Unstetigkeitsstelle der Funktion erscheint aber die Konvergenz unbeschränkt verlangsamt[1]).

Man kann nun meinen, daß dann die Reihe an der Unstetigkeitsstelle gar nicht konvergiert. *Es ist aber gerade das Gegenteil der Fall.* Denn der Mittelwert $\frac{g(0+0) + g(0-0)}{2}$ der Grenzwerte von rechts und links, um den es sich handelt, ist gleich Null, und diesen Wert ergibt bereits die erste Annäherungskurve. Man kommt zu der bezeichneten irrigen Meinung, weil man sich unwillkürlich den Grad der Konvergenz gemäß elementarer Gewöhnung als stetige Funktion von x denkt, was er aber in Wirklichkeit eben nicht ist. Man nennt die hier auftretende Erscheinung der bei Annäherung an eine Stelle unbegrenzt verlang-

---

[1]) [Näheres in Bd. 1, S. 211—213.]

samter Konvergenz die „*ungleichmäßige Konvergenz*" der Reihe; diesen Begriff klarzumachen war ein Hauptzweck der hier von mir gegebenen Erläuterungen.

Es wurde bereits darauf hingewiesen, daß die Näherungskurve $s_6(x)$ und ebenso die folgenden in der Nähe einer Unstetigkeitsstelle relativ weit über die Originalkurve hinausragen, bevor sie sehr steil zu Null herabsinken bzw. ansteigen. Verfolgt man dieses Verhalten der Näherungskurven für immer größer werdendes n, so ergibt sich die bereits in Bd. I, S. 214 bis 215, behandelte *Gibbssche Erscheinung*. Sie besteht in folgendem: Es sei AB das die Sprungstelle überbrückende Ordinatenstück. Dann approximieren für wachsendes n die Kurven $s_n(x)$ nicht AB, sondern ein über die Punkte A und B gleich weit hinausragendes Ordinatenstück CD. Dabei ist

$$ AC = BD = \frac{g(x+0) - g(x-0)}{\pi} \cdot \int\limits_{\pi}^{\infty} \frac{\sin x}{x}\, dx. $$

Der Wert des Integrals $\int\limits_{\pi}^{\infty} \dfrac{\sin x}{x}\, dx$ beträgt etwa $0,09\,\pi$, so daß also die Strecken AC und BD rund 9% des Sprunges AB betragen. Dieses Resultat gilt für alle Funktionen $g(x)$, die durch ihre Fourier-Reihe dargestellt werden und Sprungstellen besitzen.

Werfen wir noch einmal einen Blick auf Abb. 41, diesmal auf die Phasendifferenzen zwischen den Maxima und Minima der verschiedenen Näherungskurven achtend, so wird uns der Gedanke nahegelegt, statt der Teilsummen $s_n(x)$ ihre arithmetischen Mittel, also

$$ S_0(x) = s_0(x); \quad S_1(x) = \frac{s_0(x) + s_1(x)}{2}; \quad S_2(x) = \frac{s_0(x) + s_1(x) + s_2(x)}{3}\, 0; \ldots $$

zur Approximation zu verwenden. Diese arithmetischen Mittel sind von *L. Fejér* in mehreren berühmt gewordenen Annalenarbeiten untersucht worden[1]). Fejér zeigt, *daß durch die arithmetischen Mittel $S_n(x)$ für einen umfassenderen Funktionenkreis Approximation möglich ist als durch die Teilsummen $s_n(x)$ der zugehörigen Fourierreihe.* In vielen Fällen, wo die Fourierreihe selbst divergiert, konvergieren die arithmetischen Mittel der Teilsummen gegen den Wert der darzustellenden Funktion. *Die Gibbssche Erscheinung insbesondere tritt bei Approximation durch die $S_n(x)$ bei Funktionen vom Charakter der in Abb. 41 dargestellten nicht auf.*

Nunmehr komme ich auf die *Approximation der Richtung* durch die Näherungskurven zurück. In bezug auf unsere erste Kurve habe ich zu bemerken, daß bei ihr die Richtung außer in den Scheitelpunkten allerdings durch die sukzessiven Näherungskurven approximiert wird. Dagegen wird im zweiten Beispiele zwar der Verlauf der Ordinaten, aber

---

[1]) [Math. Ann. Bd. 58 (1904), S. 51—69 und die bereits auf S. 77 zitierte Arbeit.]

nicht der Verlauf der Kurvenrichtung approximiert. Die Relativoszillationen zwischen Annäherungskurve und Originalkurve werden im Gegenteil mit wachsendem m immer steiler. Ein ähnliches Verhalten der Annäherungskurven tritt allemal ein, wenn es sich um eine Originalkurve mit Unstetigkeitsstellen handelt.

Den Grund hierfür können wir für unser Beispiel leicht folgendermaßen einsehen.

Bei unserer ersten Kurve können wir leicht die Ableitungskurve zeichnen; sie wird fortgesetzt aus Stücken mit den Ordinaten $+1$ und -1 bestehen, die in den Intervallen $\left(0, \frac{\pi}{2}\right); \left(\frac{\pi}{2}, \frac{3\pi}{2}\right) \ldots$ abwechseln.

In unserem zweiten Beispiel wird die Sache schwieriger. Hier erhalten wir nämlich im allgemeinen $g(x) = 0$, nur an den Sprungstellen der Kurve wird der Differentialquotient unendlich groß.

In unserem ersten Falle ist die Ableitungskurve selbst wieder durch eine Fouriersche Reihe

$$f'(x) = \frac{4}{\pi}\left(\cos x - \frac{\cos 3x}{3} + \frac{\cos 5x}{5} - \cdots\right)$$

darstellbar, wobei an einer Sprungstelle der Mittelwert der beiden Sprungstellenwerte dargestellt wird. Und wie aus dem Vergleich mit der Fourierschen Reihe für die Originalkurve

$$f(x) = \frac{4}{\pi}\left(\frac{\sin x}{1^2} - \frac{\sin 3x}{3^2} + \frac{\sin 5x}{5^2} - \cdots\right)$$

hervorgeht, kann sie geradezu durch gliedweise Differentiation der letzten Reihe erhalten werden. Demnach ist ganz klar, daß unsere sukzessiven Näherungskurven nicht nur die Ordinaten, sondern — außer in den Scheitelpunkten — auch die Richtung der Originalkurve approximieren.

Ganz anders ist die Sache bei unserem zweiten Beispiel. Wollten wir durch gliedweise Differentiation der Originalreihe

$$g(x) = \frac{\sin x}{1} + \frac{\sin 3x}{3} + \cdots$$

die Reihe

$$\cos x + \cos 3x + \cos 5x + \cdots$$

ableiten, so konvergiert diese gar nicht, so daß wir uns schon darum nicht wundern können, wenn die Näherungskurven den Differentialquotienten nicht approximieren. Und so wie in unserem Beispiel ist es immer, wenn man durch Fouriersche Reihen Funktionen darstellt, die Sprungstellen haben, und dann die Ableitungen dieser Funktionen in Betracht zieht[1]).

---

[1]) [Über die Approximation der Richtung durch die Näherungskurven der Fourier-Reihe findet man genauere Ausführungen bei *L. Kronecker*, Vorlesungen über Mathematik, Bd. 1 (1894), S. 98—99 und vor allem in *E. W. Hobson*: The theory of functions of a real varibale. 2. Aufl. Cambridge 1926, Bd. 2, S. 639—643. In dem letzteren Werke wird überhaupt die Theorie der Fourier-Reihe sehr eingehend behandelt.]

Ganz anders wieder verhalten sich die Fejérschen Mittel der divergenten Reihe:

$$\cos x + \cos 3 x + \cdots .$$

Diese haben — von den Sprungstellen abgesehen — für alle x die Ableitung von $g(x)$ als Grenzfunktion. Die arithmetischen Mittel der Originalreihe approximieren somit in jedem von Sprungstellen freien Intervalle sowohl die Ordinate wie die Richtung der Ausgangsfunktion $g(x)$. Dieses Resultat gilt für alle $g(x)$, welche im Intervalle $0 \leqq x \leqq 2\pi$ bis auf eine endliche Anzahl von Stellen, an denen sie einen einfachen Sprung erleiden, stetig sind und eine stetige Ableitung $g'(x)$ besitzen (stückweise glatt sind). Den Beweis möge man in der bereits zitierten Annalenarbeit (Bd. 58, 1904) von *Fejér* nachlesen.

Dies ist das wenige, was ich in diesem Zusammenhange über die Fourierschen Reihen sagen wollte[1]). Zum Schlusse dieses ganzen Kapitels über Interpolation und Approximation von Funktionen einer Variablen will ich noch besonders auf die Arbeiten von *P. L. Tschebyscheff*, dem hervorragenden russischen Mathematiker, hinweisen.

Tschebyscheff hat sein ganzes Leben hindurch immer wieder die Frage der angenäherten Darstellung von Funktionen durch analytische Ausdrücke einfacher Bauart behandelt; er ist *Approximationsmathematiker* par excellence gewesen.

Seine Abhandlungen sind in französischer Übersetzung von *Markoff* und *Sonin* in zwei Bänden herausgegeben worden. Der erste Band enthält die mannigfachsten Ansätze zur Interpolationslehre, und ich hebe hier besonders folgende drei Abhandlungen hervor:

1. Sur les fractions continues. Journal de mathématiques pures et appliquées (2-te Reihe) Bd. 3 (1858) = Werke 1, S. 203—230;

2. Sur les fonctions qui diffèrent le moins possible de zéro. Journal de mathématiques pures et appliquées (2-te Reihe) Bd. 19 (1874) = Werke 2, S. 189—215;

3. Sur le développement des fonctions à une seule variable. Petersburg, Bulletin de l'Acad. Bd. 1 (1859) = Werke 1, S. 501—508.

Im übrigen will ich zur Charakterisierung der Tschebyscheffschen Arbeiten folgendes erwähnen: Wir hatten bereits in unserer eigenen Darstellung der Approximation zwei Fragestellungen sich durchkreuzen sehen.

Das eine Mal gaben wir für eine Kurve eine Anzahl von Ordinaten und verlangten einen einfachen Ausdruck, der an den gegebenen Stellen dieselben Ordinaten hat. Das andere Mal zogen wir die Ideen der Methode der kleinsten Quadrate heran.

---

[1]) [An Literatur zu den Fourierschen Reihen seien noch die Enzyklopädiereferate von *H. Burkhardt* (II A 12) und von *Hilb* und *Riesz* (II C 10) genannt; außerdem sei auf die Darstellungen in *Courant-Hilbert:* Mathematische Physik I. Berlin 1924 und in *K. Knopp:* Unendliche Reihen (bereits auf S. 4 zitiert) hingewiesen.]

Man kann nun diese Ideen verbinden, indem man folgendermaßen verfährt: Wir wollen eine Kurve durch ein Polynom n-ten Grades darstellen:

$$a + bx + cx^2 + \cdots + kx^n,$$

in dem $(n + 1)$ Konstanten vorkommen. Sind uns nun nur $(n + 1)$ Beobachtungen (Ordinaten) gegeben, so fallen wir natürlich auf die Lagrangesche Interpolationsformel zurück. Haben wir aber mehr als $(n + 1)$ Beobachtungen, so ist Gelegenheit, die Ideen der Methode der kleinsten Quadrate mit heranzuziehen, indem man nämlich verlangt, daß die Summe der Fehlerquadrate bei der Legung der Parabel n-ter Ordnung ein Minimum wird. Diese Aufgabe ist noch einer Verallgemeinerung fähig, wenn die verschiedenen Beobachtungen ein verschiedenes Gewicht haben, so daß man die Summe aus (Fehler)^2 · (Gewicht) zu einem Minimum zu machen sucht. Hierfür hat Tschebyscheff abschließende Formeln mit Hilfe einer Kettenbruchentwicklung gegeben, so daß ich vielleicht seine Leistung kurz so charakterisiere:

Eine erste Serie seiner Arbeiten bezieht sich darauf, daß mehr Beobachtungen gegeben sind, als unbekannte, zu benützende Koeffizienten in der Interpolationsformel vorkommen, und daß man diese Koeffizienten aus der Forderung bestimmt, daß die Summe der mit geeigneten Gewichten multiplizierten Fehlerquadrate ein Minimum werden soll.

Tschebyscheff war aber nicht im einseitigen Glauben an die Methode der kleinsten Quadrate befangen, so daß er in anderen Arbeiten erreicht, daß nicht die Summe der Fehlerquadrate, *sondern der absolute Betrag des größten vorkommenden Fehlers ein Minimum wird.* Dies geschieht in der wunderbaren Arbeit, die den Titel führt: *Sur les fonctions qui diffèrent le moins possible de zéro.* Sie werden gleich sehen, wie das gemeint ist. Es sei ein Polynom n-ten Grades mit dem höchsten Gliede x^n gegeben; die Aufgabe ist, die Koeffizienten der anderen Glieder so zu bestimmen, daß für zwischen $+1$ und -1 liegende x möglichst geringe Abweichungen von Null vorkommen. Tschebyscheff bekommt auch hier eine sehr einfache Schlußformel.

Und nun noch eine dritte Art von Untersuchungen.

Sie beziehen sich darauf, daß die sämtlichen Ordinaten einer Kurve als gegeben angesehen werden, aber mit einem von der Abszisse x abhängigen Gewichte. Man sucht Reihenentwicklungen, welche eine so gegebene Kurve nach den Grundsätzen der Methode der kleinsten Quadrate möglichst gut approximieren, wobei sich ziemlich alle in praxi gebrauchten Reihen je nach der Art der Gewichtsverteilung auf die verschiedenen Beobachtungen ergeben. Als praktisches Beispiel hat Tschebyscheff u. a. die Frage der Geradführung durch Kurbelgetriebe (das Gesetz des Kurbelgetriebes ist die darzustellende Funktion) herangezogen. — Ich habe diese Arbeiten von Tschebyscheff über Interpolation hier erwähnt, erstens weil sie an sich sehr wertvoll sind, und zweitens, weil sie in Deutschland immer noch zu wenig bekannt sind. Auch das Referat über Interpolation von *J. Bauschinger* im 6. Hefte des 1. Bandes der Mathematischen Enzyklopädie (I D 3), dessen Lektüre ich übrigens jedermann, der mit Interpolation zu tun hat, empfehlen will, enthält keine rechte Würdigung der Tschebyscheffschen Arbeiten. Es erscheint erwünscht, daß dem deutschen mathematischen Publikum einmal ein zusammenfassender Bericht dieser Arbeiten vorgelegt wird.

V. Funktionen zweier Veränderlicher.

Ein kurzer Rückblick auf den bisherigen Aufbau der Vorlesung zeigt uns, daß wir sowohl bei der Behandlung der Variablen x als auch der Funktionen $f(x)$ einer Veränderlichen stets den Gegensatz zwischen Approximations- und Präzisionsmathematik zu betonen hatten. An die Approximationsmathematik schließen sich dann die verschiedenen praktischen Anwendungen der Mathematik an.

Dabei liegt die Geometrie gewissermaßen in der Mitte. Wir gebrauchen die Geometrie hier vorwiegend zur leichteren Erfassung abstrakter Betrachtungen. Da steht die Sache folgendermaßen: Soweit wir von Kurven handeln, die wir zeichnen und uns konkret vorstellen, erläutern wir zunächst Beziehungen der Approximationsmathematik, andererseits aber ist die geometrische Vorstellung geeignet, auf das Ideal hinzuweisen und dadurch indirekt seine Bedeutung verständlich zu machen, wie wir uns z. B. die Weierstraßsche Funktion klarmachten, indem wir die sukzessiven Näherungskurven in Betracht zogen[1]).

Genau so stellt sich nun die Sache, wenn wir jetzt zu *Funktionen zweier Veränderlicher* übergehen. Wir beginnen auch hier mit Erläuterungen, die dem Gebiete der Präzisionsmathematik angehören, wobei mein Ziel ist, gewisse fundamentale Beziehungen durch Konstruktion geometrischer Figuren deutlicher zu machen, als es durch die gewöhnliche abstrakte Darstellung geschieht.

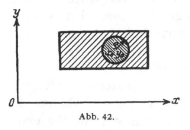

Abb. 42.

Zunächst sei etwas über den *Bereich der Variablen* x, y gesagt. Mit den Fragen: Was ist der allgemeinste Bereich x, y, wann ist er ein Kontinuum usw.? kämen wir tief in das Gebiet der Mengenlehre hinein. Ich gehe erst später hierauf ein; vorläufig sei auf das schon zitierte Enzyklopädiereferat von *A. Rosenthal* verwiesen.

Unser Bereich sei der Einfachheit halber ein Kreis oder ein Rechteck, dessen Seiten den Koordinatenachsen x, y parallel gewählt sind (Abb. 42);

---

[1]) Schließlich könnte man wohl alle Gebiete der Anwendungen in demselben Sinne benutzen, wie es hier mit der Geometrie geschieht; wir wollen uns jedoch hier in solche Spekulationen nicht zu sehr vertiefen.

für diesen Bereich sei unsere Funktion definiert. Was damit begrifflich gemeint ist, ist wohl ohne nähere Erläuterung klar. Es soll zunächst nur festgesetzt sein, daß zu jedem Wertsystem (x, y) des Bereiches ein bestimmter Wert z zugehört. Es muß aber in jedem Falle ausdrücklich vermerkt werden, ob die Randpunkte zum Bereich gehören sollen oder nicht; im ersteren Falle nennt man den Bereich *abgeschlossen*, im anderen Falle *offen*. Neuerdings findet man häufig die Bezeichnung „Bereich" im Sinne von „abgeschlossener Bereich" und für „offener Bereich" das Wort „Gebiet".

Wann werde ich nun $f(x, y)$ an einer Stelle x_0, y_0 *stetig* nennen? Folgende Definition wird sofort Ihren Beifall haben: Wir betrachten die Differenz

$$\left| f(x, y) - f(x_0, y_0) \right|$$

und nennen eine Funktion $f(x, y)$ im Punkte x_0, y_0 stetig, wenn sie erstens dort eindeutig erklärt ist und zweitens sich für jedes noch so kleine gegebene positive δ ein von Null verschiedenes ϱ derart finden läßt, daß für alle x, y, bei denen $(x - x_0)^2 + (y - y_0)^2 < \varrho^2$ ist, auch

$$\left| f(x, y) - f(x_0, y_0) \right| < \delta$$

wird. [Der Kreis mit dem Radius ϱ um x_0, y_0 ist von uns natürlich nur der Einfachheit halber gewählt; das Wesentliche ist, daß wir für noch so kleines δ um x_0, y_0 herum einen Bereich abgrenzen können, innerhalb dessen $\left| f(x, y) - f(x_0, y_0) \right| < \delta$ bleibt.]

Diese abstrakte Definition der Stetigkeit hat, wie Sie sehen, noch keine Schwierigkeit. Wir kommen aber schon auf kompliziertere Verhältnisse, wenn wir ganz einfache analytische Ausdrücke betrachten, z. B. die rationale Funktion

$$z = \frac{2xy}{x^2 + y^2}.$$

Diese Funktion ist an allen Stellen (x, y) stetig, ausgenommen an der Stelle $(0, 0)$, für welche sie nicht definiert ist, da für $x = 0, y = 0$ Zähler und Nenner gleich Null sind. Es fragt sich, ob die Funktion für die Stelle $(0, 0)$ sich so definieren läßt, daß sie auch an dieser Stelle stetig wird.

Führen wir Polarkoordinaten

$$x = r \cos \varphi, \qquad y = r \sin \varphi$$

ein, so ergibt sich für $r \neq 0$ der von r unabhängige Wert

$$z = \sin 2\varphi.$$

Das Natürlichste ist, die Definition der Funktion dahin zu ergänzen, daß auch für $r = 0$ die Funktion den Wert $z = \sin 2\varphi$ annimmt.

Ihr geometrisches Bild ist eine Regelfläche 3. Grades, die in der Mechanik den Namen „Zylindroid" führt. Diese Fläche besteht, wie die dem Werke von *B. St. Ball:* A treatise on the theory of screws, Cambridge 1900, entnommene Abb. 43 zeigt, aus lauter der xy-Ebene parallelen Geraden, welche die z-Achse schneiden.

Haben wir nun durch unsere Festsetzung erreicht, daß die Funktion z an der Stelle $x = 0$, $y = 0$ stetig ist? Offenbar nicht, wie ein Blick auf

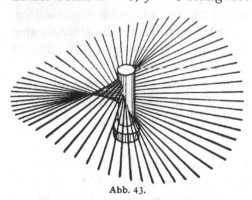

die Abbildung lehrt: Die Funktion ist an der Stelle $(0, 0)$ nicht eindeutig erklärt; sie kann dort jeden Wert von -1 an bis zu $+1$ hin annehmen. Wohl aber ist z längs jedes Weges stetig, der zum Nullpunkt hin führt. Durchsetzt nämlich eine Kurve $y = g(x)$ den Nullpunkt mit der Steigung tg φ und lassen wir (x, y) längs dieser Kurve dem Punkte $(0, 0)$ zustreben,

Abb. 43.

so geht z gegen $\sin 2\varphi$, also nach einem Wert, den die Funktion für $x = 0$; $y = 0$ wirklich annimmt.

Hätten wir die Funktion an der Stelle $(0, 0)$ eindeutig erklärt, ihr etwa den Wert 0 beigelegt, so wäre zwar dem ersten Teil unser Stetigkeitsdefinition genügt, aber nicht Stetigkeit längs jeden Weges erzielt und damit, wie man leicht erkennt, der zweite Teil der Stetigkeitsdefinition nicht erfüllt. Wir werden sagen:

Schon bei den rationalen Ausdrücken zweier Veränderlicher tritt die Erscheinung der Stetig-Vieldeutigkeit auf, welche doch durch unsere begriffliche Festlegung des Funktionsbegriffes zunächst ausgeschlossen ist.

Im Anschluß an diese erste Schwierigkeit, die bei den rationalen Funktionen zweier Variabler auftreten kann, will ich gleich noch eine zweite erläutern:

Es sei die Funktion $f(x, y)$ für eine Stelle x_0, y_0 *eindeutig* definiert; sie sei ferner stetig für jeden durch das Azimut Θ gegebenen Strahl, längs dessen wir auf den Punkt x_0, y_0 zuschreiten (Abb. 44). *Ist $f(x, y)$*

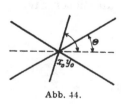

dann für x_0, y_0 im Sinne unserer vorausgeschickten allgemeinen Definition stetig? Ausführlicher ausgedrückt: Es lasse sich für jedes Θ und für jedes noch so kleine positive δ ein ϱ_Θ (der Index soll die Abhängigkeit von Θ andeuten) derart angeben, daß für alle $r < \varrho_\Theta$

Abb. 44.

$$| f(x_0 + r \cos \Theta, y_0 + r \sin \Theta) - f(x_0, y_0) | < \delta.$$

Ist dann $f(x, y)$ an der Stelle x_0, y_0 schlechthin stetig?

Es ergibt sich, daß dies nicht der Fall zu sein braucht, so daß eine Funktion, die für jede von x_0, y_0 ausgehende Fortschreitungsrichtung stetig ist, noch nicht schlechtweg stetig zu sein braucht.

Um dies zu erläutern, komme ich zuerst auf das zurück, was wir bei der ungleichmäßigen Konvergenz der Fourierschen Reihe lernten (vgl. auch die früheren Erläuterungen über gleichmäßige Stetigkeit S. 31—33).

Die ungleichmäßige, d. h. unendlich verzögerte Konvergenz der Fourierschen Reihe einer den Dirichletschen Bedingungen genügenden Funktion an einer Unstetigkeitsstelle x_0 können wir uns durch eine (Treppen-)Kurve versinnbildlichen, indem wir zu jedem aus einer passend gewählten Umgebung von x_0 etwa links von diesem herausgegriffenen x die Anzahl n der Glieder bestimmen, die zur Erzielung eines fest vorgegebenen Annäherungsgrades mindestens berücksichtigt werden müssen, und den Quotienten $\frac{1}{n}$ jeweils als Ordinate zu x auftragen. Die Kurve, die wir so erhalten (Abb. 45), wird x_0 beliebig nahekommen, in x_0 selbst aber eine von Null verschiedene Ordinate haben, wie Abb. 45 schematisch zeigt. Obwohl die Konvergenz bei Annäherung an die

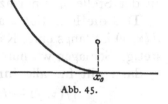

Abb. 45.

Stelle x_0 unendlich verlangsamt wird, herrscht an allen Stellen Konvergenz!

Ähnliches haben wir hier bei der *azimutalen* Stetigkeit.

Wir denken uns ein positives δ zweckmäßig und ein für allemal fest gewählt, berechnen zu jedem von x_0, y_0 ausgehendem Strahle mit dem Azimut Θ die obere Grenze von ϱ_Θ und tragen diese als Radiusvektor auf dem Strahle von x_0, y_0 aus ab. Wir erhalten so eine Kurve (Abb. 46), die uns den Grad der azimutalen Stetigkeit für die verschiedenen Werte von Θ veranschaulicht. Es ist nun möglich, daß bei dieser Kurve allerdings zu jedem Θ ein von Null verschiedenes ϱ_Θ existiert, daß aber ϱ_Θ trotzdem in der Nähe gewisser Θ-Werte jeden festen Wert ϱ unterschreitet. Es ist dies dann der Fall, wenn sich die Kurve bei Annäherung an bestimmte Azimute beliebig nahe an den Punkt x_0, y_0 heranzieht, um dann für

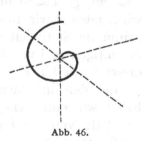

Abb. 46.

die betreffenden Azimute selbst wieder in eine von Null verschiedene Entfernung zu rücken. Ich fasse zusammen: Findet bloß azimutale Stetigkeit statt, so ist nicht ausgeschlossen, daß ϱ_Θ bei Annäherung an einzelne Werte von Θ der Null beliebig nahe kommt, wenn es nur für die betreffenden Werte Θ selbst wieder einen positiven Betrag annimmt.

Für einen solchen Fall wird man nun ersichtlich um x_0, y_0 herum unmöglich einen Kreis mit einem festen Radius $\varrho > 0$ so beschreiben können, daß für *alle* Punkte im Inneren des Kreises die Differenz $f(x, y) - f(x_0, y_0)$ ihrem absoluten Betrage nach unter δ bleibt.

Ein Beispiel einer Funktion, die azimutale Stetigkeit, aber nicht Stetigkeit schlechtweg besitzt, erhält man auf folgende Weise. Es sei Θ

das Azimut des Radiusvektors, der vom Nullpunkt zum Punkte (x, y) geht. Wir können schreiben $\Theta = \mathrm{arc}\,(x, y)$ für alle vom Wertesystem 0, 0 verschiedenen Wertesysteme x, y. Wir definieren folgende Funktion:

$$F(x, y) = (\pi^2 - \Theta^2)\sqrt[3]{1:\Theta} \quad \text{für} \quad \Theta \neq 0,$$
$$F(x, y) = 0 \quad\quad\quad\quad\quad \text{für} \quad \Theta = 0,$$
$$F(0, 0) = 0.$$

Diese Funktion ist für alle x, y eindeutig. Sei ferner r gleich $\left|\sqrt{x^2 + y^2}\right|$ und p eine beliebige positive Zahl. Dann ist die Funktion

$$z = f(x, y) = r^p F(x, y)$$

an der Stelle 0, 0 nur azimutal stetig.

Daß die Funktion z azimutal stetig ist, ist unmittelbar klar. Denn $F(x, y)$ ist längs eines Radiusvektors konstant, r^p aber ist für alle (x, y) stetig. Schlagen wir nun um den Nullpunkt einen Kreis mit dem Radius δ, dann gilt für alle Innenpunkte dieses Kreises:

$$|f(x, y) - f(0, 0)| = |f(x, y)| < |\delta^p F(x, y)|,$$

und zwar kommt $|f(x, y)|$ dem $|\delta^p F(x, y)|$ beliebig nahe, wenn (x, y) dem Kreisrand zustrebt. Mag nun das festgewählte δ eine noch so kleine positive Zahl sein, so können wir doch dadurch, daß wir $\mathrm{arc}\,(x, y)$ noch viel kleiner wählen, $|F(x, y)|$ und damit $|\delta^p F(x, y)|$ so groß machen, wie wir wollen.

Es ist also azimutale Stetigkeit noch nicht dasselbe wie Stetigkeit schlechtweg. Damit die azimutale Stetigkeit zur Stetigkeit schlechtweg wird, müssen wir ausdrücklich verlangen, daß es sich um gleichmäßige azimutale Stetigkeit handelt (d. h. eben, daß die Angabe eines für *alle* Θ gültigen und von Null verschiedenen ϱ möglich ist). Hiermit dürfte dieser immerhin feine Punkt erledigt sein.

Bei den in einem *abgeschlossenen* Bereiche stetigen Funktionen haben wir nun analog den Sätzen für eine Funktion einer Variablen den Satz von der *Existenz des größten und kleinsten Wertes* und dem *kontinuierlichen Durchlaufen aller Zwischenwerte*, wie Sie sich ebenfalls selbst überlegen wollen.

Die nächstliegenden Fragen sind nun:

Wann ist eine stetige Funktion $f(x, y)$ differenzierbar, unbeschränkt differenzierbar und in eine Taylorsche Reihe entwickelbar?

Wir haben zunächst von den ersten partiellen Differentialquotienten:

$$\frac{\partial f}{\partial x} = p, \qquad \frac{\partial f}{\partial y} = q$$

einer Funktion zu reden. Sie brauchen natürlich nicht zu existieren; wir postulieren vielmehr ihre Existenz und fragen dann nach den höheren Differentialquotienten, zunächst den zweiten Differentialquotienten:

$$\frac{\partial^2 f}{\partial x^2} = r, \qquad \frac{\partial^2 f}{\partial x \partial y}, \qquad \frac{\partial^2 f}{\partial y \partial x}, \qquad \frac{\partial^2 f}{\partial y^2} = t.$$

Hier müssen wir sagen:

Soll eine stetige Funktion $f(x, y)$ an irgendeiner Stelle nicht nur die ersten Differentialquotienten, sondern auch die zweiten und die folgenden höheren Differentialquotienten haben, dann muß man nicht nur deren Existenz ausdrücklich postulieren, sondern auch besonders untersuchen, ob die Differentiation unabhängig von der Reihenfolge ist, d. h. ob z. B. $\frac{\partial^2 f}{\partial x \partial y} = \frac{\partial^2 f}{\partial y \partial x}$ wird.

Auf die letzte Frage gehe ich weiter unten ein. Vorab nehmen wir die Existenz aller Differentialquotienten und auch die durchgängige Vertauschbarkeit der Differentiationen an und fragen:

Ist $f(x, y)$ dann in die Taylorsche Reihe

$$f(x, y) = f(x_0, y_0) + \frac{(x - x_0) p_0 + (y - y_0) q_0}{1!}$$
$$+ \frac{(x - x_0)^2 r_0 + 2(x - x_0)(y - y_0) s_0 + (y - y_0)^2 t_0}{2!}$$
$$+ \dots\dots\dots\dots\dots\dots\dots\dots\dots\dots\dots\dots\dots$$

$\left(s = \frac{\partial^2 f}{\partial x \partial y} = \frac{\partial^2 f}{\partial y \partial x}\right)$ *entwickelbar?*

Wir müssen nach unseren früheren Bemerkungen die Antwort geben:

Damit die Taylorsche Entwicklung gilt, genügt keineswegs die Existenz der Differentialquotienten und die Konvergenz der formal aufgestellten Reihe, sondern es treten *Pringsheimsche Bedingungen* dazu, was darauf hinauskommt, daß das Restglied bei wachsendem n der Null beliebig nahe kommen soll. Nur wenn dies alles zutrifft, nennen wir $f(x, y)$, zunächst im Konvergenzbereich der Reihe, eine *analytische Funktion der beiden Variablen x, y.*

Und wir mögen hinzufügen: *Solcherweise muß also eine große Anzahl von Voraussetzungen zusammenkommen, damit $f(x, y)$ eine analytische Funktion ist.*

Wir werfen jetzt einen kurzen Blick auf die Anwendungen und fragen: *Wie steht es mit den in der Mechanik und Physik gebrauchten Funktionen von zwei oder mehreren Variablen?*

Die übliche Ausdrucksweise in den Anwendungen ist die, daß man jede Funktion als analytisch ansieht und sich dann berechtigt glaubt, die Reihe bei den Gliedern erster, zweiter oder dritter Dimension abzubrechen, „weil dies eine genügende Annäherung gibt".

Demgegenüber hat unsere Kritik einzusetzen.

Ganz gewiß denkt man bei einer solchen Ausdrucksweise nicht an den gerade auseinandergesetzten exakten Begriff der analytischen Funktion. Man bewegt sich vielmehr von vornherein auf dem Gebiet der Approximationsmathematik und nimmt kurzweg an, daß die vorkommenden Abhängigkeiten mit hinreichender Annäherung durch Polynome ersten, zweiten, dritten Grades darstellbar seien. Es liegt also bei der üblichen Ausdrucksweise das Hauptgewicht auf dem Nachsatze: *Die Annahme ist, daß die in den Anwendungen vorkommenden Funktionen mit genügender Annäherung durch Polynome ersten, zweiten, dritten Grades dargestellt werden können.* Daß es sich „in Wirklichkeit" um analytische Funktionen handle, ist für die kritische Auffassung, die ich hier vertrete, nicht zuzugeben; wir haben kein Mittel, es zu konstatieren.

Die Frage ist: *Kommen tatsächlich in den Anwendungen nur Abhängigkeiten vor, bei denen die genannte Approximation statthaft ist;* ist insonderheit in der Praxis (bei Zugrundelegung der Bedeutung, welche die Differentialquotienten überhaupt für die Praxis haben) stets $\frac{\partial^2 f}{\partial x \partial y} = \frac{\partial^2 f}{\partial y \partial x}$? Oder ist die ganze Annahme nur eine landläufige, uns nur durch Gewöhnung, nicht durch wirklichen Sachverhalt nahegelegte?

Wir müssen sagen: *Es gibt in der Praxis Beispiele genug, bei denen es nicht gestattet ist, $\frac{\partial^2 f}{\partial x \partial y} = \frac{\partial^2 f}{\partial y \partial x}$ zu setzen.*

Um dies klarzumachen, fragen wir vorab:

Unter welchen Voraussetzungen beweist man innerhalb der Präzisionsmathematik, daß $\frac{\partial^2 f}{\partial x \partial y} = \frac{\partial^2 f}{\partial y \partial x}$ ist? Nachher machen wir uns dann Beispiele zurecht, bei denen diese Voraussetzungen nicht erfüllt sind, indem wir unter den Flächen Umschau halten, die uns die Praxis vorführt.

Es ist $\frac{\partial^2 f}{\partial y \partial x}$ folgendermaßen definiert:

Zunächst ist

$$\frac{\partial f}{\partial y} = \lim_{k \to 0} \frac{f(x, y+k) - f(x, y)}{k} = q(x, y)$$

und

$$\frac{\partial q}{\partial x} = \frac{\partial^2 f}{\partial y \partial x} = \lim_{h \to 0} \frac{q(x+h, y) - q(x, y)}{h}.$$

Vereinigen wir beide Gleichungen, so kommt:

$$s' = \frac{\partial^2 f}{\partial y \partial x} = \lim_{h \to 0} \left(\lim_{k \to 0} \frac{f(x+h, y+k) - f(x+h, y) - f(x, y+k) + f(x, y)}{hk} \right),$$

also:

$\frac{\partial^2 f}{\partial y \partial x}$ erwächst aus dem rechter Hand stehenden Bruche, wenn wir zuerst k und dann h gegen Null streben lassen.

Ähnlich haben wir:

$$s = \frac{\partial^2 f}{\partial x \partial y} = \lim_{k \to 0} \left(\lim_{h \to 0} \frac{f(x+h, y+k) - f(x+h, y) - f(x, y+k) + f(x, y)}{hk} \right),$$

so daß wir den anderen Differentialquotienten $\frac{\partial^2 f}{\partial x \partial y}$ bekommen, wenn wir die beiden Grenzübergänge in der umgekehrten Reihenfolge machen, nämlich zuerst k und dann h gegen Null konvergieren lassen.

Es kommt also die Gleichheit der beiden Differentialquotienten auf die Frage hinaus, ob die beiden Grenzübergänge vertauschbar sind oder nicht.

Wir werden jetzt mit Hilfe des Mittelwertsatzes den gewöhnlichen Fall herausarbeiten, wo wirklich s = s' ist.

Es ist

$$p(x, y) = \lim_{h \to 0} \frac{f(x + h, y) - f(x, y)}{h}.$$

Nach dem Mittelwertsatze gilt unter der Voraussetzung, daß p in (x, y) und einer Umgebung U von (x, y) existiert (eindeutig und endlich ist), bei passender Wahl von h die Beziehung:

$$f(x + h, y) - f(x, y) = h \cdot p(x + \vartheta h, y),$$

wobei $0 < \vartheta < 1$.

Jetzt nehmen wir p in U nach y differenzierbar an. Dann können wir abermals den Mittelwertsatz anwenden und haben nach passender Wahl von k:

$$p(x + \vartheta h, y + k) - p(x + \vartheta h, y) = k \cdot s(x + \vartheta h, y + \eta k),$$

wobei $0 < \eta < 1$, oder zusammenfassend:

$$f(x + h, y + k) - f(x, y + k) - f(x + h, y) + f(x, y)$$
$$= h \cdot k \cdot s(x + \vartheta h, y + \eta k).$$

Wir dividieren beide Seiten dieser Gleichung durch k und schreiben:

$$\frac{f(x + h, y + k) - f(x + h, y)}{k} - \frac{f(x, y + k) - f(x, y)}{k} = h \cdot s(x + \vartheta h, y + \eta k).$$

Setzen wir jetzt die Existenz von q in (x, y) und U voraus, so geht beim Grenzübergang $k \to 0$ die linke Seite dieser Gleichung über in

$$q(x + h, y) - q(x, y).$$

Für die rechte Seite aber gilt, wenn wir die weitere Voraussetzung hinzunehmen, daß s in der Umgebung U für konstante Werte von x stetig nach y ist,

$$\lim_{k \to 0} s(x + \vartheta h, y + \eta k) = s(x + \vartheta h, y).$$

Mithin folgt:

$$\frac{q(x + h, y) - q(x, y)}{h} = s(x + \vartheta h, y).$$

Schließlich setzen wir noch voraus, daß s an der Stelle (x, y) stetig in bezug auf x ist. Lassen wir dann h nach 0 streben, so ergibt sich

$$\lim_{h \to 0} \frac{q(x + h, y) - q(x, y)}{h} = s(x, y).$$

Der auf der linken Seite stehende Grenzwert ist jedoch nichts anderes als $s'(x, y)$. Mithin: $s'(x, y)$ existiert und ist gleich $s(x, y)$.

Bei unserem Beweis mußten wir nicht nur die Existenz von p, q, s an der Stelle (x, y) und einer Umgebung U von (x, y) voraussetzen, sondern auch s gewisse Stetigkeitsbedingungen auferlegen. Wenn wir die eine oder andere dieser Voraussetzungen fallen lassen, können wir nicht mehr erwarten, daß s' — sofern es existiert — gleich s ist[1]).

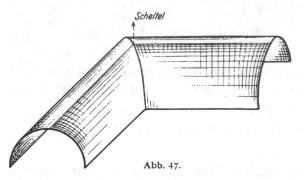

Abb. 47.

Wir wollen nun sehen, daß in der Tat bei den Flächen, die wir täglich betrachten[2]), Beispiele auftreten, bei denen $s \neq s'$ ist.

Ich entnehme das *Beispiel der Architektur*.

Es mögen sich 2 zylindrische Gewölbe mit kongruenten halbkreisförmigen Querschnitten kreuzen, so daß sie sich in einem „Kreuzgewölbe" durchdringen (Abb. 47). Wir wählen den Scheitel als Koordinatenanfangspunkt, die z-Achse vertikal nach oben und wollen nun für den Anfangspunkt die Werte s und s' berechnen. Damit wir

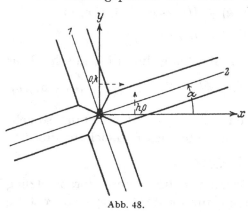

Abb. 48.

ein brauchbares Resultat erhalten, das nicht durch die Symmetrie des Gewölbes verdeckt ist, denken wir uns das ganze Gewölbe unter einem Winkel α mit $0 < \alpha < 45°$ gegen das Koordinatensystem x, y orientiert, so daß die Projektion in der x, y-Ebene die in Abb. 48 dargestellte Lage hat.

Wir berechnen uns für jeden Punkt des Gewölbes p und q als Grenzwerte von Differenzenquotienten. Im Scheitel wird dabei jedenfalls $p = 0$, $q = 0$, da entlang der Mittellinie jedes Gewölbes die Tangentialebene horizontal ist; also $p(0, 0) = q(0, 0) = 0$.

---

[1]) [Die Frage der Vertauschbarkeit der Differentiationsfolge in dem oben erörterten Fall wurde das erste Mal gründlich behandelt von *H. A. Schwarz* in seiner Arbeit: Über ein vollständiges System von einander unabhängiger Voraussetzungen zum Beweise des Satzes: $\dfrac{\partial}{\partial y}\left(\dfrac{\partial f(x, y)}{\partial x}\right) = \dfrac{\partial}{\partial x}\left(\dfrac{\partial f(x, y)}{\partial y}\right)$. (Ges. math. Abh. Bd. 2, 1890, S. 275—284). — Für Funktionen von drei und mehr Veränderlichen und partielle Ableitungen von höherer als der 2. Ordnung ist die Untersuchung durchgeführt von *L. Neder* (Math. Zeitschr. Bd. 24 (1926), S. 759—72)].

[2]) Oder genauer gesagt (da wir niemals scharfe Flächen beobachten): unter den idealen Flächen, deren Studium uns durch die tägliche Beobachtung nahegelegt wird.

Was sind nun $s(0,0)$ und $s'(0,0)$? Wir definieren sie als Grenzwerte folgendermaßen:

$$s = \lim_{k \to 0} \frac{p(0,k) - p(0,0)}{k}, \qquad s' = \lim_{h \to 0} \frac{q(h,0) - q(0,0)}{h}.$$

Wählen wir h und k der Bequemlichkeit halber positiv, so liegt der Punkt $0,k$ im Gewölbe 1; durch p wird das Ansteigen oder Fallen des Gewölbes 1 in der Richtung x gemessen. Es ist also $p(0,k)$ negativ. Dagegen liegt der Punkt $h,0$ im Gewölbe 2; durch q wird das Ansteigen oder Fallen dieses Gewölbes in der Richtung y gemessen. Es ist also $q(h,0)$ positiv. Aus dieser qualitativen Überlegung folgt:

s entsteht durch Grenzübergang aus einem negativen Differenzenquotienten, s' entsteht durch Grenzübergang aus einem positiven Differenzenquotienten. Wenn also s und s' nicht beide gerade Null werden, kann s nicht gleich s' sein.

Um den Grenzübergang rechnerisch zu verfolgen, führen wir nun Formeln ein.

Für die ursprüngliche Lage, in der die Mittellinien der Gewölbe den Achsen x, y parallel sind, haben wir die Formeln:

$$z = C_0 - C_1 y^2 + \cdots \quad \text{für Gewölbe 2,}$$
$$z = C_0 - C_1 x^2 + \cdots \quad \text{für Gewölbe 1;}$$

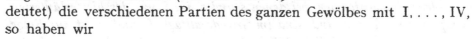

Abb. 49.

die linearen Glieder fallen wegen $p(0,0) = 0$, $q(0,0) = 0$ fort, die Glieder von höherer als der zweiten Ordnung sind der Einfachheit halber weggelassen, weil sie für das abzuleitende Resultat doch ohne Einfluß sein würden.

Nehmen wir jetzt die in Abb. 48 dargestellte Lage an und bezeichnen (wie die Abb. 49 andeutet) die verschiedenen Partien des ganzen Gewölbes mit I, . . . , IV, so haben wir

für I und III (Gewölbe 1):
$$z = C_0 - C_1 (x \cos \alpha + y \sin \alpha)^2 - \cdots,$$
für II und IV (Gewölbe 2):
$$z = C_0 - C_1 (-x \sin \alpha + y \cos \alpha)^2 - \cdots$$

zu setzen. Damit wird

für I und III:
$$p = -2C_1 x \cos^2 \alpha - 2C_1 y \sin \alpha \cos \alpha - \cdots$$
$$q = -2C_1 x \sin \alpha \cos \alpha - 2C_1 y \sin^2 \alpha - \cdots,$$

für II und IV:
$$p = -2C_1 x \sin^2 \alpha + 2C_1 y \sin \alpha \cos \alpha - \cdots$$
$$q = +2C_1 x \sin \alpha \cos \alpha - 2C_1 y \cos^2 \alpha + \cdots.$$

Im Scheitelpunkte des Kreuzgewölbes gilt nach diesen Formeln in der Tat für beide Gewölbe $p = 0$, $q = 0$. Im übrigen aber findet längs den Durchdringungskurven der Gewölbe eine Unstetigkeit in den Werten von p und q statt; die beiden Wölbungen stoßen mit einem Knick aneinander.

Wir berechnen nun s für den Anfangspunkt. Aus $p(0, k)$ in I kommt, indem wir die höheren Glieder der Reihenentwicklung weglassen:

$$s = \lim_{k \to 0} \frac{-2 C_1 k \sin \alpha \cos \alpha}{k} = -C_1 \sin 2\alpha .$$

Für s' ergibt sich dagegen in IV bei Weglassen der höheren Glieder

$$s' = \lim_{h \to 0} \frac{+2 C_1 h \sin \alpha \cos \alpha}{h} = +C_1 \sin 2\alpha .$$

Somit ist im allgemeinen $s \neq s'$, und nur dann kommt $s = s'$, wenn die Koordinatenachsen den Mittellinien parallel sind.

Berechnet man den Wert von s für in der Nähe von 0, 0 liegende Stellen der Gewölbeteile II und IV, den Wert von s' für ebensolche Stellen von I und III, so ergibt sich bis auf Glieder höherer Ordnung

$$s = +C_1 \sin 2\alpha, \quad s' = -C_1 \sin 2\alpha .$$

Man sieht also, daß sowohl $s(x, y)$ als auch $s'(x, y)$ an der Stelle $(0, 0)$ unstetig ist.

Dies Beispiel hat, wie Sie sehen, nichts Abstraktes und Schwieriges, sondern etwas ganz Alltägliches. Wir können es z. B. in der Weise verallgemeinern, daß wir eine Fläche von der Form eines Regenschirmdaches erhalten. Sobald der Schirm zwar aufrecht, aber nicht nach rechts und links symmetrisch in bezug auf die xz- und xy-Ebene gehalten wird, tritt allemal der hier besprochene Fall $s \neq s'$ uns zu Häupten in der Spitze ein. Wir können daher vielleicht so abschließen:

Solche Flächenformen, bei denen s und s′ im Sinne des hier erläuterten Beispiels verschieden sind, sind im Grunde alltäglich, und es ist nur Folge unserer zu wenig auf Selbsttätigkeit und genaue Betrachtung konkreter Verhältnisse gerichteten Erziehung, daß wir nicht daran denken (und immer nur kritiklos die Ansätze übernehmen, die wir in den Büchern finden).

Soviel über die Funktionen zweier Veränderlicher von präzisionsmathematischer Seite. Ich gehe jetzt dazu über, noch etwas über sie von seiten der Approximationsmathematik zu bemerken, ähnlich wie oben auf die präzisionsmathematische Behandlung der Funktionen $f(x)$ ein Kapitel über Interpolation und Annäherung folgte.

Wie wird man eine Funktion $f(x, y)$ approximieren?

Das Nächstliegende ist, $f(x, y)$ *durch homogene Polynome steigender Ordnung* in x, y anzunähern:

$$z = f_0 + f_1 + f_2 + \cdots ,$$

was in der Mechanik und Physik, wie wir erwähnten, vielfach benutzt wird.

Das andere ist, daß man den trigonometrischen Reihen entsprechend die Funktion durch *Laplacesche Kugelfunktionen* zu approximieren sucht.

Ich übergehe hier den ersten Punkt und gedenke nur *etwas über die Laplaceschen Kugelfunktionen* mitzuteilen, so viel, daß ihr Wesen und ihre darstellende Kraft verständlich wird.

Es soll sich hier also um eine Verallgemeinerung der trigonometrischen Reihen handeln. Zu dem Zwecke müssen wir, das Argument jetzt mit ω anstatt wie früher mit x bezeichnend, die Reihe für $f(\omega)$

$$f(\omega) = \frac{a_0}{2} + a_1 \cos\omega + \cdots + a_n \cos n\omega + \cdots,$$
$$+ b_1 \sin\omega + \cdots + b_n \sin n\omega + \cdots,$$

formal etwas anders einführen, als wir es seither taten.

1. Wir deuten ω als Zentriwinkel und denken uns die Werte z einer mit 2π periodischen Funktion $f(\omega)$ entlang einer Kreisperipherie aufgetragen; der Radius mag 1 sein (Abb. 50).

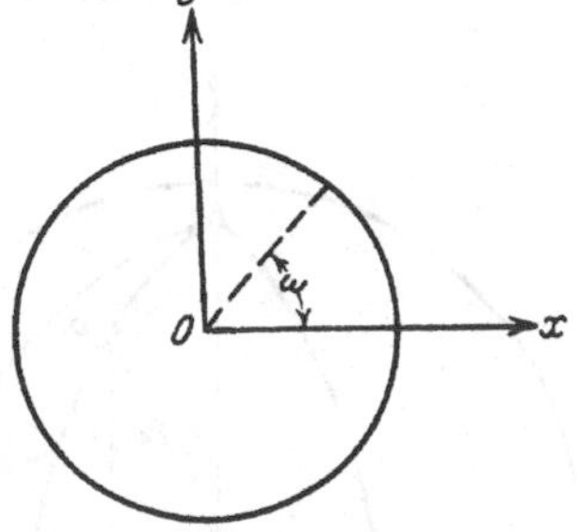

2. Diese Funktion $f(\omega)$ wird nun durch Paare einzelner Terme $a_n \cos n\omega + b_n \sin n\omega$ approximiert, deren Gesetz wir durch Einführung rechtwinkliger Koordinaten etwas anders ausdrücken.

Es ist $\cos\omega = x$, $\sin\omega = y$, also
$$\cos\omega + i\sin\omega = x + iy,$$
und nach Moivre

Abb. 50.

$$\cos n\omega + i\sin n\omega = (x + iy)^n, \qquad \cos n\omega - i\sin n\omega = (x - iy)^n.$$

Es lassen sich hiernach (in sehr bekannter Weise)

3. $\cos n\omega$ und $\sin n\omega$ als homogene Polynome n-ten Grades in x, y ausdrücken. Dasselbe gilt für $a_n \cos n\omega + b_n \sin n\omega$. Alle diese Polynome F genügen der einfachen Differentialgleichung:

$$\Delta F = \frac{\partial^2 F}{\partial x^2} + \frac{\partial^2 F}{\partial y^2} = 0,$$

weil $(x + iy)^n$ und $(x - iy)^n$ ihr genügen. Und nun ist das Wichtigste, daß diese Differentialgleichung für unsere Polynome charakteristisch ist.

Das ist so gemeint:

4. Wenn ich ein homogenes Polynom n-ten Grades suche, das der Gleichung $\Delta F = 0$ genügen soll, dann komme ich von selbst dabei auf eine Verbindung $a \cos n\omega + b \sin n\omega$.

Es folgt dies durch eine einfache Abzählung: Ein homogenes Polynom F vom n-ten Grade hat $(n + 1)$ Koeffizienten. In dem zugehörigen

$\varDelta F$ hat man ein homogenes Polynom $(n-2)$-ten Grades mit $(n-1)$ Koeffizienten, das identisch Null sein soll. Damit sind die $(n+1)$ Koeffizienten $(n-1)$ Bedingungen unterworfen; 2 Koeffizienten bleiben noch willkürlich (also a und b in unserem Ausdruck).

Bezeichnen wir die genannten Polynome 0-ten bis n-ten Grades mit $F_0, F_1, \ldots, F_n$, so haben wir das Resultat:

Man kann die gewöhnliche trigonometrische Reihe für $f(\omega)$ als eine Reihenentwicklung bezeichnen, die nach homogenen Polynomen steigenden Grades von x, y fortschreitet, wobei jedes Polynom F_ν der charakteristischen Gleichung $\dfrac{\partial^2 F_\nu}{\partial x^2} + \dfrac{\partial^2 F_\nu}{\partial y^2} = 0$ genügt. Hernach setzt man $x = \cos\omega$, $y = \sin\omega$.

Dabei ist noch gar nicht die Rede davon, ob wir uns mit einer unendlichen oder endlichen Reihe beschäftigen, sondern es ist nur das rein formale Gesetz der Terme gemeint. Weiterhin besteht die Kunst natürlich in der zweckmäßigen Berechnung der zunächst noch willkürlichen Konstanten a_n, b_n.

Indem ich die gewöhnlichen trigonometrischen Reihen so schildere, werden sie verallgemeinerungsfähig für mehrere Veränderliche. Wir gehen nur um eine Dimension in die Höhe.

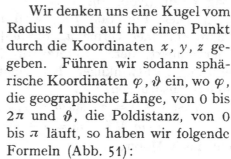

Abb. 51.

Wir denken uns eine Kugel vom Radius 1 und auf ihr einen Punkt durch die Koordinaten x, y, z gegeben. Führen wir sodann sphärische Koordinaten φ, ϑ ein, wo φ, die geographische Länge, von 0 bis 2π und ϑ, die Poldistanz, von 0 bis π läuft, so haben wir folgende Formeln (Abb. 51):

$$x = \sin\vartheta \cos\varphi\,,$$
$$y = \sin\vartheta \sin\varphi\,,$$
$$z = \cos\vartheta\,.$$

Es sei uns nun eine Funktion $f(\vartheta, \varphi)$ auf der Kugel gegeben. Wir wollen sehen, ob wir sie durch eine analoge Reihe von homogenen Polynomen ν-ten Grades $(n = 0, 1, 2, \ldots)$ in x, y, z darstellen können, welche diesmal der Gleichung

$$\varDelta F_\nu = \frac{\partial^2 F_\nu}{\partial x^2} + \frac{\partial^2 F_\nu}{\partial y^2} + \frac{\partial^2 F_\nu}{\partial z^2} = 0$$

genügen. Also:

$$f(\vartheta, \varphi) = F_0 + F_1 + \cdots + F_n \cdots .$$

Ob die Reihe, falls sie unendlich ist, konvergiert und ob die endliche Reihe unsere Funktion $f(\vartheta, \varphi)$ irgendwie zweckmäßig approximiert, ist eine Sache für sich, von der wir vorläufig gar nicht sprechen. Es handelt sich nur darum, das rein formale Gesetz anzugeben, welches sich als eine naturgemäße Verallgemeinerung des früheren ansehen läßt.

Ein einzelnes Polynom F nennen wir eine *Laplacesche Kugelfunktion*, so daß wir als Definition erhalten:

Unter einer (Laplaceschen) Kugelfunktion verstehen wir zunächst ein homogenes Polynom n-ten Grades in x, y, z, welches der Differentialgleichung $\Delta F = 0$ genügt.

Später werden wir unter einer Kugelfunktion n-ten Grades im engeren Sinne denjenigen Ausdruck verstehen, der dadurch entsteht, daß wir für x, y, z ihre Ausdrücke in φ, ϑ einsetzen.

Überlegen wir uns, wieviel Konstanten in F_n noch unbestimmt bleiben. Ein beliebiges $F_n(x, y, z)$ hat $\frac{(n+1)(n+2)}{2}$ Konstante (das folgt durch vollständige Induktion aus der Tatsache, daß F_1 drei und F_2 sechs Konstanten hat). Bildet man ΔF, so erhält man ein Polynom $(n-2)$-ten Grades mit $\frac{(n-1)n}{2}$ Konstanten. Soll dieses identisch verschwinden, so werden den Koeffizienten $\frac{(n-1)n}{2}$ Bedingungen auferlegt; es bleiben also noch

$$\frac{(n+1)(n+2)-(n-1)n}{2} = \frac{4n+2}{2} = 2n+1$$

Konstanten willkürlich, so daß wir den Satz haben:

Die allgemeinste Kugelfunktion n-ten Grades enthält noch $2n+1$ unbestimmte Parameter; und zwar treten diese Parameter linear auf, weil sich aus $\Delta F = 0$ nur lineare Bedingungsgleichungen für die Koeffizienten von F ergeben.

Wir bestätigen dies für $n = 2$. Das allgemeinste Polynom zweiten Grades lautet

$$F_2 = a_{11}x^2 + a_{22}y^2 + a_{33}z^2 + 2a_{23}yz + 2a_{31}zx + 2a_{12}xy.$$

Bildet man $\Delta F_2 = 0$, so kommt

$$2(a_{11} + a_{22} + a_{33}) = 0.$$

Es sind also die 6 Koeffizienten einer linearen Bedingung unterworfen, so daß noch 5 Koeffizienten willkürlich bleiben, wie es sein muß.

Wir wollen für die vier niedrigsten Fälle die Polynome wirklich angeben. Man macht das in üblicher Weise so, daß man an die Darstellung in sphärischen Koordinaten anknüpft und in einer speziellen Tafel (vgl. die Tafel auf S. 98) für $n = 0, 1, 2, 3, 4, \ldots$, je $2n+1$ spezielle Kugelfunktionen gibt; die allgemeine Kugelfunktion des betreffenden Grades erhält man dann als Summe dieser noch mit beliebigen konstanten Faktoren versehenen speziellen Kugelfunktionen.

Kugelfunktionen der vier ersten Grade.

F_0	1				
F_1	$\cos\vartheta$	$\left.\begin{array}{l}\sin\vartheta\cos\varphi\\\sin\vartheta\sin\varphi\end{array}\right\}1$			
F_2	$3\cos^2\vartheta-1$	$\left.\begin{array}{l}\sin\vartheta\cos\varphi\\\sin\vartheta\sin\varphi\end{array}\right\}\cos\vartheta$	$\left.\begin{array}{l}\sin^2\vartheta\cos2\varphi\\\sin^2\vartheta\sin2\varphi\end{array}\right\}1$		
F_3	$5\cos^3\vartheta-3\cos\vartheta$	$\left.\begin{array}{l}\sin\vartheta\cos\varphi\\\sin\vartheta\sin\varphi\end{array}\right\}(5\cos^2\vartheta-1)$	$\left.\begin{array}{l}\sin^2\vartheta\cos2\varphi\\\sin^2\vartheta\sin2\varphi\end{array}\right\}\cos\vartheta$	$\left.\begin{array}{l}\sin^3\vartheta\cos3\varphi\\\sin^3\vartheta\sin3\varphi\end{array}\right\}1$	
F_4	$35\cos^4\vartheta-30\cos^2\vartheta+3$	$\left.\begin{array}{l}\sin\vartheta\cos\varphi\\\sin\vartheta\sin\varphi\end{array}\right\}(7\cos^3\vartheta-3\cos\vartheta)$	$\left.\begin{array}{l}\sin^2\vartheta\cos2\varphi\\\sin^2\vartheta\sin2\varphi\end{array}\right\}(7\cos^2\vartheta-1)$	$\left.\begin{array}{l}\sin^3\vartheta\cos3\varphi\\\sin^3\vartheta\sin3\varphi\end{array}\right\}\cos\vartheta$	$\left.\begin{array}{l}\sin^4\vartheta\cos4\varphi\\\sin^4\vartheta\sin4\varphi\end{array}\right\}1$

Ich bemerke, daß man die erste vertikale Reihe der Tafel berechnen muß[1]), die anderen ergeben sich einfach, wenn man diese ersten Glieder unter Weglassung gewisser Zahlenkoeffizienten nach $\cos\vartheta$ differenziert und mit den angegebenen Faktoren multipliziert.

Die allgemeinste Kugelfunktion F_4 setzt sich also aus den neun hingeschriebenen speziellen Kugelfunktionen F_4 linear mit beliebigen Koeffizienten zusammen.

Um eine bestimmte Aufgabe vor uns zu haben, wollen wir eine gegebene Funktion $f(\vartheta, \varphi)$ durch die vier ersten Kugelfunktionen möglichst gut im Sinne der Methode der kleinsten Quadrate approximieren. D. h. wir setzen

$$f(\vartheta, \varphi) = F_0 + F_1 + F_2 + F_3 + F_4 + \text{Rest}$$

und fordern, daß die Summe der Fehlerquadrate, also das über die Kugeloberfläche mit dem Flächenelement do genommene Integral

$$\int (f - F_0 - F_1 - \cdots - F_4)^2 \cdot do$$

ein Minimum wird. Von der in den Büchern meist ausschließlich behandelten Entwicklung einer Funktion in eine unendliche Reihe von Kugelfunktionen sehen wir demnach ab und beschäftigen uns lediglich mit der praktisch allein in Frage kommenden Approximation durch eine endliche Reihe. Unsere Aufgabe ist, die 25 in dem Ausdruck $F_0 + F_1 + \cdots + F_4$ eingehenden unbekannten Koeffizienten so zu berechnen, daß der Minimumforderung genügt wird.

---

[1]) Die Nachprüfung der angegebenen Polynome ist natürlich sehr einfach. Man setze z. B. statt $F_3 = 5\cos^3\vartheta - 3\cos\vartheta$ unter Rückgang zu rechtwinkligen Koordinaten

$$F_3 = 5z^3 - 3z(x^2 + y^2 + z^2)$$

und überzeuge sich, daß $\varDelta F_3$ verschwindet.

Das sieht nun so aus, als ob wir 25 lineare Gleichungen allgemeinster Bauart mit 25 Unbekannten auflösen sollten. So schlimm ist es aber nicht, da die einzelnen Gleichungen bereits nach je einer Unbekannten aufgelöst sind, wie wir sofort sehen werden.

Um die Rechnung bequem durchführen zu können, gebrauchen wir Summenzeichen und schreiben für die in der ersten vertikalen Reihe der Tabelle aufgeführten Kugelfunktionen in üblicher Weise $P_n (\cos \vartheta)$. Dann sind die übrigen

$$\left.\begin{array}{l} \sin^\nu \vartheta \cos \nu \varphi \\ \sin^\nu \vartheta \sin \nu \varphi \end{array}\right\} P_n^{(\nu)} (\cos \vartheta) ,$$

wo der Index ν bei P_n die ν-fache Differentiation nach $\cos \vartheta$ (unter Wegwerfung auftretender Zahlenkoeffizienten) andeutet. So wird die ganze Reihe

$$f (\vartheta, \varphi) = \sum_{n=0}^{4} \sum_{\nu=0}^{n} [(a_{n,\nu} \sin^\nu \vartheta \cos \nu \varphi + b_{n,\nu} \sin^\nu \vartheta \sin \nu \varphi) P_n^{(\nu)} (\cos \vartheta)] ,$$

wofür ich zur Abkürzung

$$\sum \sum (a_{n,\nu} \Phi_{n,\nu} + b_{n,\nu} \Psi_{n,\nu})$$

schreibe.

Wenn man zunächst die Summe der Fehlerquadrate aufsucht:

$$\int \{f (\vartheta, \varphi) - (\sum \sum (a_{n,\nu} \Phi_{n,\nu} + b_{n,\nu} \Psi_{n,\nu})\}^2 \, do ,$$

so ergibt sich für die in den a, b quadratischen Gliedern wegen der sog. *Orthogonalitätseigenschaft der Kugelfunktionen* eine außerordentliche Vereinfachung.

Bezeichnen nämlich F' und F'' zwei verschiedene von unseren speziellen 25 Kugelfunktionen, dann wird $\int F' F'' \, do = 0$, oder im besonderen

$$\int \Phi' \Phi'' \, do = 0 , \qquad \int \Phi' \Psi'' \, do = \int \Phi'' \Psi' \, do = 0 , \qquad \int \Psi' \Psi'' \, do = 0 \,{}^1) .$$

Dadurch wird die Funktion Ω (nämlich die Summe der Fehlerquadrate, die durch geschickte Annahme der Koeffizienten a, b zu einem Minimum gemacht werden soll) sehr viel einfacher, als man eigentlich annehmen könnte. Sie heißt

$$\Omega = \int f^2 \, do - 2 \sum \int f \cdot F \cdot do + \sum \int F^2 \, do ,$$

---

^{1}) [Vgl. das analoge Verhalten der bei den trigonometrischen Reihen auftretenden Integrale $\int_0^{2\pi} \cos \mu x \cos \nu x \, dx$, $\int_0^{2\pi} \sin \mu x \sin \nu x \, dx$ für $\mu \neq \nu$ und des Integrals $\int_0^{2\pi} \sin \mu x \cos \nu x \, dx$ sowohl für $\mu = \nu$ als auch für $\mu \neq \nu$.]

wo die Summen über alle speziellen Kugelfunktionen, die oben angegeben wurden, zu nehmen sind. In Φ und Ψ ausgedrückt, lautet die Funktion

$$\Omega = \int f^2 do - 2\sum\sum[a_{n,\nu}\int f\Phi_{n,\nu}do + b_{n,\nu}\int f\Psi_{n,\nu}do]$$
$$+ \sum\sum[a_{n,\nu}^2\int\Phi_{n,\nu}^2 do + b_{n,\nu}^2\int\Psi_{n,\nu}^2 do].$$

Um sie zu einem Minimum zu machen, setzen wir die nach $a_{n,\nu}$ und $b_{n,\nu}$ genommenen partiellen Differentialquotienten gleich Null. Wir erhalten:

$$\frac{1}{2}\frac{\partial\Omega}{\partial a_{n,\nu}} = -\int f\Phi_{n,\nu}do + a_{n,\nu}\int\Phi_{n,\nu}^2 do = 0,$$

$$\frac{1}{2}\frac{\partial\Omega}{\partial b_{n,\nu}} = -\int f\Psi_{n,\nu}do + b_{n,\nu}\int\Psi_{n,\nu}^2 do = 0.$$

Die Integrale sind dabei immer über die ganze Kugeloberfläche zu erstrecken. Wie man sieht, enthält jede einzelne der sich ergebenden 25 Gleichungen nur eine Unbekannte; wir bekommen ohne weiteres:

$$a_{n,\nu} = \frac{\int f\Phi_{n,\nu}do}{\int\Phi_{n,\nu}^2 do}, \qquad b_{n,\nu} = \frac{\int f\Psi_{n,\nu}do}{\int\Psi_{n,\nu}^2 do}.$$

Damit ist das Problem gelöst. Wir fügen noch folgende allgemeine Bemerkung hinzu:

Das Schöne bei dieser Bestimmungsweise ist, daß (gerade wie bei der Fourierschen Reihe) der Wert der einzelnen $a_{n,\nu}$ bzw. $b_{n,\nu}$, wie er sich aus der Minimumforderung für die Summe der Fehlerquadrate ergibt, gar nicht davon abhängt, welche anderen Indizespaare n, ν man bei der Approximation von f daneben benutzen will, so daß ein einmal berechneter Koeffizient $a_{n,\nu}$ bestehen bleibt, auch wenn man später die Reihenentwicklung beliebig ausdehnen will. Haben wir also für eine Annäherung durch Kugelfunktionen bis zur vierten Ordnung die 25 Koeffizienten berechnet, so werden diese, falls wir zu Kugelfunktionen fünfter Ordnung gehen, nicht verändert, es treten vielmehr nur 11 Koeffizienten neu hinzu.

Alles dies betraf den rein formalen Ansatz der Reihe. Für einen *Einblick in das Wesen der zunächst nur formal definierten Kugelfunktionen* gehen wir wieder von der Fourierschen Reihe aus.

Die Fouriersche Reihe baut sich aus Termen $\cos n\varphi$, $\sin n\varphi$ auf; wie diese auf der Kreisperipherie verlaufen, insbesondere wo die Nullstellen liegen, ist ohne weiteres ersichtlich. Die Zahl der Nullstellen ist $2n$ und wächst also mit wachsendem n. Gleichzeitig sind die Nullstellen gleichmäßig über die Kreisperipherie verteilt (Abb. 52).

Ähnlich ist es nun zunächst bei den Funktionen $P_n(\cos\vartheta)$, d. h. $P_n(z)$.

Wir denken uns eine Kugel und fragen nach den Nullstellen der Funktion $P_n(z)$. Ich behaupte, ohne hier den Beweis zu geben, da es sich nur um eine erste Übersicht über die Kugelfunktionen handeln soll, folgendes:

$P_n(z)$ hat n reelle Nullstellen zwischen $z = -1$ und $z = +1$, die in bezug auf $z = 0$ symmetrisch liegen, d. h. es gibt n reelle, zum Äquator symmetrisch liegende Parallelkreise auf der Kugel, auf denen $P_n(z) = 0$ ist. Es trennt also eine solche Kugelfunktion $P_n(z)$ die Kugel

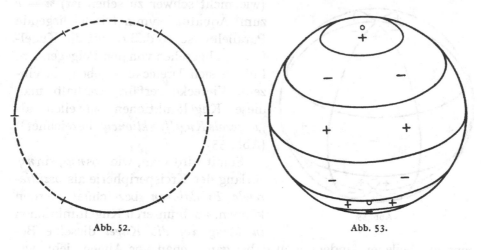

Abb. 52.   Abb. 53.

in $(n + 1)$ Zonen, in denen $P_n(z)$ abwechselnd positiv und negativ ist. Danach nennt man die $P_n(z)$ nach dem Vorgange der Engländer „*zonale Kugelfunktionen*" (Abb. 53).

Neben die Kugelfunktion $P_n(\cos\vartheta)$ hatten wir andere gestellt, welche die Faktoren $\left.\begin{array}{c}\cos\nu\varphi\\\sin\nu\varphi\end{array}\right\}\sin^\nu\vartheta$ hatten. Nehmen wir vorab gleich den höchsten Fall $\nu = n$, so wird $P_n^{(n)}(\cos\vartheta) = 1$, und wir haben es mit den Kugelfunktionen:

$$\left.\begin{array}{c}\cos n\varphi\cdot\sin^n\vartheta\\\sin n\varphi\cdot\sin^n\vartheta\end{array}\right\}\ 1$$

zu tun. Fragen wir hier nach den Nullstellen, so kommt es wesentlich je auf den ersten Faktor an (der zweite gibt uns jeweils die Pole der Kugel). Wir erhalten:

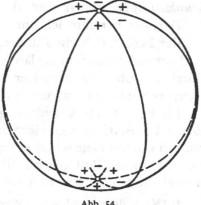

Die Kugelfunktionen $\left.\begin{array}{c}\cos n\varphi\\\sin n\varphi\end{array}\right\}\sin^n\vartheta$

Abb. 54.

zerlegen die Kugel in $2n$ von Meridianen begrenzte gleichwinklige Sektoren (Kugelzweiecke), für welche die Kugelfunktionen abwechselnd positiv und negativ sind. Die betrachteten Kugelfunktionen erhalten deshalb den Namen: „*sektorielle Kugelfunktionen*" (Abb. 54).

Nun zu den Zwischenfällen:

$$\left.\begin{array}{l} \cos\nu\,\varphi\,\sin^{\nu}\vartheta \\ \sin\nu\,\varphi\,\sin^{\nu}\vartheta \end{array}\right\} P_n^{(\nu)}(\cos\vartheta)\,.$$

Dem ersten Faktor entsprechen, wenn er gleich Null gesetzt wird, ν Meridiane, die den Äquator in gleich lange Bögen zerlegen, dem zweiten (wie nicht schwer zu sehen ist) $n-\nu$ zum Äquator symmetrisch liegende Parallelkreise, so daß damit die Kugelfläche, abgesehen von den Polgegenden, für die sich Dreiecke ergeben, in einzelne Vierecke zerfällt, weshalb man diese Kugelfunktionen zuweilen als „*tesserale Kugelfunktionen*" bezeichnet[1]) (Abb. 55).

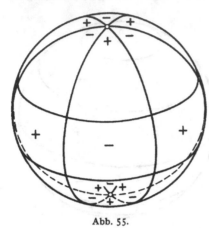

Abb. 55.

Somit wird man, wie $\cos n\varphi$, $\sin n\varphi$ entlang der Kreisperipherie als *oszillierende Funktionen* bezeichnet werden können, auch unseren Kugelfunktionen *in bezug auf die Kugel* dieselbe Benennung beilegen, indem man dabei ganz genau vor Augen sieht, wie die Gebiete mit positiven und negativen Funktionswerten abwechseln. Es ist natürlich äußerst interessant, dies bis zu numerischen Einzelheiten zu untersuchen, insbesondere zu sehen, wie die positiven und negativen Gebiete der verschiedenen Kugelfunktionen übereinandergreifen.

Aus solchen oszillierenden Funktionen baut sich die Reihe auf, die wir untersuchen. *Es fragt sich, wie genau die Funktion $f(\vartheta,\varphi)$ in einzelnen Punkten approximiert wird*, d. h. ob wir den Fehler abschätzen können.

Darüber berichte ich nur:

Der Fehler, d. h. die Differenz zwischen der darzustellenden Funktion und der endlichen Summe läßt sich an jeder Stelle in geschlossener Form durch ein über die Kugel erstrecktes Integral angeben, wieder genau entsprechend dem, was uns von der Fourierschen Reihe her bekannt ist.

Die betreffende Abschätzung findet sich in den Lehrbüchern, nur daß dort oft einseitig das Gewicht darauf gelegt wird, zu zeigen, daß bei unendlich wachsendem n in dem Falle, daß $f(x,y)$ eine „vernünftige" Funktion ist, dieser Rest gegen Null konvergiert, während es in der Praxis darauf ankommt, den Rest für endliches n numerisch abzuschätzen[2]).

---

[1]) [Nach dem griechischen Worte für „vier"].

[2]) [Die unendlichen Reihen, die bei der Entwicklung nach Kugelfunktionen entstehen, zeigen in vieler Hinsicht ähnliches Verhalten wie die unendlichen Fourierschen Reihen. Man vgl. *L. Fejér*, Über die Laplacesche Reihe, Math. Ann. Bd. 67 (1909), S. 76—109, und die beiden Arbeiten von *H. Weyl* über die Gibbssche Erscheinung in der Theorie der Kugelfunktionen in Bd. XXIX (1910), S. 308—323, und Bd. XXX (1910), S. 337—407, der Rendiconti del lircolo Matematico di Palermo.]

Wie weit man da mit dem n zu gehen hat, d. h. wieviel Glieder der Kugelfunktionenentwicklung man gegebenenfalls gebraucht, um die für jeden praktischen Fall ausreichende Genauigkeit zu bekommen, das geht in keiner Weise aus unserer theoretischen Entwicklung hervor und kann nur jeweils von Fall zu Fall entschieden werden.

Als berühmtes Beispiel führe ich die Arbeit von *Gauß* aus dem Jahre 1839 an: *Allgemeine Theorie des Erdmagnetismus* (Resultate aus den Beobachtungen des magnetischen Vereins im Jahre 1838 = Werke Bd. 5, S. 121—193). Dort wird das Potential V der erdmagnetischen Kraft, dessen partielle Ableitungen

$$\frac{\partial V}{\partial x} = X, \qquad \frac{\partial V}{\partial y} = Y, \qquad \frac{\partial V}{\partial 2} = Z$$

die Kraftkomponenten geben, nach Kugelfunktionen bis zur vierten Ordnung numerisch berechnet (wobei es sich um 24 Koeffizienten handelt, da eine additive Konstante beim Potential nicht in Betracht kommt).

Diese Rechnungen sind seit 1839 verschiedentlich mit besserem Beobachtungsmaterial wiederholt worden, besonders von *Neumayer* in Hamburg[1]). Es zeigt sich hierbei, daß die Annäherung mit Kugelfunktionen bis zur vierten Ordnung ein Gesamtbild gibt, welches durchaus gut ist, und daß dieses Gesamtbild nicht besser wird, wenn man zu den Kugelfunktionen fünfter Ordnung fortschreitet. *Gauß* hat hier, wie überall, ein hohes Feingefühl für die Bedürfnisse der Praxis gehabt. Auch die Durchführung der Rechnung im einzelnen ist hochinteressant.

---

[1]) Unter Mitwirkung insbesondere von *Ad. Schmidt*. [Genauere Literaturangaben findet man in dem Referat von Ad. Schmidt über Erdmagnetismus, Enzykl. der math. Wiss. VI 1, 10, Nr. 20.]

Zweiter Teil.

Freie Geometrie ebener Kurven.

Wir wenden uns nunmehr zum zweiten Hauptteile dieser Vorlesung, den ich „freie Geometrie ebener Kurven" überschreibe. Der Zusatz „frei" soll bedeuten, daß es sich nicht um Definitionen und Entwicklungen handelt, die an die Wahl eines festen rechtwinkligen Koordinatensystems gebunden sind, wie es die bisherigen Betrachtungen über den Funktionsbegriff vorwiegend waren. Aus Gründen der Raumersparnis beschränken wir uns auf die Behandlung der ebenen Kurven.

Es ergibt sich wieder von selbst die Zweiteilung in präzisionsmathematische und approximationsmathematische Betrachtungen. Wie bisher werden wir unsere Überlegungen an die Ideenbildungen der analytischen Geometrie anschließen, d. h. der Geometrie, die sich (auf Grund der geometrischen Axiome) explizit auf den Zahlbegriff stützt, im Gegensatz zur synthetischen Geometrie, die auf Grund derselben Axiome an den Figuren selbst operiert. Zu unserer Art der Behandlung liegt an sich keine sachliche Notwendigkeit vor. Man könnte alle Fragen, die ich im folgenden zu berühren habe, auch von seiten der synthetischen Geometrie fassen, aber einmal würde dabei der Ausblick auf andere Gebiete der Mathematik, die von den Synthetikern noch nicht bearbeitet sind, verlorengehen, und andererseits liegen die betreffenden Untersuchungen in der Literatur fast ausschließlich in analytischer Form vor.

Das Verhältnis von Analysis und Geometrie ist hier im Prinzip kein anderes als im ersten Teil: Wir präzisieren die geometrischen Ideen, indem wir sie mit analytischen Entwicklungen begleiten, und wir beleben die Analysis durch den Hinblick auf die geometrischen Figuren.

I. Präzisionsgeometrische Betrachtungen zur ebenen Geometrie.

Wir beginnen mit den präzisionsgeometrischen Betrachtungen. Es wird sich dabei um Dinge handeln, für welche die Mengenlehre grundlegend ist. Durch folgende Zusammenstellung sei an die einfachsten hierhergehörigen Definitionen erinnert:

1. Die Koordinaten x, y eines Punktes sind Zahlen im Sinne des modernen Zahlbegriffs, d. h. für uns definiert als endliche oder unendliche Dezimalbrüche mit positivem oder negativem Vorzeichen.

2. Eine Menge solcher Punkte wird, wenn sie unendlich ist, an sich Objekt einer eingehenden mathematischen Untersuchung. Dabei ergeben sich sehr bemerkenswerte Unterscheidungen[1]):

a) Eine unendliche Punktmenge (x, y) kann *abzählbar* sein oder nicht. Sie heißt abzählbar, wenn es auf irgendeine Art möglich ist, ihre Elemente den natürlichen Zahlen umkehrbar eindeutig zuzuordnen.

b) Unter einem *Intervall* versteht man die Gesamtheit der Punkte, die im Innern eines Rechtecks liegen, dessen Seiten den Koordinatenachsen parallel sind. Will man besonders betonen, daß die Punkte des Rechtecksrandes nicht zum Intervall gehören, so spricht man von einem *offenen Intervall*. In dem anderen Falle, wo die Randpunkte mit zum Intervall gerechnet werden, heißt das Intervall *abgeschlossen*. Bei der Gesamtheit der Punkte eines *beliebig* berandeten Ebenenstückes spricht man von *abgeschlossenem Bereich* und *offenem Bereich* (= Gebiet) [vgl. S. 85[2])].

c) Eine unendliche Punktmenge (x, y) heißt *beschränkt*, wenn die Koordinaten aller ihrer Punkte dem absoluten Betrage nach unterhalb einer festen positiven Zahl bleiben.

d) Ein Punkt $P(x, y)$ ist *Häufungsstelle* einer gegebenen unendlichen Punktmenge, wenn in jedem noch so kleinen Intervall (Bereich) der xy-Ebene, das P als Innenpunkt enthält, unendlich viele Punkte der Menge liegen. Es gilt der Satz:

Jede unendliche Punktmenge (x, y), die beschränkt ist, besitzt mindestens eine Häufungsstelle.

e) Ist P Häufungsstelle einer Punktmenge, so kann P selbst zur Menge gehören oder nicht. Enthält eine Punktmenge ihre sämtlichen Häufungsstellen, so heißt sie *abgeschlossen*.

f) Eine Punktmenge heißt *in sich dicht*, wenn jeder ihrer Punkte Häufungsstelle der Menge ist.

g) Eine Punktmenge heißt *perfekt*, wenn sie abgeschlossen und in sich dicht ist.

h) Eine Punktmenge liegt in einem Intervall (Bereich) I der xy-Ebene *überall dicht*, wenn in jedem Teilintervall (Teilbereich) von I unendlich viele Punkte der Menge liegen. Die Menge aller rationalen Punkte der xy-Ebene ist z. B. in jedem Intervalle dieser Ebene überall dicht. Ist die Menge in keinem Teilintervall (Teilbereich) von I *überall dicht*, so heißt sie *nirgends dicht in I*.

---

[1]) [An Literatur kommen für das Folgende vor allem in Betracht: 1. Der bereits erwähnte Enzyklopädieartikel II C 9 von *A. Rosenthal*. — 2. *Jordan, C.*: Cours d'Analyse, 3. Aufl., Bd. I. Paris 1909. — 3. *Hausdorff, F.*: Grundzüge der Mengenlehre, 2. Aufl. Leipzig 1927. — 4. *Carathéodory, C.*: Vorlesungen über reelle Funktionen, 2. Aufl. Leipzig und Berlin 1927. — 5. *Hahn, H.*: Theorie der reellen Funktionen Bd. I. Berlin 1921.]

[2]) [Für die genauere Behandlung des Begriffes „Bereich" vgl. S. 114—116.]

Sie sehen, es sind dies lauter Begriffsbildungen, die an sich leicht aufzufassen sind, deren Würdigung und Verständnis aber erst aus der Beschäftigung mit konkreten Beispielen erwächst.

Ich möchte Ihnen nun von vornherein die Überzeugung erwecken, daß es sich beim Studium der Punktmengen um echt geometrische Fragestellungen handelt. Statt also Beispiele zu betrachten, die man sich, wie es sonst wohl geschieht, scheinbar willkürlich arithmetisch zurechtmacht und die dadurch den Eindruck des Künstlichen hervorrufen, wollen wir ein *geometrisches Erzeugungsprinzip einer Punktmenge* benutzen, welches sich in der *Theorie der automorphen Funktionen* entwickelt hat.

Wir betrachten zunächst die *Transformation durch reziproke Radien* oder die Inversion am Kreise.

Es sei ein Kreis vom Radius ϱ gegeben und ein Punkt p außerhalb des Kreises. Dann gibt das in der Formel $r r' = \varrho^2$ ausgedrückte Gesetz

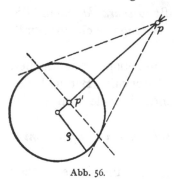

Abb. 56.

der Inversion einen Punkt p' im Innern des Kreises, den man den zu p inversen Punkt nennt (vgl. Abb. 56). Diese Transformation durch reziproke Radien nennt man gelegentlich auch „Spiegelung am Kreise"; dies ist aber nur cum grano salis zu verstehen, weil wir keineswegs etwa das Gesetz der optischen Spiegelung am Konvexspiegel haben. Nur wenn der Kreis in die gerade Linie ausartet, haben wir direkt Spiegelung im optischen Sinne.

Von dieser Transformation setze ich die Eigenschaft, Kreise stets wieder in Kreise zu transformieren und dabei die Größe der Winkel, unter denen sich die Kreise schneiden, zu erhalten, ihren Sinn aber umzukehren, als bekannt voraus. Dabei ist hervorzuheben, daß die Gerade mit zu den Kreisen gerechnet wird und einfach als Kreis mit unendlich großem Radius anzusehen ist. Das Unendliche erscheint als einzelner Punkt; die Geraden sind diejenigen Kreise, die durch den Punkt ∞ gehen. Man kann die Beziehung zwischen p und p' auch dadurch definieren, daß man sagt: p und p' sind die gemeinsamen Punkte eines Büschels von Kreisen, welche den Grundkreis K *orthogonal* schneiden. Diese Definition hat den Vorzug, nur mit Elementen zu operieren, welche bei irgendwelcher weiteren Inversion invariant sind.

In der Theorie der automorphen Funktionen werden beliebig viele derartige Transformationen miteinander kombiniert. Nehmen Sie folgendes Beispiel: Es seien drei einander ausschließende Kreise K_1, K_2, K_3 und in dem dem Äußeren der drei Kreise gemeinsamen Bereiche ein Punkt p gegeben. Wir konstruieren die zu p inversen Punkte p_1, p_2, p_3 und gehen von diesen Punkten aus weiter, indem wir sie ebenfalls an den gegebenen Kreisen spiegeln usw. Symbolisch bezeichnen wir die verschiedenen so entstehenden Punkte durch

$$(p)\,S_1^{\alpha_1}\,S_2^{\alpha_2}\,S_3^{\alpha_3}\,S_1^{\beta_1}\,S_2^{\beta_2}\,S_3^{\beta_3}\ldots,$$

wobei S_1, S_2, S_3 die Spiegelungen an den Kreisen K_1, K_2, K_3 und α_ν, β_ν, $\ldots$, ganze Zahlen bedeuten, die angeben, wie viele Male hintereinander eine der Transformationen auszuführen ist. Da jede Inversion eine involutorische Transformation ist, stellen S_1^2, S_2^2, S_3^2 immer die identische Transformation dar, und es genügt, die Zahlen α_ν, β_ν, $\ldots$ auf die Werte 0 und 1 einzuschränken. Die Frage ist: Wie können wir uns von der Menge der so entstehenden Punkte ein Bild machen? Welche Häufungsstellen hat sie?

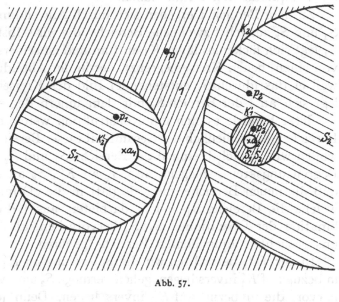

Abb. 57.

Wir beschäftigen uns im folgenden also mit einer Menge solcher Punkte, die aus einem gegebenen Punkt p dadurch hervorgehen, daß man drei bestimmte Inversionen in irgendwelcher Kombination auf ihn anwendet, daß man also auf ihn die ganze Gruppe der „Transformationen" anwendet, die aus unseren drei „Erzeugenden" erwächst. Wir nennen die betreffenden Punkte kurz zu p äquivalente Punkte.

Sollte jemand einwenden, diese Fragestellung sei trotz ihrer rein geometrischen Form immer noch sehr künstlich, so ist zu erwähnen, daß die in Rede stehende Punktmenge von *W. Thomson* und *B. Riemann* schon um das Jahr 1850 bei *Aufgaben der Elektrostatik* betrachtet worden ist. Studiert man nämlich das Gleichgewicht der Elektrizität auf 3 Rotationszylindern mit parallel gestellten Achsen (deren Normalschnitt unsere ebene Figur wird), so führt die „Methode der elektrischen Bilder" genau zur Erzeugung und zum Studium unserer Punktmenge.

Wir wollen die Aufgabe zunächst für den einfacheren Fall in Angriff nehmen, daß nur zwei sich ausschließende Kreise K_1 und K_2 gegeben sind (vgl. Abb. 57); die zugehörigen Inversionen nennen wir S_1 und S_2.

Ein erster Kunstgriff ist, daß wir nicht einen einzelnen Punkt p, sondern die sämtlichen Punkte des dem Äußeren der Kreise gemeinsamen Bereiches, den wir mit 1 bezeichnen, fortgesetzt den Operationen S_1 und S_2 unterwerfen. Die dabei entstehenden Bereiche nennen wir zu 1 (und damit auch zueinander) *äquivalent;* wir werden sehen, daß sich diese Bereiche lückenlos aneinanderfügen, ohne irgendwo übereinanderzugreifen, wobei schließlich die ganze Ebene bis auf zwei Punkte a_1 und a_2 überdeckt wird, die wir als *Grenzpunkte* bezeichnen wollen. *Die Übersicht über die Menge untereinander äquivalenter Punkte ist gewonnen, sobald wir erst die Übersicht über diese untereinander äquivalenten Bereiche haben.* Denn irgendein Punkt p des Ausgangsbereiches wird in jedem einzelnen der äquivalenten Bereiche seinerseits einen und nur einen äquivalenten Punkt haben.

Zu dem Bereich 1 ergeben sich durch Anwendung der Spiegelungen S_1 und S_2 zunächst zwei neue Bereiche, die wir selbst S_1 und S_2 nennen. S_1 legt sich lückenlos längs K_1 an 1 an und ist seinerseits nach innen hin von einem neuen Kreise begrenzt, der in der Abbildung K_2' genannt ist, weil er das (durch S_1 entstehende) Bild des Kreises K_2 ist. Genau so legt sich an 1 der Bereich S_2 mit dem innern Begrenzungskreis K_1' an.

Jetzt handelt es sich um Konstruktion weiterer zu 1 äquivalenter Bereiche und schließlich der Gesamtheit dieser Bereiche. Zu dem Zwecke wollen wir zunächst einmal die Bereiche S_1 und S_2 je an ihrem innern Begrenzungskreise spiegeln, also S_1 an K_2', S_2 an K_1'. Ich behaupte, daß die neuen Bereiche, die sich glatt in die „Öffnungen" hineinlegen, welche die Bereiche S_1 und S_2 darbieten, aus 1 durch einfache Kombination der Operationen S_1, S_2 hervorgehen, also zur Serie der von uns gesuchten äquivalenten Bereiche gehören.

In der Tat, betrachten wir die Spiegelung an K_1'. Zwei Punkte, die in bezug auf K_1' invers liegen, gehen vermöge S_2 aus zwei solchen Punkten hervor, die in bezug auf K_1 invers liegen. Denn jene sind die Basispunkte eines zu K_1' orthogonalen Kreisbüschels, und also sind die beiden Punkte, aus denen sie vermöge S_2 hervorgehen, Basispunkte eines Kreisbüschels, das zu demjenigen Kreise orthogonal ist, aus dem K_1' vermöge S_2 hervorgeht, d. h. zu K_1. Der Bereich, welcher aus dem Bereiche S_2 durch Inversion an K_1' entsteht, läßt sich daher auch so erzeugen, daß man den Bereich 1 durch die Operation S_1 in den Bereich S_1 verwandelt und dann auf diesen die Operation S_2 anwendet. Der neue Bereich wird also durch $S_1 S_2$ zu bezeichnen sein und gehört in der Tat zur Serie der von uns gesuchten, zu 1 „äquivalenten" Bereiche. — Genau so wird der Bereich, der sich aus S_1 durch Spiegelung an K_2' ergibt, mit $S_2 S_1$ zu bezeichnen sein.

In der so geschilderten Konstruktion liegt nun überhaupt das *Fortsetzungsprinzip,* dessen wir uns zur Erzeugung immer neuer zu 1 äquivalenter Bereiche bedienen werden. *Wir werden jeden neu gewonnenen Bereich* (jetzt also zunächst die Bereiche $S_1 S_2$ und $S_2 S_1$) *immer wieder an seinem inneren Begrenzungskreise spiegeln.* Solcherweise entstehen (rechts in Abb. 57) einerseits die lückenlos aufeinanderfolgenden, ineinandergeschalteten Bereiche S_2, $S_1 S_2$, $S_2 S_1 S_2$, $S_1 S_2 S_1 S_2$, ..., andererseits (links in Abb. 57) die ebenso aufeinanderfolgenden S_1, $S_2 S_1$, $S_1 S_2 S_1$, ..., die sich auf die zwei schon genannten Grenzpunkte a_1 und a_2 unbeschränkt zusammenziehen.

Und nun ist das Schöne, daß die solcherweise durch unser Fortgangsprinzip gelieferten Bereiche *die Gesamtheit der gesuchten untereinander äquivalenten Bereiche erschöpfen*. In der Tat kommt ja jede Zusammenstellung, die wir aus den Symbolen S_1 und S_2 durch Wiederholung bilden können, mit Rücksicht darauf, daß $S_1^2 = 1$ und $S_2^2 = 1$ ist, auf eine bloße Aufeinanderfolge abwechselnder S_1, S_2 hinaus, und jede derartige Aufeinanderfolge findet sich als Benennung für eines der durch unser Fortgangsprinzip erzeugten Gebiete wieder. Endet die Aufeinanderfolge, die wir betrachten mögen, mit S_2, so findet sich das zugehörige Gebiet in Abb. 57 rechter Hand, sonst linker Hand.

Wir haben in der durch unser Fortgangsprinzip erzeugten Figur also die *Gesamtheit* der untereinander äquivalenten Bereiche vor uns und damit auch einen Überblick über die Gesamtheit der zu p äquivalenten Punkte. Wir bemerken gleichzeitig, daß die Gesamtfigur nicht nur in bezug auf K_1 und K_2, sondern in bezug auf jeden einzelnen Kreis, längs dessen zwei Nachbargebiete aneinander grenzen, also z. B. in bezug auf K_1' oder in bezug auf K_2', sich selbst invers ist. Der Beweis möge hier für den Kreis K_1' geführt werden. Durch die Inversion an K_1' entsteht, wie wir wissen, aus dem Gebiete S_2 das Gebiet $S_1 S_2$. *Die Inversion an K_1' hat also ihrerseits das Symbol $S_2^{-1} S_1 S_2$, oder, was wegen $S_2^2 = 1$ dasselbe ist*, $S_2 S_1 S_2$. Will ich nun diese Operation auf irgendeinen der von uns erzeugten Bereiche anwenden (der selbst durch irgendeine Aufeinanderfolge der Symbole S_1, S_2 gegeben ist), so habe ich dieser Aufeinanderfolge einfach die Buchstabenfolge $S_2 S_1 S_2$ hinzuzusetzen, wodurch, wie ersichtlich, die Benennung eines anderen, ohnehin in unserer Figur vorhandenen Bereiches entsteht. Hierin liegt der Beweis. Mit dem so bewiesenen Satze haben wir zugleich eine *Verallgemeinerung unseres Fortgangsprinzipes*.

Wir hatten bisher den Kreis K_1' nur so benutzt, daß wir an ihm den angrenzenden Bereich S_2 spiegelten und dadurch den gleichfalls *angrenzenden* Bereich $S_1 S_2$ gewannen. Wir können offenbar ebensowohl die *sämtlichen* drei schon vorher konstruierten Bereiche, nämlich die nebeneinanderliegenden Bereiche S_2, 1, S_1, gleichzeitig an K_1' spiegeln und erhalten dadurch mit einem Schlage drei neue Bereiche, nämlich $S_1 S_2$, $S_2 S_1 S_2$, $S_1 S_2 S_1 S_2$. Dann haben wir im ganzen sechs nebeneinanderliegende Bereiche, und diese können wir dann alle sechs gleichzeitig an dem inneren Begrenzungskreise von $S_1 S_2 S_1 S_2$ spiegeln, um *mit einem Schlage* sechs neue Bereiche zu haben usw. Ich nenne dieses Verfahren *das erweiterte Fortgangsprinzip*.

Die hiermit geschilderten Beziehungen, welche man an einer Figur ins einzelne verfolgen möge, geben uns nunmehr das Mittel, um auch in den schwierigeren Fällen zurechtzukommen, in denen Inversionen an mehr als zwei gegebenen Kreisen unbegrenzt oft miteinander kombiniert werden sollen. Wir betrachten zunächst den Fall unserer ursprünglichen Aufgabe, der sich auf drei einander ausschließende Kreise K_1, K_2, K_3 bezog.

Wir nehmen speziell den Kreis K_3 als Gerade an (vgl. Abb. 58). Um ein von den Kreisen K_1, K_2 und der Geraden K_3 gemeinsam einge-

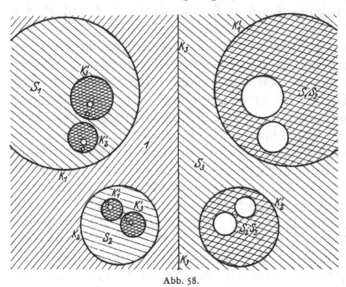

grenztes Gebiet 1 zu erhalten, müssen offenbar K_1 und K_2 entweder beide links oder beide rechts von K_3 liegen. Wir unterwerfen das Gebiet 1 den Inversionen an K_1, K_2, K_3 und erhalten die Bereiche S_1, S_2, S_3 mit je zwei inneren Begrenzungskreisen K_2', K_3' usw. Un-

Abb. 58.

ser Fortgangsprinzip erfordert jetzt, daß wir jeden der neuen Bereiche S_1, S_2, S_3 an den Kreislinien, durch welche er nach innen begrenzt ist, weiterspiegeln. Es entsteht jeweils ein neuer Bereich, wieder mit zwei inneren Begrenzungslinien. An diesen spiegeln wir abermals und so fort ins Unendliche. Es wird so die ganze Ebene „einfach" mit unendlich vielen untereinander äquivalenten Bereichen überdeckt bzw. mit lauter Mengen von unendlich vielen unter sich äquivalenten Punkten, mit Ausnahme der Grenzpunkte, denen die Öffnungen der jeweils konstruierten Bereiche, indem sie unbeschränkt kleiner und zahlreicher werden, zustreben. Es entsteht die Frage: Was läßt sich über die Menge der Grenzpunkte noch Vernünftiges aussagen, nachdem die Vorstellungskraft schon nach wenigen Inversionen ermüdet?

Zunächst fasse ich noch einmal das Wesentliche in drei Nummern zusammen:

1. Nicht einen einzelnen Punkt p, sondern den ganzen Bereich 1 (Fundamentalbereich) unterwerfen wir den Transformationen.

2. Die Vervielfältigung unseres Ausgangsbereiches geschieht am besten so, daß man jeden neu erhaltenen Bereich oder auch die ganze

bis dahin erhaltene Figur immer wieder an den freien kreisförmigen Begrenzungslinien, die er darbietet, spiegelt. (Ursprüngliches und erweitertes Fortgangsprinzip).

3. Die ganze Ebene wird solcherweise mit unendlich vielen Bildern des Ausgangsbereiches, die sich lückenlos aneinanderschließen, vollständig bedeckt, bis auf die Grenzpunkte, denen man bei Fortsetzung unserer Konstruktion zustrebt.

Man könnte natürlich auch vier, fünf oder mehr Ausgangskreise annehmen. Da tritt dann aber eine Verwicklung ein, die ich jetzt bezeichnen will. Oder vielmehr: ich will hervorheben, daß unsere auf 3 Kreise bezügliche Figur noch einen gewissen Charakter der Einfachheit besitzt.

Drei Kreise haben bekanntlich einen und nur einen Orthogonalkreis, und dieser gemeinsame Orthogonalkreis geht bei den Inversionen S_1, S_2, S_3 in sich selbst über, weil er der einzige Orthogonalkreis ist. Er geht daher auch bei allen Kombinationen dieser Inversionen in sich selbst über. Es folgt, daß alle die unendlich vielen Kreise, die aus drei Ausgangskreisen durch Inversion entstehen, auf dem festen Orthogonalkreis senkrecht stehen, daß sich also alle Bereiche, die aus dem Fundamentalbereiche erwachsen, gleichsam auf den Orthogonalkreis stützen, d. h. sie durchsetzen ihn und sind in bezug auf den Orthogonalkreis selbst symmetrisch. Die Bereiche „reihen" sich entlang dem Orthogonalkreis „aneinander". Infolgedessen sind alle die Grenzpunkte, von denen wir reden, auf der Peripherie des gemeinsamen Orthogonalkreises angeordnet. Das ist nun insofern sehr beruhigend, weil wir auf diese Weise sozusagen einen Halt zur Beurteilung der Lage der Grenzpunkte haben.

Gehen wir nun aber zu vier und mehr sich nicht schneidenden Kreisen über, die so liegen, daß sie einen gemeinsamen Bereich umgrenzen, so kann im besonderen allerdings auch hier ein Orthogonalkreis existieren, so daß dann die Grenzpunkte das nämliche Verhalten zeigen. Im allgemeinen existiert er aber nicht, so daß es keinen Ariadnefaden gibt, der uns mit Sicherheit durch das Labyrinth der äquivalenten Bereiche und ihrer Grenzpunkte hindurchführen könnte.

Nun wollen wir aber auch im allgemeinen Falle etwas über die Mannigfaltigkeit der Punkte aussagen. Zunächst wiederhole ich, daß eine räumlich konkrete Vorstellung des Resultates schon bei $n = 3$ und um so mehr bei $n > 3$ unmöglich ist; unsere Vorstellungskraft findet gar bald an den ersten Inversionen ihre Schranken[1]), und es gelten

---

[1]) Es ist dies ein besonders schönes Beispiel für meine Behauptung, daß die Gegenstände der Präzisionsgeometrie jenseits unseres Vorstellungsvermögens liegen.

auch für uns hier vor dem Unendlichen stehend die Worte Schillers
(„Die Größe der Welt"):

> Senke nieder
> Adlergedank', dein Gefieder!
> Kühne Seglerin, Phantasie,
> Wirft ein mutloses Anker hie.

Aber um so bewundernswerter ist es, daß man, auf *begriffliche*
Definition unserer Punktmenge sich stützend, über sie tatsächlich etwas
aussagen kann. Dies ermöglicht zu haben, ist das besondere Verdienst
von *G. Cantor* (1845—1918), der zum ersten Male auch das Unendliche
als solches den mathematischen Überlegungen zu unterwerfen lehrte.

Es sei der nebenstehend gezeichnete Kreis (Abb. 59) ein Begrenzungskreis unserer Abbildung, in den alle Details der Außenfigur hineingespiegelt

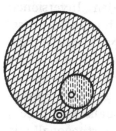

werden. Es ist klar, daß nicht das ganze Innere des
Kreises mit Grenzpunkten ausgefüllt ist, sondern
daß in ihm zunächst neue von Grenzpunkten freie
Bereiche mit neuen kreisförmigen Begrenzungen Platz
finden. Wir schließen, daß man keinen endlichen
Bereich, auch kein endliches Stück einer Kurve angeben kann, die überall dicht mit Grenzpunkten besetzt wären. Wir kommen also zu unserem ersten

Abb. 59.   Schluß:

1. *Aus unserem Fortgangsprinzip ergibt sich, daß
die Menge der Grenzpunkte nirgends dicht liegt.*

Abb. 60.   Wir nehmen nunmehr einen Grenzpunkt heraus
und umgeben ihn mit einem kleinen Begrenzungs-
kreis (Abb. 60). Dann ist klar, daß man, da die ganze Außenfigur in
diesen Kreis hineingespiegelt wird, mit unendlich vielen Grenzpunkten
in diesen Begrenzungskreis hinein und somit unserem anfänglichen
Grenzpunkt beliebig nahe kommt, d. h. jeder Grenzpunkt unserer Abbildung ist selbst eine Häufungsstelle unendlich vieler Grenzpunkte.
Die Menge der Grenzpunkte ist daher in sich dicht.

Wir wollen noch untersuchen, ob diese Menge vielleicht sogar perfekt
ist, ob sie also alle ihre Häufungsstellen enthält. Es sei p eine Häufungsstelle von Grenzpunkten. Dann befinden sich in jeder noch so kleinen
Umgebung von p Grenzpunkte. Wir kommen nun sofort zu einem
Widerspruch, wenn wir annehmen, daß p nicht selbst Grenzpunkt ist.
Der Punkt p liegt dann nämlich entweder im Innern oder auf dem innern
Begrenzungskreis irgendeines der äquivalenten Bereiche, der B heißen
möge. Im ersten Fall läßt sich um p eine Umgebung angeben, die nur
innere Punkte von B enthält, also im Widerspruch zu unserer Annahme
keine Grenzpunkte aufweist. Im zweiten Falle spiegeln wir B an seinem
inneren Begrenzungskreis und erhalten eine aus Innen- und Randpunkten
des Bereiches B und seines Spiegelbildes bestehende Umgebung, die

ebenfalls — im Widerspruch zu unserer Annahme — von Grenzpunkten frei ist. Wir gewinnen so den Satz:

2. *Die Menge der Grenzpunkte ist perfekt.*

Die Sätze 1. und 2., nach unserer am Endlichen gebildeten Gewöhnung scheinbar unverträglich, schließen sich hier, wo wir es mit *unendlichen* Punktmengen zu tun haben, nicht aus.

Wir fragen weiter nach der *Mächtigkeit der Grenzpunkte.* Der einzelne Grenzpunkt ist vollständig durch eine unendliche Aufeinanderfolge der Ziffern 1, 2, 3 charakterisiert, die nur so gebildet ist, daß zwei benachbarte Ziffern nie einander gleich sind.

Nun ist die Frage: Wieviel solcher unendlicher Folgen gibt es?

Die Mächtigkeit aller dieser Kombinationen von drei Zahlen ist, was ich nicht noch weiter auseinanderlegen will, so groß wie die Mächtigkeit aller dyadischen Brüche, d. h. aller Brüche, die nach Potenzen von $\frac{1}{2}$ fortschreiten. Wir kommen somit auf die *Mächtigkeit des Kontinuums.*

Sie sehen, wie wir schon bei dem allereinfachsten Beispiele automorpher Figuren die wunderschönsten Eigenschaften der Mengen beieinander haben!

Die Theorie der automorphen Funktionen führt dazu, noch sehr viel kompliziertere Figuren als die jetzt von uns besprochenen zu betrachten (vgl. die zahlreichen Abbildungen in *Fricke-Klein:* Theorie der automorphen Funktionen Bd. 1, S. 428ff. Leipzig 1897). Überhaupt treten unendliche Mengen von Punkten oder sonstigen Gebilden, die die Geometrie betrachtet, immer notwendig ein, sobald man in die Geometrie die Idee des gesetzmäßig unendlich fortschreitenden Konstruktionsprozesses einführt. Das heißt aber, daß die Mengenlehre nicht nur für geometrische Figuren der Theorie der automorphen Funktionen, sondern genau so für zahlreiche andere Teile der Geometrie ihre grundlegende Bedeutung besitzt.

Ferner aber: Alles dieses ist natürlich Präzisionsmathematik. In der Approximationsmathematik geht das hier Charakteristische vollständig verloren.

Drittens will ich der Hoffnung Ausdruck verleihen, daß die Mengenlehre, sowie sie der Geometrie ihre Hilfe bietet, auch umgekehrt durch letztere neue Förderung erhalten möge. Oft erscheinen die Beispiele, welche die Mengentheoretiker heranbringen, als etwas Künstliches, während wir doch, von der Geometrie ausgehend, wie wir sahen, auf bequemem Wege zu echten Fragen der Mengenlehre geführt werden. Die Geometrie ist da noch der wunderbarsten Weiterbildungen fähig[1])!

---

[1]) [In neuerer Zeit ist die Mengenlehre für den Zweig der Geometrie, der als Topologie bezeichnet wird, sowohl in Hinsicht auf die exakte Begründung als auch für die Weiterbildung von ausschlaggebender Bedeutung geworden. Ferner hat die Mengenlehre bei Untersuchungen über abwickelbare Flächen, über Minimal-

Die nächstliegende weitere Frage, die auch wieder auf dem Boden der Funktionentheorie erwachsen ist und für die zuerst *Weierstraß* in seinen Vorlesungen eine Antwort nötig hatte, ist:

Wann werden wir eine zweidimensionale Punktmenge, d. h. eine Menge der Ebene ein Kontinuum (oder auch: Bereich) nennen?

Als einfachstes Beispiel bietet sich für das, was wir ein Kontinuum in der Ebene nennen, die Gesamtheit der Punkte im Innern eines Kreises oder Rechtecks dar, wobei wir jetzt durch Verabredung die Randpunkte von der Menge selbst ausschließen wollen.

---

flächen, bei der Theorie der endlichen kontinuierlichen Gruppen, bei Untersuchungen über Vektorfelder und konvexe Gebilde Anwendung gefunden. Man findet die hierhergehörige Literatur in dem schon wiederholt angeführten Enzyklopädieartikel *Rosenthal* auf S. 1013 angegeben.

Es erscheint unumgänglich, die auf S. 114—127 gemachten Ausführungen durch den Hinweis auf eine der neuesten Erkenntnisse der mengentheoretischen Topologie, die Entdeckung eines im Gegensatz zu allen früheren Definitionen genügend weiten und doch der naiven Anschauung völlig entsprechenden präzisen Begriffs der *Dimension*, zu ergänzen. Diese Entdeckung haben erst in neuester Zeit unabhängig voneinander und fast gleichzeitig *Karl Menger* aus Wien und *Paul Urysohn* (1898—1924) aus Moskau gemacht, nachdem schon *Henri Poincaré* in seinem Aufsatz „Pourquoi l'espace a trois dimensions" (Revue de Métaphysique et de Morale 20 (1912), S. 484, abgedruckt in den „Dernières Pensées") den Weg zur Lösung des 2000 Jahre alten, bereits in dem Anfang der Elemente Euklids auftretenden Problems angedeutet hatte. Dieser neue Dimensionsbegriff gab den Anstoß zu einer ausgedehnten Theorie, deren Hauptresultate bislang aber erst zum Teil eine ausführliche Darstellung erfahren haben, und zwar durch P. Urysohn in dem großen „Mémoire sur les Multiplicités Cantoriennes" (Fundamenta Mathematicae Bd. VII. 1925 und Bd. VIII. 1926; Fortsetzung in den Verhandelingen der Amsterdamer Akademie 1927), durch K. Menger in zahlreichen Arbeiten in den Wiener Monatsheften für Mathematik und Physik und den Amsterdamer Proceedings. Nähere Nachweise hierfür findet man z. B. in den Fußnoten des im 36. Band des Jahresberichtes der Deutschen Mathematikervereinigung (S. 9ff. der schrägen Paginierung) skizzierten Vortrags. Weitere kürzere Übersichten des ausgedehnten Ideenkreises liegen vor in dem von Menger selbst verfaßten „Bericht über die Dimensionstheorie" (Jahresbericht der Deutschen Mathematikervereinigung Bd. 35 (1926), S. 113—150) sowie in den beiden Arbeiten *P. Alexandroff*, Darstellung der Grundzüge der Urysohnschen Dimensionstheorie, Math. Ann. Bd. 98 (1927), S. 31—63, und *W. Hurewicz:* Grundriß der Mengerschen Dimensionstheorie, ebenda Bd. 98 (1927), S. 64—88.

Die erwähnte Definition gründet sich auf den Umgebungsbegriff (vgl. F. Hausdorff: Grundzüge der Mengenlehre, 2. Aufl., S. 228) und ist die logische Abstraktion der anschaulich evidenten Tatsache, daß man zur Herausnahme eines Punktes samt kleiner Umgebung aus einem dreidimensionalen Körper eine zweidimensionale Fläche, aus einer zweidimensionalen Fläche eine eindimensionale Kurve, aus einer eindimensionalen Kurve eine aus zwei Punkten bestehende, nulldimensionale Menge zu entfernen hat. Dieser Dimensionsbegriff ist natürlich derart, daß die im klassischen Sinne n-dimensionalen Gebilde (z. B. ein Würfel des n-dimensionalen euklidischen Raumes oder auch der n-dimensionale euklidische Raum selbst) auch nach der neuen Definition n-dimensional sind. Den Beweis dafür findet man in den Arbeiten von Menger und Urysohn.]

Wir nehmen die folgenden beiden Eigenschaften in die *allgemeine Definition eines ebenen Punktkontinuums*[1]) auf:

1. Zunächst verlangen wir „den Zusammenhang" der Menge: Zwei Punkte der Menge können immer durch einen Polygonzug von endlicher Seitenzahl verbunden werden, dessen Punkte sämtlich der Menge angehören.

2. Ferner soll es möglich sein, um jeden Punkt der Menge einen Kreis zu beschreiben, so daß alle seine Innenpunkte der Menge angehören.

Was nun die *Frage nach dem Rande* einer solchen Punktmenge betrifft, so erlauben uns unsere bisherigen Kenntnisse hier schon die mannigfachsten Beispiele für die Begrenzung heranzubringen:

1. Alle Punkte der Ebene bis auf einen Punkt können der Menge angehören.

2. Indem wir uns an das auf S. 110—113 behandelte Beispiel aus der Theorie der automorphen Funktionen erinnern, sehen wir, daß ein Kontinuum auch von einer unendlichen Menge von Punkten begrenzt werden kann, die aber nirgends dicht zu liegen brauchen.

3. Des weiteren kann die Begrenzung von einer Kurve im gewöhnlichen Sinne (Kreis, Rechteck usw.) gebildet werden.

4. Es gibt aber noch andere Begrenzungen. Die folgende wurde von *W. F. Osgood* betrachtet[2]).

Wir beschränken uns z. B. auf die positive Halbebene (alle Punkte oberhalb der x-Achse) und machen an bestimmten Stellen geradlinige Einschnitte senkrecht zur x-Achse (Abb. 61), die wir im Gegensatz zu den sonstigen Punkten der Halbebene nicht mit zum Bereich zählen wollen. Nunmehr denken wir uns die Zahl dieser Einschnitte stets größer werden. Wenn sie nur in keinem Abschnitt der x-Achse überall dicht liegen, gibt es immer noch Streifen des Bereiches, die sich zwischen den Einschnitten hindurch an die x-Achse heran-

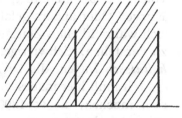

Abb. 61.

ziehen. Daß es solche nirgends dichte und dabei perfekte Mengen von der Mächtigkeit des Kontinuums gibt, sahen wir früher; man erinnere sich an die Grenzpunkte auf dem Orthogonalkreis unserer automorphen Figur. Wir sehen also, daß ein Kontinuum auch unendlich viele Einschnitte besitzen kann, die sich so gruppieren, wie die Punkte einer nirgends dichten, aber trotzdem unendlichen und dabei perfekten Menge!

---

[1]) [In der neueren Topologie versteht man nach *Cantor* unter einem *Kontinuum* eine nicht nur aus einem Punkt bestehende *abgeschlossene* zusammenhängende Menge. Das im Text definierte „ebene Punktkontinuum" ist begrifflich identisch mit einem zusammenhängenden *Gebiet* der euklidischen Ebene.]

[2]) Vgl. z. B. Transactions of the Amer. Math. Soc. Bd. 1 (1900), S. 310—311.

Diese vier Beispiele zeigen uns, wie mannigfaltig die Begrenzung eines Bereiches (die man doch gewöhnlich kurzweg als Kurve voraussetzt) sein kann, so daß wir dem heutigen Stande der Wissenschaft entsprechend sagen müssen[1]):

Ein Kontinuum kann Grenzen der allerverschiedensten Art haben, und eine Kurve kurzweg als Grenze eines Bereiches zu definieren, ist völlig unzulässig, natürlich nur im Gebiete der Präzisionsmathematik, wo wir es mit den auf Grund des modernen Zahlbegriffs idealisierten Gebilden, hier speziell mit den idealisierten Gebilden der Raumanschauung zu tun haben. *Wie definieren wir denn nun eine Kurve?* Dazu macht man folgenden Ansatz:

Man gibt eine Variable t, die alle Werte eines abgeschlossenen Intervalls $a \leqq t \leqq b$ durchlaufen soll und setzt die Koordinaten eines Punktes gleich eindeutigen und stetigen Funktionen dieser Hilfsvariablen, also $x = \varphi(t)$, $y = \psi(t)$; von der solcherweise definierten Punktmenge sagt man, daß sie eine Kurve bildet. In freie Worte gefaßt, lautet also die Definition einer Kurve:

Eine ebene Kurve ist eine Punktmenge der Ebene, die ein eindeutiges und stetiges Bild eines abgeschlossenen Intervalls einer Geraden ist.

Unwillkürlich mischen sich übrigens bei einer solchen Definition der Kurve durch einen Parameter t mechanische Auffassungen ein. Man kann t als Zeit fassen (woher auch die gewöhnliche Bezeichnung durch den Buchstaben t rührt) und sagen: Während der Parameter t die Zeit von a bis b durchläuft, durchläuft der Punkt $x = \varphi(t)$, $y = \psi(t)$ die Kurve. Oder anders gefaßt: Die Kurve ist die Bahn eines Punktes, der sich während eines Zeitintervalls stetig bewegt. Dies ist alles sehr leicht zu verstehen. Schwieriger wird es, wenn wir nach den *gestaltlichen Verhältnissen* fragen, die bei einer so definierten Kurve auftreten können.

Ich muß hier insbesondere auf eine Entdeckung von *Peano* aufmerksam machen, die er 1890 veröffentlichte[2]) und die von *Hilbert* 1891 geometrisch erläutert wurde[3]). Es handelt sich um die Bemerkung, *daß eine durch die eindeutigen und stetigen Funktionen $x = \varphi(t)$, $y = \psi(t)$ definierte Kurve ein ganzes Flächenstück völlig bedecken kann.* Kurven dieser Art nennt man *Peano-Kurven;* es ist nicht schwer, sich ein Beispiel einer solchen Kurve zu bilden.

Ich sage zunächst, was mit einer solchen Kurve nicht gemeint ist. Es könnte nämlich jemand, wenn er von dem Peanoschen Ergebnisse hört, auf die Verhältnisse bei den Epizykloiden als etwas Altbekanntes hinweisen.

---

[1]) [Vgl. hierzu und zu dem Folgenden *A. Rosenthal:* Über den Begriff der Kurve. Unterrichtsblätter für Mathematik u. Naturwissenschaften Bd. 30 (1924), S. 75—79. Vgl. ferner Fußnote [1]) auf S. 124.]

[2]) Math. Annalen Bd. 36 (1890), S. 157—160.

[3]) Math. Annalen Bd. 38 (1891), S. 459—460.

Lassen wir auf einem Kreis mit dem Radius R einen anderen mit dem Radius r abrollen und nehmen das Verhältnis $\frac{r}{R}$ irrational, so beschreibt ein auf dem Umfang des abrollenden Kreises beliebig, aber fest gewählter Punkt eine Epizykloide, die sich niemals schließt und infolgedessen den ringförmigen Bereich, in dem sie liegt, mit Einschluß seiner Begrenzung überall dicht be-

deckt (Abb. 62). Das heißt jedoch nicht, daß jeder Punkt dieses Bereiches auf der Epizykloide liegt, sondern nur, daß wir ihm so nahe kommen können, wie wir wollen, wenn wir von der Anfangslage des erzeugenden Punktes aus auf der Kurve genügend weit entlang gehen. Es ist nicht schwer, auf der Begrenzung und im Inneren Punkte anzugeben, die von der Epizykloide nicht erreicht werden.

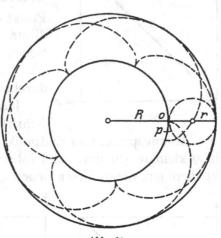

Abb. 62.

Der erzeugende Punkt sei bei Beginn der Rollbewegung Berührungs-punkt zwischen festem und bewegtem Kreis, habe also die in unserer Abbildung durch o bezeichnete Lage. Wir denken uns nun auf dem festen Kreis die Punkte p markiert, die von o um einen Bogen von der Länge $\frac{m}{n} \cdot 2\pi R$ abstehen, m und n als ganze Zahlen vorausgesetzt. Da bei irrationalem $\frac{R}{r}$ die Länge $\frac{m}{n} 2\pi R$ inkommensurabel zum Um-fange $2\pi r$ des abrollenden Kreises ist, kann keiner der Punkte p auf der Epizykloide liegen. Nehmen wir ferner denjenigen zu unserem festen Kreise konzentrischen Kreis k, auf dem aufeinanderfolgende Epizykloidenzweige Bögen von der konstanten Länge b abgrenzen, so muß b inkommensurabel zum Umfange u dieses Kreises sein. Wäre das nicht der Fall, müßte sich, wie man leicht erkennt, die Epizykloide schließen. Es sei a ein auf k liegender Zykloidenpunkt und q ein anderer Punkt auf k, der von a um den Bogen $\frac{m}{n} u$ absteht, m und n wieder als ganze Zahlen vorausgesetzt. Wie oft auch die Bogenlänge b von a aus auf k abgetragen wird, der Punkt q wird nicht erreicht. Er liegt also nicht auf der Epizykloide.

Also realisiert diese Kurve, wie interessant sie auch an sich sein mag, nicht das, wovon in dem Peanoschen Satz die Rede ist, indem bei Peano eine Kurve hergestellt werden soll, die jeden Punkt eines Flächen-stücks für einen bestimmten Wert von t wirklich *erreicht*.

Nun gleich zur *geometrischen Erläuterung der Peano-Kurve*!

Wir wählen als Beispiel eine Kurve aus, die das abgeschlossene quadratische Intervall $0 \leq x \leq 1$, $0 \leq y \leq 1$ der xy-Ebene vollständig bedeckt. Diese Kurve definieren wir als Grenzkurve C_∞ einer Kurven-

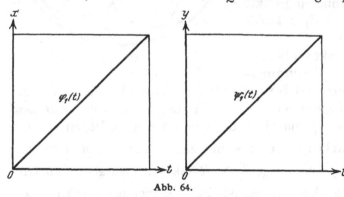

folge $C_1, C_2, C_3 \ldots$ Dabei sei C_1 die vom Koordinatenanfangspunkt 0,0 nach dem Punkt 1,1 gehende Diagonale des Quadrats (Abb. 63). Als Parameter t führen wir, vom Punkt 0,0 aus messend, die durch $\sqrt{2}$ dividierte „Bogenlänge" von C_1 ein. Als Funktionen $\varphi_1(t)$ und $\psi_1(t)$ ergeben sich dann $x = t$, $y = t$, wenn t das Intervall $0 \leq t \leq 1$ durchläuft (vgl. Abb. 64).

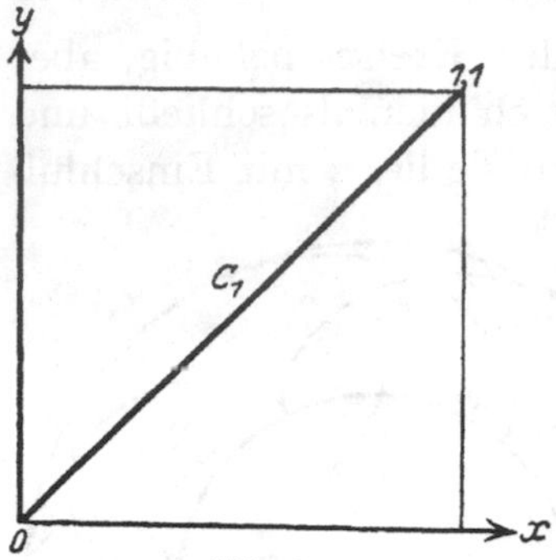

Abb. 63.

Jetzt kommt nun der entscheidende Schritt, der uns C_2 liefert. Wir behalten den Anfangspunkt und Endpunkt der Diagonale bei, teilen das Quadrat in 9 kleinere Quadrate und führen für C_2 statt der großen Diagonale 9 kleinere ein, die in diesen neuen Quadraten liegen[1]), und die so aneinandergereiht sind, wie Abb. 65 zeigt. Die Abbildung weist an den Stellen, an denen die Kurve von einem Teilquadrat in ein anderes übertritt, Abrundungen auf, damit sich die Aufeinanderfolge der einzelnen Teile der gemeinten Kurve besser verfolgen läßt. Man erkennt, daß **zwei Punkte** im Innern des großen Quadrates, nämlich der den Quadraten 1, 2, 5, 6 und der den Quadraten 4, 5, 8, 9 gemeinsame Eckpunkt, von C_2 zweimal durchlaufen werden. Die neue Kurve ist offenbar dreimal so lang wie C_1, hat also die Länge $3\sqrt{2}$. Definieren wir den Parameter t als durch $3\sqrt{2}$ dividierte Bogenlänge von C_2, so erhalten wir für $x = \varphi_2(t)$, $y = \psi_2(t)$ die in den Abb. 66 und 67 dargestellten Streckenzüge (dabei läuft t wieder von 0 bis 1). Die Kurve φ_2 entsteht dann dadurch aus ψ_2, daß man diese im Maßstab 1:3 verkleinert und dreimal

Abb. 64.

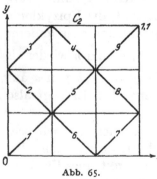

Abb. 65.

---

[1]) Statt 9 könnten wir ebensogut, ohne daß sich etwas Wesentliches änderte, das Quadrat einer ungeraden Zahl > 3 nehmen.

längs der Diagonalen φ_1 nebeneinander zeichnet. Die Kurve ψ_2 ihrerseits erwächst dadurch aus φ_1, daß man dieses seitlich auf $\frac{1}{3}$ des Ausgangsquadrates zusammendrückt und die entstehende Figur bzw. ihr durch Spiegelung an einer vertikalen Geraden gewonnenes Bild dreimal alternierend nebeneinander stellt.

Den Übergang von C_1 zu C_2 wiederholen wir nun in jedem unserer neun kleineren Quadrate und fahren so unbegrenzt fort.

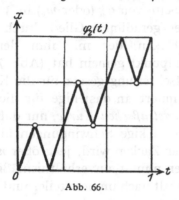
Abb. 66.

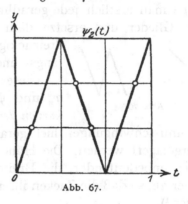
Abb. 67.

Wie wir von C_1 zu C_2 durch Neunteilung des Quadrates übergingen, so gehen wir von C_2 zu C_3 durch weitere Neunteilung der einzelnen Quadrate und ersetzen jede bisherige Diagonale durch einen gebrochenen Linienzug, der entweder die ursprüngliche Kurve C_2 selbst oder ein Spiegelbild von ihr in verkleinertem Maßstabe darstellt [Abb. 68].

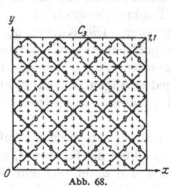
Abb. 68.

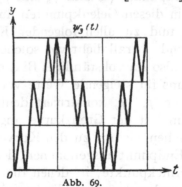
Abb. 69.

Ähnlich verfahren wir, um C_4 herzustellen, und so fort.

Wollen wir nunmehr dem Früheren entsprechend $y = \psi_3(t)$ zeichnen, so teilen wir das Intervall $0 \leq t \leq 1$ in 9 Teile und ebenso das Intervall $0 \leq y \leq 1$ und erhalten dann eine Kurve $\psi_3(t)$, die aus 27 geradlinigen Stücken besteht, deren jedes selbst wieder aus 3 einzelnen Stückchen (Gliedern) zusammengesetzt ist, so daß wir im ganzen 81 Glieder haben, entsprechend den 81 Diagonalstücken der Kurve C_3 [Abb. 69[1]].

----
[1] [Man denke sich in Abb. 69 jedes der neun gezeichneten Teilquadrate wie in Abb. 68 unterteilt.]

Vergleichen wir übrigens ψ_3 mit φ_2, so können wir sagen, ψ_3 erwächst aus φ_2 wie ψ_2 aus φ_1.

Die Kurve φ_3 erwächst nun wieder, indem man die eben gezeichnete Kurve ψ_3, nachdem sie im Maßstab $1:3$ gezeichnet ist, längs der Diagonalen φ_1 ansteigend dreimal aneinanderreiht.

Man kann aber auch φ_3 aus φ_2 und ψ_3 aus ψ_2 ableiten. Allgemein gilt:

Um von φ_n zu φ_{n+1} (oder von ψ_n zu ψ_{n+1} für $n \neq 1$ zu schreiten, zerlege man erstlich jede geradlinige Seite von φ_n (oder ψ_n) in 3 gleich lange Glieder und ersetze dann jedes geradlinige Glied durch einen dreizackigen Haken, der mit ihm den Anfangs- und Endpunkt gemein hat (Abb. 70).

Abb. 70.

Dieses Fortschreitungsgesetz für die Kurven φ_n und ψ_n erinnert an dasjenige für die *Teilkurven der Weierstraßschen Kurve*, nur daß statt der Sinusschwingungen hier geradlinig-zackige Schwingungen übereinandergelagert werden. Die Höhe dieser Zacken wird, je größer n wird, immer unbedeutender, die Breite aber nimmt unverhältnismäßig viel rascher ab, so daß die Zacken ihrer Gestalt nach immer steiler und steiler werden[1]).

Ich versuche nun, die Grenzkurven φ_∞, ψ_∞, C_∞ etwas genauer zu schildern.

Nennen wir Anfangs-, Endpunkt von φ_n und ψ_n und die Stellen, in denen die verschiedenen geradlinigen Stücke dieser Kurven aneinanderstoßen, Gelenkpunkte (so daß ψ_3 und φ_3 je 82 Gelenkpunkte haben), so haben wir in diesen Gelenkpunkten durchweg Punkte, die auch zu φ_{n+1} und ψ_{n+1} und zu allen folgenden Kurven gehören. Die Kurven φ_∞ bzw. ψ_∞ sind überall dicht von solchen Gelenkpunkten besetzt. Wir bekommen also ein vollständiges Bild der stetigen Kurven φ_∞ und ψ_∞, indem wir uns für steigende Werte von n die jedesmaligen Gelenkpunkte der Kurven φ_n, ψ_n konstruiert denken und beachten, daß diese in ihrer Gesamtheit der Grenzkurve angehören.

Gehen wir nun zu den Kurven C_n zurück, so entsprechen, Anfangs- und Endpunkt ausgenommen, den Gelenkpunkten der Kurven φ_n und ψ_n die Knickpunkte, in denen die Diagonalen sich unter rechtem Winkel aneinandersetzen und die (soweit es sich um Knickpunkte im Inneren des Ausgangsquadrates handelt) mehrfache Punkte der C_n sind und es auch für die C_∞ werden. Die bei *einer* C_{n_0} auftretenden Knickpunkte bleiben bei allen folgenden C_n $(n > n_0)$ ungeändert erhalten, nur daß immer mehr Knickpunkte dazwischengesetzt werden.

Daß nun die Kurve C_∞ das Quadrat $0 \leqq x \leqq 1$, $0 \leqq y \leqq 1$ vollständig bedeckt, kann man so beweisen: Zur Konstruktion von C_2 hatten

---

[1]) [Die Stetigkeit der Funktionen φ_∞ und ψ_∞ wird auf S. 122 bewiesen. — Trotz ihrer Stetigkeit sind sie nicht differenzierbar, also „*Weierstraßsche Funktionen*". Vgl. hierzu *L. Bieberbach:* Differentialrechnung, 2. Aufl. Leipzig 1922, S. 107—111.]

wir das Quadrat in neun gleiche Teilquadrate eingeteilt, zur Konstruktion von C_3 jedes dieser Teilquadrate wiederum in neun gleiche Quadrate usw. Jedem der Teilquadrate entspricht ein auf der Strecke $0 \leqq t \leqq 1$ liegendes Teilintervall. Nun können wir einen beliebigen, auf dem Rande oder im Inneren des ursprünglichen Quadrats liegenden Punkt Q als Grenzpunkt einer unendlichen Folge ineinandergeschachtelter Quadrate ansehen, deren Diagonalen J_n mit wachsendem n unbegrenzt gegen 0 abnehmen. Dieser quadratischen Intervallschachtelung entspricht, wie ein Blick auf unsere Abbildungen lehrt, eine lineare Intervallschachtelung auf der t-Achse, die einen Punkt P des Intervalls $0 \leqq t \leqq 1$ definiert. Es existiert also mindestens ein Parameterwert t_0, der den Punkt Q liefert. Dieser muß daher der Peano-Kurve C_∞ angehören. Wir können nun weiter im Anschluß an unsere Abbildungen leicht beweisen, daß zu jedem t-Wert nur *ein* Punkt der Peano-Kurve gehört, daß also die durch sie vermittelte Abbildung der Strecke $0 \leqq t \leqq 1$ auf das Quadrat $0 \leqq x \leqq 1$, $0 \leqq y \leqq 1$ eindeutig ist. Zum Beweise führen wir folgende Zählung der Teilintervalle ein:

I. Zählung für die Teilintervalle der Strecke $\overline{01}$.

Die bei der ersten Teilung T_1 entstehenden Intervalle zählen wir von links nach rechts und nennen sie

$$\delta_1, \delta_2, \ldots, \delta_9.$$

Bei der zweiten Unterteilung T_2 wird jedes δ_ν in neun gleiche Teile geteilt, und die neuen Teilintervalle wiederum von links nach rechts zählend, erhalten wir in δ_1 die Teilintervalle

$$\delta_{11}, \delta_{12}, \ldots, \delta_{19},$$

in δ_2

$$\delta_{21}, \delta_{22}, \ldots, \delta_{29},$$

$$\cdots \cdots \cdots \cdots$$

in δ_9

$$\delta_{91}, \delta_{92}, \ldots, \delta_{99}.$$

Teilungs- wie Zählungsprozeß denken wir uns unbeschränkt fortgesetzt.

Ist ein Punkt P der Strecke $\overline{01}$ nicht Intervallendpunkt irgendeiner Unterteilung, so gibt es eine und nur eine Intervallschachtelung, die ihn festlegt. Ist Punkt P aber Endpunkt eines Teilintervalls, so gibt es (außer für die Punkte 0 und 1) zwei ihn definierende Intervallschachtelungen. Von diesen enthält von einer gewissen Unterteilung ab die eine nur die rechts an P anstoßenden, also mit 1 endigenden, die andere nur die nach links an P anstoßenden, also mit 9 endigenden Intervalle. Z. B. wird der rechte Endpunkt von δ_{12} sowohl durch die Schachtelung

$$\delta_1, \delta_{12}, \delta_{129}, \delta_{1299}, \ldots$$

als auch durch die Schachtelung

$$\delta_1, \delta_{13}, \delta_{131}, \delta_{1311}, \ldots$$

definiert.

II. Zählung für die Teilintervalle des Quadrates über 01.

Die bei der ersten Unterteilung entstehenden neun Teilquadrate numerieren wir, wie Abb. 65 zeigt, von 1 bis 9 und nennen sie

$$\eta_1, \eta_2, \ldots, \eta_9.$$

Die in η_ν bei der zweiten Unterteilung entstehenden Quadrate werden mit

bezeichnet. $\qquad \eta_{\nu 1}, \eta_{\nu 2}, \ldots, \eta_{\nu 9} \qquad (\nu = 1, 2, 3, \ldots, 9)$

Bei der Numerierung dieser 81 Quadrate beachten wir folgende Vorschriften: a) Ohne ein Teilquadrat zweimal zu passieren und ohne einen Sprung zu machen, werden erst die Quadrate von η_1, dann ebenso die von η_2 usf. mit den Nummern 1 bis 9 versehen. b) Auch beim Übergang von η_1 zu η_2, allgemein von η_ν zu $\eta_{\nu+1}$, machen wir keinen Sprung, so daß das mit 9 bezifferte Teilquadrat von η_ν und das mit 1 bezifferte von $\eta_{\nu+1}$ eine Seite gemeinsam haben (vgl. Abb. 68).

Teilungs- und Numerierungsprozeß denken wir uns unbeschränkt fortgesetzt.

Man erkennt: Jedem linearen Intervall $\delta_{\alpha_1, \alpha_2, \ldots, \alpha_\nu}$ entspricht ein und nur ein quadratisches Intervall $\eta_{\alpha_1, \alpha_2, \ldots, \alpha_\nu}$ und mithin jeder Intervallschachtelung (δ) nur *eine* Intervallschachtelung (η). Ist demnach ein auf $\overline{01}$ liegender Punkt P nicht Endpunkt eines Teilintervalles, so gehört zu ihm nur *ein* Bildpunkt Q im Innern des Quadrates. Dies ist sicher auch der Fall, wenn P in 0 oder in 1 liegt. Ist P sonst Endpunkt eines Teilintervalles und sind (δ) und (δ') seine beiden Intervallschachtelungen, so legen gemäß der Zählungsvorschrift b) die ihnen entsprechenden quadratischen Schachtelungen (η) und (η') ebenfalls nur *einen* Punkt Q fest. Damit ist bewiesen, daß jedem Parameterwert t nur *ein* Punkt der Peano-Kurve entspricht.

Schließlich sei noch der Beweis für die *Stetigkeit* der Funktionen $x = \varphi_\infty(x)$, $y = \psi_\infty(x)$ und also der Peano-Kurve selbst erbracht. P und P' seien zwei auf der Strecke $\overline{01}$ liegende Punkte, t und t' ihre Parameterwerte, (δ) und (δ') ihre Intervallschachtelungen. Ist t bzw. t' Endpunkt eines Teilintervalles, so bedeute (δ) bzw. (δ') immer die *linke* Intervallschachtelung; den Fall, daß t oder t' im Nullpunkt liegen, schließen wir vorderhand aus. Die Schachtelungen (δ) und (δ') mögen n Teilintervalle gemeinsam haben. Sind nun Q und Q' die auf der Peano-Kurve liegenden Bildpunkte von t und t', (η) und (η') ihre quadratischen Intervallschachtelungen, so ist die Anzahl der (η) und (η') gemeinsamen Teilquadrate ebenfalls n. Lassen wir t' sich t, unbegrenzt nähern, so wächst n unbeschränkt und gleichzeitig nimmt deshalb die Minimallänge der (δ) und (δ') gemeinsamen Intervalle unbegrenzt gegen Null ab. Da aber mit wachsenden n die Diagonale der Teilquadrate unbegrenzt kleiner wird, ergibt sich:

$$\overline{QQ'} \to 0 \quad \text{für} \quad P' \to P.$$

Damit ist die Stetigkeit der drei Kurven $\varphi_\infty(t)$, $\psi_\infty(t)$, C_∞ für alle Stellen des Intervalles $\overline{01}$ bewiesen. (Die Erledigung für den Fall, daß P im Nullpunkt liegt, ist trivial.)

Wir gehen nunmehr an folgende natürliche Fragestellung heran:

Die Peano-Kurve ist doch nicht dem ähnlich, was man im gemeinen Leben eine Kurve nennt. *Wie muß ich daher die Definition* $x = \varphi(t)$, $y = \psi(t)$ *einer Kurve einengen, bzw. welche Haupteigenschaften muß ich von einer so definierten Kurve verlangen, damit wir ein Analogon zur empirischen Kurve erhalten?* Diese Frage hat in einfacher Weise *C. Jordan* in seinem Cours d'analyse beantwortet:

Unsere Peano-Kurve hatte unendlich viele Knickpunkte und damit auch unendlich viele Doppelpunkte (die genauere Überlegung zeigt, daß sogar unendlich viele dreifache und vierfache Punkte auftreten); die Argumente t im Intervalle $0 \leq t \leq 1$, für welche ein mehrfacher Punkt eintritt, liegen überall dicht. *C. Jordan* verlangt nun, daß die durch die Formeln $x = \varphi(t)$, $y = \psi(t)$ definierte Kurve im Inneren des Definitionsintervalls keinen mehrfachen Punkt besitzt, d. h. daß nicht zwei oder mehr Werte $t_1, t_2, \ldots, (a < t_1 < b, a < t_2 < b, \ldots)$ existieren, für welche gleichzeitig

$$\varphi(t_1) = \varphi(t_2), \qquad \psi(t_1) = \psi(t_2), \ldots$$

ist. Für die Intervallendpunkte a und b wird diese Bedingung nicht vorgeschrieben. Ist sie auch für diese Punkte erfüllt, so nennt man das zu $x = \varphi(t)$, $y = \psi(t)$ gehörige Kurvenbild eine *offene Jordansche Kurve*. Ist aber $\varphi(a) = \varphi(b)$ und $\psi(a) = \psi(b)$, so fallen Anfangs- und Endpunkt der Kurve zusammen, und man nennt die Kurve eine *geschlossene Jordansche Kurve*. Eine offene Jordansche Kurve ist demnach ein umkehrbar eindeutiges und stetiges Abbild einer Strecke, eine geschlossene Jordansche Kurve ein umkehrbar eindeutiges und stetiges Abbild eines Kreises.

Es gilt nun der für die Analysis fundamentale Satz:

Jede geschlossene Jordansche Kurve teilt die Ebene in zwei zusammenhängende Gebiete, deren gemeinsame Grenze sie ist.

Um klarzumachen, daß der Satz nicht selbstverständlich ist, bemerke ich: *Das Paradoxe bei der Peano-Kurve liegt durchaus nicht in der Sache, sondern in der Ausdrucksweise, daß wir nämlich bei ihr das Wort „Kurve" in einem allgemeineren Sinne gebrauchen als zulässig ist, wenn wir die Analogie mit der empirischen Kurve festhalten wollen.* Um den Gegensatz der Jordanschen Entwicklungen möglichst deutlich hervortreten zu lassen, will ich vorab nicht von einer Jordan-Kurve, sondern einer *Jordanschen Punktmenge* sprechen, von der wir dann zeigen, daß sie, was die *Zusammenhangs- und Zerlegungsverhältnisse* betrifft, mit den gewöhnlichen Kurven der empirischen Geometrie übereinstimmt. In der Tat, sagt man kurzweg: Jede durch $x = \varphi(t)$, $y = \psi(t)$ definierte

geschlossene Kurve, die der Jordanschen Bedingung genügt, trennt die
Ebene in einen äußeren und inneren Bereich, so klingt das trivial. Der
Grund hierfür liegt darin, daß man das Wort Kurve hierbei unwillkürlich in zweierlei Bedeutung auffaßt. Vielmehr sollte man ausführlicher
folgendermaßen sagen: Ausgehend von dem empirischen Gebiete, wo
es einfach klar ist, daß jede geschlossene Kurve die Ebene in einen
äußeren und inneren Bereich trennt, haben wir zu fragen: *Wie ist im
Idealgebiete die Definition einer Punktmenge* $x = \varphi(t)$, $y = \psi(t)$ *einzuschränken, damit wir einen analogen Satz erhalten*[1]) ? Die Antwort ist: *Zu dem
Zwecke sind* $x = \varphi(t)$, $y = \psi(t)$ *den Jordanschen Bedingungen zu unterwerfen.*
Hinterher mag man dann eine solche Punktmenge eine *Kurve* nennen!
Damit ist die Bedeutung des Satzes selber gegeben. Was den *Beweis* angeht, so referiere ich nur kurz die Hauptgesichtspunkte, da man die ge-
nau zu überlegenden Details besser in Jordans Cours d'analyse nachliest.

　　Wir denken uns eine Punktmenge $x = \varphi(t)$, $y = \psi(t)$ gegeben, die
den Jordanschen Bedingungen entspricht. C. Jordan beginnt dann
damit, eine unendliche Folge geradliniger Polygone P_1, P_2, P_3, . . .,
von denen jedes folgende das vorhergehende umschließt und keines im
Inneren einen Punkt der Menge enthält, zu konstruieren und weiter eine

---

[1]) [Der neue auf S. 114 erwähnte Dimensionsbegriff gestattet auch, das Problem
einer vernünftigen Kurvendefinition zu erledigen: *Eine Kurve ist ein kompaktes
eindimensionales Kontinuum.* Dabei heißt ein Kontinuum K kompakt, wenn jede
unendliche Teilmenge aus K einen Häufungspunkt besitzt, der natürlich, da ein
Kontinuum eine abgeschlossene Punktmenge ist, zu K gehört. Von der naiven
Anschauung ebenfalls als Kurve angesprochene *nichtkompakte* eindimensionale
Kontinua (Parabel) lassen sich den soeben erklärten „allgemeinen" Kurven durch
Hinzufügen des Punktes ∞ unterordnen.

Dieser Kurvenbegriff, nach dem in Übereinstimmung mit der Anschauung
solche Punktmengen wie die Peanoschen nicht als Kurven anzusprechen sind,
ist die Verallgemeinerung des Begriffs der Cantorschen Kurve, unter der man ein
keine inneren Punkte besitzendes beschränktes Kontinuum der euklidischen
Ebene versteht. An Literatur über Kurventheorie sind u. a. zu nennen: K. Menger:
Grundzüge einer Theorie der Kurven. Math. Ann. Bd. 95 (1925), S. 277—306,
sowie weitere in dieser Zeitschrift, den Amsterdamer Proceedings und den Fundamenta Mathematicae erschienenen Arbeiten. Die betreffenden Urysohnschen
Untersuchungen haben im 2. Teil des „Mémoire sur les Multiplicités Cantoriennes"
(Verhandelingen der Amsterdamer Akademie 1927) ihre Darstellung gefunden.
Schließlich siehe noch P. Alexandroff: Über kombinatorische Eigenschaften
allgemeiner Kurven. Math. Ann. Bd. 96 (1926), S. 512—554.

Jede Kurve in einem wenigstens zweidimensionalen euklidischen Raum ist
Grenze eines Gebietes, nämlich des zur Kurve komplementären; doch zeigen
einfache Beispiele, daß die Umkehrung nicht gilt. Bemerkt sei noch, daß in der
euklidischen Ebene in einem gegenüber dem alten erweiterten Sinne die *geschlossenen* Kurven als solche Gebietsgrenzen definiert werden, die beschränkte
Kontinua bilden, die Ebene in wenigstens zwei Gebiete zerlegen und die gemeinsame
Grenze aller dieser Teilgebiete sind. Die alten (*Schoenfliesschen*) geschlossenen
Kurven sind unter diesen allgemeinen geschlossenen als „reguläre" dadurch
ausgezeichnet, daß sie die Ebene in genau zwei Gebiete zerlegen (vgl. die vorhin
erwähnte Arbeit von P. Alexandroff).]

andere unbegrenzte Folge $P_1', P_2', P_3', \ldots$ von Polygonen, in deren Äußerem kein Punkt unserer Menge zu finden ist und bei denen jedes Polygon das vorhergehende ausschließt (Abb. 71). Daß ein geradliniges Polygon die Ebene in 2 Bereiche teilt, wird nun bei Jordan aus der Elementargeometrie als bekannt angenommen, ist aber ebenfalls später bewiesen worden [Polygonsatz][1].

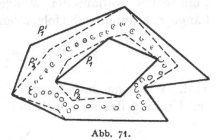

Abb. 71.

Nachdem man diesen allgemeinen Gedanken hat, wird dann weiter gezeigt, daß jeder Punkt, der der Menge nicht angehört, in eines der Polygone P bzw. P' hineinkommt, und daß schließlich die Punkte unserer Menge selbst als Häufungspunkte der beiden Polygonfolgen P_ν und P_ν' übrigbleiben.

Bei diesem Beweisgange bildet die Anschauung von den empirischen Kurven her den Wegweiser. Jede einzelne Aussage ist aber logisch auf Axiome zu stützen, wobei sich als Kern der moderne Zahlbegriff entpuppt. Das Resultat kann auch so gefaßt werden: *Für das Grenzgebilde der Polygonumfänge gilt, was für die Polygonumfänge selbst gilt.*

Man kann den Jordanschen Satz mit dem zu Anfang der Vorlesung mitgeteilten Satz in Parallele stellen, daß eine stetige Funktion zwischen zwei Werten, die sie annimmt, auch alle Zwischenwerte erreicht. Genau so errichtet die geschlossene Jordan-Kurve zwischen ihrem Inneren und Äußeren eine lückenlose Schranke.

Aus dem Vorherigen ist klar, daß wir unsere *Jordansche Punktmenge*, was die Zusammenhangs- und Zerlegungsverhältnisse betrifft, mit dem Namen *Kurve* belegen können. Wird sie aber auch in anderen Beziehungen Analogien mit der gewöhnlichen Kurve aufweisen[2]? Mit anderen Worten: Können wir bei der Jordan-Kurve von Bogenlänge, Tangente, Krümmungsradius sprechen, oder welche Einschränkungen hinsichtlich φ, ψ müssen noch hinzukommen, damit dies möglich ist? (Natürlich müssen dann bei der Punktmenge der Präzisionsgeometrie statt der nur angenäherten Auffassung im empirischen Gebiet entsprechende scharfe Definitionen zugrunde gelegt werden).

Wir gehen zunächst auf die *Frage nach der Bogenlänge einer Jordanschen Kurve* ein.

---

[1] [Vgl. *B. v. Kerékjártó:* Vorlesungen über Topologie I. Berlin 1923, und über neuere Beweise des Jordanschen Kurvensatzes die Angaben bei *G. Feigl*, Über einige Eigenschaften der einfachen stetigen Kurven Teil I, Math. Zschr. 27 (1927), S. 161.]

[2] [Oben sind eine ganze Reihe von Begriffen wie „Erreichbarkeit“, „Unbewalltheit“, „zusammenhängend im kleinen“, „irreduzibles Kontinuum“, die in der modernen Topologie bei der Behandlung des Kurvenbegriffs eine hervorragende Rolle spielen, nicht behandelt; bezüglich ihres Studiums sei auf den Enzyklopädieartikel Rosenthal und das eben zitierte Buch von Kerékjártó verwiesen.]

Wir teilen das endliche Intervall $a \leqq t \leqq b$ für t irgendwie in Teilintervalle $\varDelta_1 t$, $\varDelta_2 t$, ... und bekommen diesen Zuwüchsen entsprechend für x und y die Inkremente $\varDelta_1 x$, $\varDelta_1 y$; $\varDelta_2 x$, $\varDelta_2 y$, ... Die entsprechenden Punkte der Jordanschen Menge verbinden wir geradlinig, so daß die Länge der aufeinanderfolgenden Strecken

$$\sqrt{\varDelta_1 x^2 + \varDelta_1 y^2}; \qquad \sqrt{\varDelta_2 x^2 + \varDelta_2 y^2}; \ldots$$

wird. Wir legen nun unserer Punktmenge eine Bogenlänge bei, wenn der Umfang des so konstruierten geradlinigen Polygons, d. h.

$$\sum_{\nu} \sqrt{\varDelta_\nu x^2 + \varDelta_\nu y^2}$$

für den Fall, daß man das Intervall $a \leqq t \leqq b$ in immer zahlreichere und unbeschränkt kleiner werdende Teile zerlegt, unabhängig von der Art der Intervalleinteilung einem endlichen Grenzwert zustrebt.

Daß dies nicht ohne weiteres nötig ist, sehen wir an dem Beispiele der Peano-Kurve, bei der doch unsere Frage nach der Bogenlänge, nachdem wir einmal die Kurve durch einen Parameter t dargestellt haben, durch das Auftreten der Doppelpunkte nicht berührt wird. Hier haben wir für C_1 die Länge $\sqrt{2}$, für C_2 $3\sqrt{2}$, für C_3 $9\sqrt{2}$, ..., für C_n $3^{n-1}\sqrt{2}$, ... und es ist sonach klar, daß die Länge der geradlinigen Polygone C_n, die je in Gelenkpunkte unserer unendlichen Punktmenge eingespannt sind, mit wachsender Seitenzahl keineswegs einem endlichen Grenzwert entgegengeht, sondern über alle Grenzen wächst.

Auch hier will ich die Beschränkungen, die wir den Funktionen φ und ψ auferlegen müssen, damit der Jordanschen Punktmenge eine Bogenlänge zukommt, ohne Beweis angeben, indem ich nur auf den springenden Punkt aufmerksam mache.

Ich muß dazu einen in der modernen Funktionentheorie vielgebrauchten Begriff einführen, nämlich den der *Funktion von beschränkter Schwankung*. Eine Funktion $f(x)$ ist im Intervall $a \leqq x \leqq b$ von beschränkter Schwankung, wenn für jede Intervallteilung $a = x_0 < x_1 < x_2 \ldots < x_{n-1} < x_n = b$ die Summe

$$|f(x_1) - f(x_0)| + |f(x_2) - f(x_1)| + \cdots$$

unter einer festen endlichen Schranke A bleibt.

Wir fragen wieder: Ist uns ein Beispiel einer Funktion bekannt, die nicht von beschränkter Schwankung ist? Ich erinnere an die beiden Funktionen φ und ψ, deren Kurven wir bei dem Beispiel der Peano-Kurve als Grenzen geradliniger gezackter Kurvenzüge konstruierten. Hier ist sofort geometrisch ersichtlich, daß die Summe $\sum\limits_{1}^{n}|f(x_\nu) - f(x_{\nu-1})|$ mit wachsendem n über alle Grenzen wächst[1]).

Was nun die *Bogenlänge einer Jordan-Kurve betrifft, so beweist C. Jordan, daß eine solche im Sinne unserer Definition herauskommt dann und nur dann, wenn φ und ψ Funktionen von beschränkter Schwankung sind.*

Fragen wir weiter, wann die Jordan-Kurve eine *Tangente* bzw. einen *Krümmungskreis* besitzt, so können wir jedenfalls eine hinreichende Bedingung angeben: Damit nämlich unsere Punktmenge an jeder Stelle eines gegebenen Intervalls eine Tangente und einen Krümmungsradius besitzt, ist jedenfalls ausreichend, daß φ und ψ zweimal im Intervalle differenzierbar sind[2]).

Wenn alle unsere genannten Einschränkungen:

1. φ und ψ im Intervalle stetig,
2. ohne Doppelpunkte,
3. φ und ψ von beschränkter Schwankung,
4. eine endliche Anzahl $\nu\,(\nu \geqq 2)$ von Malen differenzierbar

für unsere Punktmenge *erfüllt sind,* dann wollen wir sie in Hinsicht auf die analogen Eigenschaften bei der empirischen Kurve kurzweg als *Kurve* bezeichnen. Soll aber der Gegensatz zu der Peano-Kurve und ähnlichen Gebilden betont werden, so werden wir von ihr als einer *regulären Kurve* sprechen. Oder noch präziser: Wir nennen die so definierte Punktmenge zunächst ein *reguläres Kurvenstück. Eine reguläre Kurve soll dann aus endlich vielen solcher Stücke zusammengesetzt sein* und kann daher auch wieder Doppelpunkte (in endlicher Zahl) besitzen.

Ich füge noch hinzu, daß man auch vielfach als ein reguläres Kurvenstück ein solches bezeichnet, das wir früher „glatt" nannten, also ein solches, das in jedem seiner Punkte eine Tangente besitzt und die Eigenschaft hat, daß die Tangente beim stetigen Fortschreiten entlang der Kurve sich stetig dreht (Abb. 72), was noch nicht soviel verlangt, wie das Vorhandensein eines Krümmungsradius. Wir werden überhaupt unserer Definition der regu-

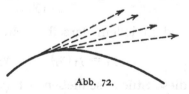

Abb. 72.

lären Kurve eine gewisse Elastizität lassen, indem wir unsere Anforderungen an die ersten und höheren Differentialquotienten von

---

[1]) [Funktionen von nicht beschränkter Schwankung werden jetzt durch die Untersuchungen von *N. Wiener* für die theoretische Physik wichtig (Theorie des weißen Lichtes). Vgl. *N. Wiener:* Verallgemeinerte trigonometrische Entwicklungen. Nachr. der Ges. der Wiss. zu Göttingen aus dem Jahre 1925 (Berlin 1926), S. 151—158.]

[2]) Es ist dies *nicht notwendig,* weil man eventuell einen Parameter t, für den dies der Fall ist, durch einen anderen Parameter $t_1 = f(t)$ ersetzen kann, für den es nicht stimmt. Man hat nur $f(t)$ als zwar monotone, stetige, aber nicht differenzierbare Funktion einzuführen.

φ, ψ jeweils den Verhältnissen anpassen. Im übrigen erinnere ich an die entsprechenden Entwicklungen des ersten Teils dieser Vorlesung, die sich nur dadurch von den jetzigen unterscheiden, daß wir uns auf Punktmengen beschränkten, die sich in der Form $y = f(x)$ darstellen ließen. Wenn wir nach der jetzt gewählten Ausdrucksweise *eine reguläre Kurve* haben, so sprachen wir damals entsprechend von einer „vernünftigen" Funktion.

Wir fragen weitergehend: *Welche Beziehung besteht zwischen den nunmehr definierten Gebilden der Präzisionsmathematik und dem, was wir im empirischen Gebiet kurzweg „Kurve" nennen?* Um hier Undeutlichkeiten in der Sprechweise zu vermeiden, die dadurch hervorkommen, daß wir in beiden Gebieten das Wort Kurve gebrauchen, und um andererseits mich kurz auszudrücken, will ich fortan in der Präzisionsmathematik von der *Idealkurve*, der wir gegebenenfalls das Attribut „regulär" geben, im empirischen Gebiete von der *empirischen Kurve* reden.

Ich behaupte:

Man wird zu einer empirischen Kurve allemal eine reguläre Idealkurve sich hinzudenken können, die mit ihr in allen wesentlichen Eigenschaften, die wir oben bei den Kurven $y = f(x)$ zur Sprache brachten, übereinstimmt, nämlich soweit, als dies in Anbetracht der beschränkten Genauigkeit der empirischen Verhältnisse überhaupt möglich ist.

Den Beweis denke ich mir in der Weise geführt, daß ich annehme, es sei möglich, die empirische Kurve in eine endliche Anzahl solcher Stücke zu zerlegen, welche, je auf ein geeignetes Koordinatensystem bezogen, durch eine Formel $y = f(x)$ — auch was Richtung und gegebenenfalls Krümmung angeht — mit hinreichender Annäherung dargestellt werden können (vgl. die Auseinandersetzungen S. 51—52). Wir haben also eine endliche Zahl von Koordinatensystemen

$$x_1 y_1, \qquad x_2 y_2, \ldots, \qquad x_n y_n,$$

und in jedem derselben ein reguläres Stück einer Idealkurve

$$y_1 = f_1(x_1), \qquad y_2 = f_2(x_2), \ldots, \qquad y_n = f_n(x_n);$$

diese Stücke schließen sich (vermöge der gegenseitigen Lage der Koordinatensysteme) mit Endpunkt und Anfangspunkt aneinander, so daß ein zusammenhängendes Ganzes vorliegt. Wir führen jetzt ein einheitliches Koordinatensystem XY und einen Parameter t ein, dessen in Betracht kommendes Intervall wir in n Teilintervalle zerlegen. Liegt t im ersten Teilintervall, so nennen wir es t_1, liegt es im zweiten, t_2 usw. Die Kunst ist dann, die n Formeln

$$y_1 = f_1(x_1), \qquad y_2 = f_2(x_2) \ldots y_n = f_n(x_n),$$

zu einem einzigen Formelpaar

$$x = \varphi(t), \qquad y = \psi(t)$$

derart zu verschmelzen, daß für $t = t_1$ das Stück $y_1 = f_1(x_1)$, für $t = t_2$ das Stück $y_2 = f_2(x_2)$, ... dargestellt wird. Und gleichzeitig sollen φ, ψ in diesen Teilintervallen ebensooft nach t differenzierbar sein, wie bzw. f_1 nach x_1, f_2 nach x_2, ... Dies aber wird sich in einfachster Weise durchführen lassen, wenn wir

$$t_1 = \alpha_1 x_1 + \beta_1, \qquad t_2 = \alpha_2 x_2 + \beta_2, \ldots$$

setzen und die Konstanten α, β hier so bestimmen, daß der Endwert von t_1 (der dem rechten oder dem linken Endwert von x_1 entspricht) mit dem Anfangswert von t_2 (der dem linken bzw. rechten Endwert von x_2 entspricht) zusammenfällt, ebenso der Endwert von t_2 mit dem Anfangswert von t_3 usw.

Die hiermit skizzierte Entwicklung läßt die Möglichkeit offen, daß die verschiedenen Idealkurvenstücke $y_1 = f_1(x_1)$, $y_2 = f_2(x_2)$, ..., die wir aneinanderreihten, in ihren gemeinsamen Punkten *verschiedene* Richtungen bzw. Krümmungen darbieten. Dementsprechend wird die vorgelegte empirische Kurve Punkte, in denen sich ihre „empirische" Richtung oder Krümmung sprungweise ändert, in endlicher Zahl besitzen dürfen. Die resultierende Idealkurve $x = \varphi(t)$, $y = \psi(t)$ ist dann natürlich mit den entsprechenden Singularitäten behaftet.

Wir mögen den vorstehenden Überlegungen noch ihre Umkehrung hinzufügen, indem wir fragen: *Welche Eigenschaften der regulären Idealkurven $x = \varphi(t)$, $y = \psi(t)$ kommen für das empirische Gebiet in Betracht?*

Ersichtlich alle diejenigen, die erhalten bleiben, wenn wir die φ, ψ innerhalb solcher Grenzen, die im einzelnen Falle vorgegeben sind, beliebig abändern, d. h. diejenigen Eigenschaften, von denen die *Approximationsmathematik* handelt. Wir können diese Aussage dadurch in eine anschauliche Form bringen, daß wir uns um jeden Punkt der Kurve $x = \varphi(t)$, $y = \psi(t)$ mit einem vorgegebenen kleinen Radius ϱ einen Kreis beschrieben denken. Die Gesamtheit der solcherweise entstehenden Kreisflächen wird einen bestimmten *Streifen* der Ebene überdecken, und es sind die gestaltlichen Eigenschaften der so definierten Streifen, nicht diejenigen der Idealkurven selbst, welche im empirischen Gebiet zur Geltung kommen.

Hier ist nun auch der Ort, um, gestützt auf die Kenntnisse, die wir inzwischen erworben haben, auf die Frage nach der *Genauigkeit unserer Raumvorstellung*, die wir gleich zu Anfang dieser Vorlesung berührt haben, zurückzukommen.

Es sei bezüglich eines Koordinatensystems x, y einerseits ein Kreis, andererseits eine Peano-Kurve durch die zugehörigen Formeln $x = \varphi(t)$, $y = \psi(t)$ definiert. Besteht hinsichtlich unserer Fähigkeit, uns die so definierten Gebilde räumlich vorzustellen, in den beiden Fällen ein prinzipieller Unterschied? Ich glaube es nicht. Beidemal können wir uns durch Fixierung der Aufmerksamkeit auf einzelne Werte von t die Lage einzelner Punkte der in Betracht kommenden Gebilde in Ge-

danken, aber immer nur mit beschränkter Genauigkeit, festlegen; wir
können uns auch, indem wir uns solcherweise benachbarte Punkte
fixiert denken, mit beschränkter Genauigkeit die Richtung der Verbindungslinie vorstellen; aber an das Idealgebilde selbst kommen wir
weder das eine noch das andere Mal mit unserer Vorstellungskraft
heran. *Die mathematischen Überlegungen, durch die wir das Idealgebilde
beherrschen, werden durch die Raumanschauung belebt und geleitet, aber
sie stützen sich in letzter Linie auf die durch die Formel* $x = \varphi(t)$, $y = \psi(t)$
*gegebene Gesetzmäßigkeit unter Zugrundelegung der (ebenfalls über die
unmittelbare Vorstellungskraft hinausgehenden) Axiome.*

Dies ist meine Theorie von 1873[1]). Ich möchte wünschen, daß sich
Physiologen und Psychologen dazu äußerten. Vorbedingung müßte
nur sein, daß diese die modernen Entwicklungen der Präzisionsmathematik, etwa soweit, wie sie in dieser Vorlesung zur Sprache kommen,
durchgedacht und sich zu eigen gemacht haben. Solange man nicht
einzelne Beispiele von Idealkurven ohne Differentialquotienten, wie
die Weierstraßsche Kurve oder die Peanosche Kurve eingehend überlegt hat, ist es unmöglich, über den Unterschied dieser Idealkurven von
den gewöhnlich allein betrachteten Idealkurven mit Differentialquotienten in eine philosophische Erörterung einzutreten.

Wir wenden uns nunmehr zu einer kurzen Besprechung der *haupt-
sächlichsten Arten von Idealkurven*, welche die präzisionsmathematische
Behandlung bevorzugt.

1. *Wann nennen wir eine reguläre Idealkurve analytisch*, d. h. welche
einschränkenden Bedingungen müssen zur Definition der regulären
Idealkurve hinzutreten, damit wir sie analytisch nennen? Eine reguläre
analytische Idealkurve bezeichne ich weiterhin kurz als analytische
Kurve.

Wir werden sagen: *Eine reguläre Idealkurve heißt analytisch, wenn
x und y durch konvergente Potenzreihen von t darstellbar sind*[2]).

Und weshalb beschäftigen sich die Mathematiker fast ausschließlich
mit den analytischen Kurven, nachdem sie doch längst wissen, daß
damit bei weitem nicht alle Kurven erschöpft sind[3])?

Der Grund liegt in den schönen Eigenschaften, die die analytischen
Kurven besitzen: Zunächst sind sie auf komplexes $t = u + iv$ verallgemeinerungsfähig. Es kommt hier also die ganze Funktionentheorie
(komplexer Veränderlicher) heran (die Potenzreihen konvergieren in
einem Bereiche der uv-Ebene). Insbesondere gestattet die „analytische

---

[1]) Vgl. das Zitat auf S. 2.
[2]) [Diese Definition ist bekanntlich mit der auf S. 62 für die analytische
Funktion gegebenen gleichwertig.]
[3]) [Diese Bemerkung trifft heute nicht mehr in dem Maße zu wie zur Zeit der
Vorlesung.]

Fortsetzung" zu neuen Definitionsgebieten, also, soweit diese Gebiete ein Stück der reellen Achse enthalten, zu neuen Kurvenstücken gesetzmäßig fortzuschreiten. Abschließend sage ich: Eine analytische Kurve ist der Inbegriff aller der Punkte, welche die Potenzreihen $x(t)$, $y(t)$ und ihre analytischen Fortsetzungen ergeben, sie stellt sich als ein gesetzmäßiges Ganzes dar, dessen Gesamtverlauf durch jene Potenzreihen $x(t)$, $y(t)$, die nur in einem beliebig kleinen Bereich zu konvergieren brauchen, vollständig bestimmt ist. *Die hiermit bezeichnete Gesetzmäßigkeit — daß das kleinste Stück das Ganze bestimmt — ist es, welche die analytische Kurve in der Mathematik so beliebt macht.* Der Bestimmtheit halber füge ich noch hinzu:

Eine analytische Kurve kann auch singuläre Punkte der verschiedensten Art haben; man erhält sie, wenn man annimmt, daß in den Reihenentwicklungen für φ und ψ

$$x = \varphi(t) = a_0 + a_1 t + a_2 t^2 + \cdots,$$
$$y = \psi(t) = b_0 + b_1 t + b_2 t^2 + \cdots,$$

die Glieder der Ordnung 0 bis $n-1$ einschließlich ($n \geqq 2$), fortfallen, und wenn man die Verhältnisse bei $t = 0$ betrachtet.

2. Wir gehen nun weiter in der Einschränkung des Kurvenbegriffs, indem wir von den analytischen Kurven zu den algebraischen fortschreiten.

In dem Wortlaut liegt schon, daß *eine analytische Kurve $x = \varphi(t)$, $y = \psi(t)$ algebraisch heißt, wenn φ und ψ identisch eine algebraische Gleichung $F(\varphi, \psi) = 0$ befriedigen.*

Es gilt aber auch der umgekehrte Satz: Wenn eine algebraische Gleichung $F(x,y) = 0$ vorgelegt ist, dann kann man für die Umgebung jeder Stelle x_0, y_0 eine Hilfsveränderliche t so einführen, daß $x = \varphi(t)$, $y = \psi(t)$ wird, wo φ und ψ konvergente, nach ganzen Potenzen von t fortschreitende Reihenentwicklungen sind (Uniformisierung). Ich beweise dies nicht, sondern führe den Satz nur an, ohne auf Einzelheiten näher einzugehen, indem es sich für mich ja hier nur darum handelt, einen allgemeinen Überblick über die Sache zu geben.

Die weitere Frage ist nun: Läßt sich außer dieser formalen Definition der algebraischen Kurve eine mehr *sachliche Definition* geben, d. h. eine Definition, die sich anschaulich fassen läßt? Dies gelingt in der Tat sowohl funktionentheoretisch, wie auch geometrisch.

Zunächst *funktionentheoretisch:* Wir stellen uns durch Elimination von t die Funktion $y = f(x)$ her. Die Frage ist, ob die algebraische Funktion $y = f(x)$ hinsichtlich der zu den einzelnen Werten von x gehörigen Potenzentwicklungen besonders charakteristische Eigenschaften besitzt, welche die algebraische Funktion von anderen analytischen Funktionen unterscheiden. Dabei müssen wir natürlich x als komplexe Veränderliche fassen, da nur dann die Aussagen der Funktionentheorie ihren naturgemäßen Ausdruck finden.

9*

In der Tat läßt sich nun y funktionentheoretisch als algebraische Funktion von x dadurch definieren, daß man verlangt: a) Es soll für den einzelnen Wert von x nur eine endliche Anzahl P von Werten y vorhanden sein und b) es soll sich y nach Potenzen von $(x - x_0)^{\frac{n}{p}}$ in der Umgebung jeder Stelle x_0 so entwickeln lassen, daß dabei keine unendliche Zahl von Potenzen mit negativen Exponenten auftritt (so daß sog. wesentliche Singularitäten ausgeschlossen sind). Die genaue Darlegung gehört natürlich in eine Vorlesung über Funktionentheorie.

Interessanter und leichter verständlich als diese funktionentheoretische Abschweifung ist der Anschluß an die *geometrische Auffassungsweise*. Auf die Frage nach den geometrisch charakteristischen Eigenschaften der algebraischen Kurve hat bereits um 1850 *H. Graßmann* die entscheidende Antwort gegeben[1]). Leider ist seine Auffassung auch heute noch nicht in die Lehrbücher übergegangen. Ich gebe gleich Graßmanns Satz, indem ich dabei das Wort: „*linealer Mechanismus*" benutze:

Eine Kurve ist algebraisch, wenn sie durch einen linealen Mechanismus erzeugt werden kann.

Zunächst, was heißt linealer Mechanismus?

Ein *linealer Mechanismus* ist ein System von teils festen, teils beweglichen Geraden und Punkten, wobei die beweglichen geraden Linien gezwungen sind, durch bestimmte (nicht notwendig feste) Punkte zu gehen, und die Punkte gezwungen sind, auf bestimmten (nicht notwendig festen) Geraden sich zu bewegen.

Denken Sie sich, um dies genauer aufzufassen, eine Anzahl von Geraden und Punkten gegeben. Unter einer *linealen Konstruktion* nach *Graßmann* versteht man die Ableitung von neuen Punkten und Geraden aus den gegebenen festen und beweglichen nur mit Hilfe des Lineals. Die lineale Konstruktion wird zum linealen Mechanismus, wenn man die Forderung stellt, daß sie zum Anfangselement zurückführt.

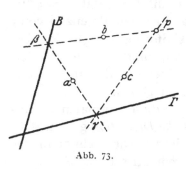

Abb. 73.

Ich erläutere etwa, wie die Kegelschnitte durch einen linealen Mechanismus gewonnen werden können:

Wir geben drei Punkte a, b, c und zwei Geraden B, Γ (Abb. 73). Ein in der Ebene abc beweglicher Punkt p beschreibt dann einen Kegelschnitt, wenn man seine Bewegung der Bedingung unterwirft, daß die auf B und Γ liegenden Punkte β und γ, die (mit Hilfe der Geraden $\overline{bp}$ und $\overline{cp}$) aus p lineal abgeleitet sind, mit dem gegebenen Punkte a auf einer Geraden liegen (*Maclaurins Erzeugung*).

----

[1]) [Vgl. *H. Grassmann*s Gesammelte Werke Bd. I, 1, S. 245—248, Leipzig 1894, und Bd. II, 1, Abh. 2—7, 14 und 18 (1904).]

Man wird sich geradezu aus starren Drähten, am besten Stricknadeln, einen Apparat gebaut denken, so daß der Punkt p fortgesetzt der geschilderten linealen Bedingung genügt, also sich auf einem Kegelschnitt bewegt. Das ist dann ein linealer Mechanismus. Allgemein hat jeder Mechanismus dieser Art zur Folge, daß 3 aus dem Punkte p durch lineale Konstruktion abgeleitete Punkte auf einer Geraden liegen, oder auch 3 aus p durch lineale Konstruktion abgeleitete Geraden durch einen Punkt gehen. Die linealen Mechanismen haben übrigens nur theoretisches Interesse, weil die Ausführung nicht genau gemacht werden kann, vielmehr der Apparat, wie man ihn auch konstruieren mag, schlottert.

Dieser Idee des linealen Mechanismus hat sich nun Graßmann bedient, um eine algebraische Kurve geometrisch zu definieren.

Bei der Kegelschnitterzeugung, wo es sich also um die Erzeugung einer algebraischen Kurve zweiter Ordnung handelt, wird der Punkt p zweimal benutzt. Graßmann findet, daß er eine algebraische Kurve n^{ter} Ordnung bekommt, wenn er den Mechanismus so einrichtet, daß der Punkt p n-mal benutzt wird [1]).

Hier ist er aber nicht stehengeblieben, sondern er zeigt auch umgekehrt, daß man jede algebraische Gleichung n^{ter} Ordnung $F(x, y) = 0$ durch einen (vielleicht sehr komplizierten) linealen Mechanismus ersetzen kann, bei dessen Konstruktion der Punkt x, y n-mal angewandt wird. Er beweist das so, daß er die Gleichung $F(x, y) = 0$ geradezu in die Vorschrift für die Bauart eines solchen Mechanismus umsetzt.

Nachdem wir diesen Satz haben, folgt unmittelbar die bereits oben gegebene, rein geometrische Definition der algebraischen Kurven nach *Graßmann:* Eine algebraische Kurve n-ter Ordnung ist eine solche Kurve, welche durch einen linealen Mechanismus n-ter Ordnung erzeugt wird.

Wieder fragen wir, wo das *besonders Interessante der algebraischen Kurven* liegt.

Natürlich gilt auch für sie (wie für die analytischen Kurven überhaupt), daß sie in ihrer ganzen Ausdehnung durch das Verhalten auf einem noch so kleinen Stück festgelegt sind. Darüber hinaus haben sie aber noch weitere *einfache Eigenschaften*, die sich auf ihren Gesamtverlauf beziehen. Um nur das Wichtigste anzuführen:

Sie bestehen aus einer endlichen Anzahl von Ästen, und es gilt für sie das *Bézoutsche Theorem*, d. h. eine algebraische Kurve n-ter Ordnung wird von einer Geraden in n Punkten geschnitten, und zwei verschiedene algebraische Kurven C_m und C_n schneiden sich in $m \cdot n$ Punkten (voraus-

---

[1]) [Die Tatsache, daß eine algebraische Kurve n-ter Ordnung sich durch einen linealen Mechanismus charakterisieren läßt, ist nicht so zu verstehen, als ob jede algebraische Kurve n-ter Ordnung mit alleiniger Zuhilfenahme des Lineals konstruiert werden könnte. Einen Punkt p mit dem Lineal allein so zu bestimmen, daß die Inzidenzbedingungen des linealen Mechanismus erfüllt sind, ist im allgemeinen nicht möglich.]

gesetzt, daß man richtig zählt, d. h. die imaginären Schnittpunkte, ge-gebenenfalls Punkte im Unendlichen berücksichtigt und jeden einzelnen Punkt mit der richtigen Multiplizität in Rechnung bringt, und daß man von den Fällen absieht, wo die Kurven ganze Äste gemein haben).

Auf Grund dieser allgemeinen Sätze ergeben sich nun besonders für die Kurven von der ersten bis vierten Ordnung wunderschöne Theoreme, welche eine Beschäftigung mit diesen Kurven zu einem reizvollen Ver-gnügen machen und geradezu ästhetische Befriedigung in sich schließen.

Infolgedessen ist ja die Beschäftigung mit den algebraischen Kurven zuzeiten ein Lieblingsgegenstand des mathematischen Studiums ge-wesen. Aber man muß es als Einseitigkeit bezeichnen, wenn nur von algebraischen Kurven die Rede ist, wie in so manchen Lehrbüchern. Man gewinnt dort geradezu den Eindruck, als ob es nur diese gäbe, während doch die Sinuslinie und die Schraubenlinie noch viel öfter auftreten und mindestens ebenso schöne, aber nicht algebraische Kurven sind.

Noch spezieller als die algebraischen Kurven sind die *rationalen Kurven*. Hier geht man wieder von der Parameterdarstellung $x = \varphi(t)$, $y = \psi(t)$ aus, indem man annimmt, daß φ und ψ rational in t sind. Auch mit ihnen hat man sich viel beschäftigt.

Nachdem wir so die Spezialisierung verfolgt haben, die der Kurven-begriff im Gebiete der Präzisionsmathematik findet, fragen wir unserer allgemeinen Fragestellung getreu:

Was haben die verschiedenen Idealkurven mit den Anwendungen zu tun?

Ein altes Vorurteil ist, daß in den Anwendungen nur analytische Kurven vorkommen. Wir stellen dem, wie schon wiederholt betont wurde, entgegen, daß in den Anwendungen überhaupt keine Ideal-kurven, sondern nur Annäherungen an solche (d. h. Streifen) auftreten. Wenn man aber schon eine Idealkurve heranziehen will, um eine empi-rische Kurve bzw. Erscheinung idealisierend zu schildern, dann reicht man immer mit regulären Kurven (d. h. den Kurven, bei denen φ und ψ endlich oft differenzierbar und die letzten in Frage kommenden Differentialquotienten vielleicht noch abteilungsweise monoton sind) aus. Es ist Metaphysik, wenn man statt dessen glaubt, analytische Kurven heranziehen zu müssen. Ich nenne hier Metaphysik, was jen-seits der unmittelbaren Erfahrung liegt, was man einführt, weil man es für wünschenswert hält, nur analytische Kurven zu benutzen.

Übrigens wird die somit aufgestellte Behauptung, daß analytische, algebraische, rationale Kurven als solche nichts mit den Anwendungen zu tun haben, durch den Umstand etwas abgemildert, daß die einfachsten regulären Kurven, die man kennt, tatsächlich analytisch sind.

Hat man z. B. den Ansatz:

$$x = a_0 + a_1 t + a_2 t^2$$
$$y = b_0 + b_1 t + b_2 t^2,$$

(den man der Einfachheit halber allemal heranzieht, wenn man im empirischen Gebiete ein einzelnes Kurvenstück darzustellen hat), so haben wir zufällig eine rationale Kurve getroffen. Ebenso wird man in den Anwendungen nie auf die Formeln $y = \sin x$, $y = e^x$, ... verzichten wollen, auch wenn noch Korrektionen zutreten, die den analytischen Charakter der Kurve verwischen. Wir können also an die obige Behauptung folgenden Zusatz anschließen:

Analytische, algebraische, rationale Kurven treten nur insofern im empirischen Gebiet auf, als die einfachsten regulären Kurven, die man kennt und die man zur approximativen Darstellung empirischer Daten immerzu heranzieht, analytische, algebraische, rationale Kurven sind.

Ich möchte hier einige Worte über das Buch: *Perry, J.*: The calculus for engineers[1]), einfügen, in welchem der Gedanke, den ich hier berühre, charakteristisch zur Geltung kommt.

Das Buch ist dadurch ausgezeichnet, daß der Verfasser, der für Praktiker schreibt, sich vollkommen auf den Standpunkt des Praktikers stellt. Er spricht nicht von dem allgemeinen Kurvenbegriff usw., sondern beginnt gleich damit, daß in der Praxis eigentlich nur drei fundamentale Funktionen ($y = x^n$, $y = e^x$, $y = \sin x$) in Betracht kommen, und daß man alle Aufgaben der gewöhnlichen Praxis mit genügender Genauigkeit lösen kann, wenn man nur noch solche Funktionen zuläßt, welche aus den gegebenen drei durch eine endliche Anzahl von Anwendungen der vier Grundrechnungsarten herauskommen, z. B.

$$y = \frac{a + bx + cx^2}{d + ex + fx^2}, \qquad \text{usw.}$$

Diese Auffassung von Perry ist vielfach als unwissenschaftlich bezeichnet worden. Dies ist sie aber auf ihrem Gebiete gar nicht. Es ist gerade der Zweck der gegenwärtigen Vorlesung, den Standpunkt so zu wählen, daß auch Perrys Ideen in dem Gebäude, das gleichzeitig das ideale und das empirische Gebiet umschließt, Platz finden.

II. Fortsetzung der präzisionsmathematichen Betrachtungen zur ebenen Geometrie.

Ich nehme nunmehr einen Gedanken auf, den wir schon früher einmal berührt haben (womit ich mich wieder ganz dem idealen Gebiete zuwende). Wir haben unsere ganze Entwicklung an die Ideenbildungen der *analytischen* Geometrie angeknüpft und also im letzten Grunde alles auf den modernen Zahlbegriff gestützt. Will man die bisher besprochenen Dinge von dieser Darstellungsweise ablösen und auf rein geometrischer Basis behandeln, so wird man ein Axiom an die Spitze stellen müssen,

---

[1]) London 1897, ins Deutsche übersetzt von R. Fricke und Fr. Süchting, Leipzig 1902. 4. Aufl. 1923. — [Über die Perry-Bewegung vgl. auch Bd. II der vorliegenden Elementarmathematik, S. 232—237, 280.]

das der Einführung des modernen Zahlbegriffs entspricht und so gefaßt werden kann: *Zu einer unbegrenzt abnehmenden Folge von abgeschlossenen Intervallen (Strecken, Kurvenstücken, ebenen Bereichen, Raumteilen), von denen jedes alle folgenden enthält, gehört ein und nur ein allen Intervallen gemeinsamer Punkt. Dieser wird daher durch die Intervallfolge eindeutig definiert.* Man bezeichnet dieses von uns schon gelegentlich benutzte Axiom als das *Axiom der Intervallschachtelung*[1]).

Dieses Axiom mögen Sie als theoretische Grundlage dessen wählen, was ich jetzt ausführe. Wir sahen schon früher, daß man in der Theorie der automorphen Funktionen dazu geführt wird, Punktmengen zu definieren und zu studieren, welche alle die merkwürdigen Eigenschaften besitzen, von denen in der Mengenlehre die Rede ist.

Jetzt will ich durch eine kleine Modifikation desselben geometrischen Erzeugungsprinzips zu *nichtanalytischen Kurven* fortschreiten, die hier also rein geometrisch erzeugt werden, wodurch zugleich der Eindruck vermieden wird, als ob durch die Betrachtung nichtanalytischer Kurven in die Geometrie etwas Künstliches und ihr Fremdes hineingetragen würde.

Wir gingen bei unseren früheren Betrachtungen von drei oder mehreren Kreisen in der Ebene aus, die ganz auseinander liegen, und spiegelten den von ihnen gemeinsam begrenzten Bereich und alle aus ihm

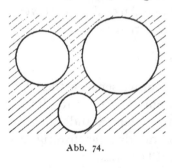

Abb. 74.

durch Inversion entstehenden äquivalenten Bereiche an den Kreisen immer wieder aufs neue (Abb. 74). Wir erhielten so ein Netz von Bereichen, das die Ebene bis auf eine unendliche Menge von Grenzpunkten überdeckte, und es entstand die Frage: Was läßt sich von dieser Menge der Grenzpunkte aussagen? Wir fanden, daß sie nirgends dicht, aber trotzdem perfekt war und die Mächtigkeit des Kontinuums besaß.

Wir bringen nunmehr die Modifikation an, daß wir die Kreise sich in zyklischer Reihenfolge berühren lassen, halten aber nach wie vor daran fest, daß kein Übereinandergreifen von irgend zweien der Kreisflächen stattfindet. Dadurch wird der Ausgangsbereich in 2 Kreisbogen-n-Ecke, ein inneres und ein äußeres, zerlegt, von denen jedes lauter Winkel vom Betrage Null aufweist. Man vergleiche die Abb. 75, bei welcher der eine Bereich durch das Unendliche geht, was aber nicht

---

[1]) [Man erkennt leicht, warum bei der obigen Formulierung von den Intervallen verlangt wird, daß sie abgeschlossen sind. Die unbegrenzt abnehmende Folge der offenen Intervalle $0 < x < \dfrac{1}{n}$, wobei n die Folge der natürlichen Zahlen durchläuft, enthält keinen Punkt, der allen Intervallen angehört. Der Punkt 0 gehört keinem der Intervalle der Folge an.]

besonders ins Gewicht fällt, da eine Inversion ihn sofort in einen endlichen verwandelt. Wir wenden nun auf die beiden nullwinkligen Kreisbogenpolygone die Inversion an den Begrenzungskreisen unbegrenzt oft an und fragen nach der Menge der dabei entstehenden Grenzpunkte. *Wir werden finden, daß die aus den Grenzpunkten und ihren Häufungsstellen bestehende Punktmenge eine geschlossene Jordankurve bildet, die im allgemeinen nicht analytisch ist,* wobei ich den Zusatz „im allgemeinen" im Verlaufe der Diskussion noch erklären werde. Diese Jordankurve trennt dabei das Bereichnetz, das von dem äußeren Ausgangspolygon und seinen Bildern gebildet wird, von dem Bereichnetz des inneren Polygons und seiner Bilder.

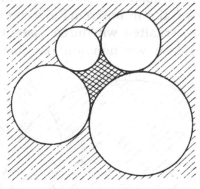

Abb. 75.

Auch hier hebe ich wieder hervor, daß die Idee, an einer Anzahl sich zyklisch berührender Ausgangskreise die Ausgangsbereiche und ihre äquivalenten Bereiche fortgesetzt zu spiegeln, aus der Physik stammt, wo man in der Elektrostatik veranlaßt wird, bei der Gleichgewichtsverteilung der Elektrizität auf einander berührenden Rotationszylindern genau dieselben unendlich vielen Inversionen zu betrachten, von denen wir hier handeln. Es folgt also, daß man den nichtanalytischen Kurven nicht entgehen kann, wenn man nur die Betrachtungen, mit denen sich die Praktiker ohnehin beschäftigen, hinreichend weit fortsetzt.

Es seien zunächst zwei sich von außen berührende Kreise K_1 und K_2 gegeben; hier liegt natürlich keine zyklische Berührung vor. Wir erhalten nur einen Ausgangsbereich, der sich als Kreisbogenzweieck mit 2 Winkeln Null darbietet, er ist in Abb. 76 wie früher mit 1 bezeichnet. Spiegeln wir den Bereich 1 an K_1, so erhalten wir einen von K_1 umschlossenen sichelförmigen Bereich, den wir wie auch die in Rede stehende Inversion selbst mit S_1 bezeichnen; ebenso erhalten wir durch

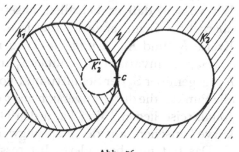

Abb. 76.

Spiegelung an K_2 einen sichelförmigen Bereich S_2 in K_2 (Abb. 77). Es kommt nunmehr wieder unser schon früher erwähntes *Fortgangsprinzip* zur Geltung, welches darin besteht, daß wir, statt die anfänglichen Inversionen als solche heranzuziehen, jeden neu erhaltenen Bereich immer wieder an seiner inneren kreisförmigen Begrenzungslinie

spiegeln. Daß dieses Prinzip sich mit der Forderung, alle Kombinationen
der Inversionen S_1 und S_2 auf den Ausgangsbereich anzuwenden, deckt,
wurde früher gezeigt. Gleichzeitig wurde aber dem Prinzipe bereits
eine *erweiterte Form* gegeben, dahingehend, daß man an jedem neu gewonnenen Begrenzungskreise nicht nur den angrenzenden Bereich, sondern überhaupt alle bis dahin konstruierten Bereiche spiegelt. Haben
wir also in unserem Falle erst einmal die drei Bereiche 1, S_1, S_2 (Abb. 77),
so erhalten wir durch Spiegelung an K_2 sofort drei neue Bereiche usw.
Mögen wir nun auf die eine oder andere Weise vorgehen, jedenfalls

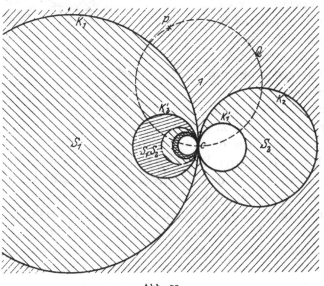

folgt in unserem
einfachen Fall der
Satz: *Wir bekom-
men für unsere äqui-
valenten Bereiche
einen einzigen Grenz-
punkt, und dieser ist
mit dem Berührungs-
punkt der beiden
Ausgangskreise
identisch.*

Dabei ist nun
interessant, wenn
wir einen beliebigen
Punkt p in 1 geben,
zu sehen, wie die
unendlich vielen
mit p äquivalenten

Abb. 77.

Punkte sich allmählich dem Grenzpunkt nähern. Wir betrachten den
durch p gehenden *Orthogonalkreis K* der beiden Ausgangskreise (Abb. 77).
Wir wissen, daß er bei allen unseren Operationen S_1, S_2, ... in sich
übergeht. Denn er geht durch den Berührungspunkt c der beiden
Kreise K_1 und K_2; c und die Tangente in c an Q sind gegenüber allen
S_1, S_2, ... invariant, gegenüber S_1 außerdem der Schnittpunkt von Q mit
K_1, gegenüber S_2 der Schnittpunkt von Q mit K_2. Die Folge ist also, daß
alle Punkte, die durch Inversion aus p entstehen, auf dem nämlichen Orthogonalkreise liegen. Man kann den Orthogonalkreis geradezu als „Bahn-
kurve" ansehen, auf der p sprungweise auf den Grenzpunkt c zu rückt.

Das hat nun besonderes Interesse, wenn wir den Grenzpunkt c mit
irgendeinem Punkte p der Ebene geradlinig verbinden. Wendet man
nämlich auf den Punkt p fortgesetzt die unserem Fortgangsprinzip
entsprechenden Inversionen an, so rückt p auf seinem Orthogonalkreise
auf c zu, und die jeweiligen Verbindungslinien nähern sich damit notwendig einer bestimmten Grenzlage, nämlich der „*Zentralen*" der beiden
Ausgangskreise (Abb. 78).

Betrachtet man nun eine geschlossene Kurve, die dadurch entsteht, daß man im Ausgangsbereich von dem einen Kreis K_1 nach dem anderen K_2 ein beliebiges (evtl. nichtanalytisches) den Punkt c nicht enthaltendes Kurvenstück[1]) zieht und zu diesem Kurvenstück vermöge unserer Inversionen die Gesamtheit der äquivalenten Kurvenstücke hinzukonstruiert, endlich aber noch den Punkt c hinzufügt, *so hat die so geschlossene Kurve, wie ich behaupte, im Punkte c eine bestimmte Tangente, nämlich die Zentrale.*

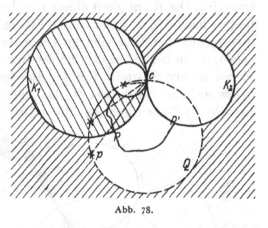

Abb. 78.

Dieser Satz ist eine einfache Folge des eben aufgestellten Hilfssatzes. Man wähle (Abb. 79) zum Beweise auf der Kurve eine beliebige gegen c konvergierende Punktfolge $q, q', \ldots$. Alle Punkte $q, q', \ldots$, welche wir solcherweise beim Zuschreiten auf c durchlaufen mögen, haben ihnen äquivalente Punkte $p, p', \ldots$ im Ausgangsbereich und man kann die Folge der $q, q', \ldots$, einklemmen zwischen die Folgen P_ν bzw. P'_ν der zu P bzw. P' (vgl. Abb. 78) äquivalenten Punkte. Daher haben die $cq, cq', \ldots$, dieselbe Grenzlage wie die cP_ν bzw. cP'_ν, das ist aber auf Grund des voraufgeschickten Hilfssatzes die Zentrale.

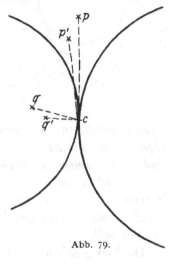

Ich gehe nun von diesem einfachen Fall von 2 Ausgangskreisen zu dem von 3 Ausgangskreisen über. Der Bequemlichkeit halber mögen sie alle gleich groß gewählt sein. Der Ausgangsbereich besteht jetzt aus 2 nullwinkligen Kreisbogendreiecken (Abb. 80). Nun wissen wir, daß drei solcher Kreise allemal *einen und nur einen Orthogonalkreis Q* haben.

Abb. 79.

Dieser geht hier durch die drei Berührungspunkte hindurch. Er ist gegenüber allen in Betracht kommenden Inversionen invariant, so daß wir ihn zweckmäßig zu Hilfe nehmen, um uns in der Abbildung zurechtzufinden.

Um übrigens alle den beiden Ausgangsbereichen äquivalenten Bereiche zu erhalten, brauchen wir bloß die äquivalenten Gebiete im

---

[1]) [Es ist hier natürlich ein durch Gleichungen $x = \varphi(t)$, $y = \psi(t)$ definiertes Kurvenstück gemeint; daß dann wirklich auf die angegebene Art eine geschlossene Kurve (topologisches Bild eines Kreises) entsteht, ist nicht schwer zu beweisen.]

Inneren des Orthogonalkreises zu konstruieren und hernach die sämtlichen so erhaltenen äquivalenten Gebiete am Orthogonalkreise zu
spiegeln. Die Richtigkeit dieser Überlegung folgt aus dem bereits früher
besprochenen Satz, daß nämlich Figuren, die in bezug auf einen Kreis K
invers sind, bei Inversion an einem neuen Kreis Q solche Figuren ergeben, die in bezug auf den bei der Inversion an Q aus K hervorgehenden
Kreise K' invers sind. *Wir beschränken uns also bei unseren Konstruktionen auf das Innere von Q.* Da legen sich neben das Ausgangsdreieck
zunächst 3 Nebendreiecke; die 4 Dreiecke bilden zusammen ein Kreis-

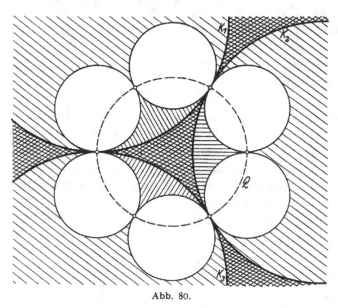

Abb. 80.

sechseck, dessen
Zipfel senkrecht auf
Q aufsitzen. Nach
unserem Fortgangs-
prinzip können wir
nun entweder die
3 Nebendreiecke
einzeln an ihren
freien Seiten oder
auch gleich das
ganze Sechseck an
jeder seiner 6 Seiten
spiegeln, wodurch
wir ein Dreißigeck
erhalten. Sie sehen,
wie das weitergeht:
*Die Bereiche, die
aus dem Ausgangs-*
*bereich entstehen, überdecken das ganze Innere von Q immer vollstän-
diger, wobei die Zipfel der erhaltenen Bereiche auf Q senkrecht aufliegen
und dort immer zahlreicher werden.* Je weiter man den Prozeß führt,
um so dichter schließen sich die zum Ausgangsbereiche äquivalenten
Bereiche an Q an, so daß jeder Punkt des Orthogonalkreises eine
Häufungsstelle von Bereichzipfeln wird, wie gleich noch näher gezeigt
werden soll.

Die hier geschilderte Figur, die denen, welche sich mit den elliptischen
Modulfunktionen beschäftigt haben, hinreichend bekannt ist, bildet
gewissermaßen ein Geschenk, das die Geometrie von der Funktionentheorie erhalten hat. Denn obwohl man bei einem solchen bis ins
Unendliche fortgehenden Prozeß sehr wohl von dem rein geometrischen
Standpunkt ausgehen kann, so ist doch der historische Werdegang
der gewesen, daß man in der *Theorie der elliptischen Modulfunktionen*
genötigt war, zuerst solche Figuren zu studieren. Rein begrifflich
kommt die Figur allerdings schon bei *v. Staudt* vor (insofern er zu
3 beliebigen Punkten eines Kegelschnitts immer erneut den vierten

harmonischen Punkt konstruiert), aber *v. Staudt* hat das nicht an-
schauungsmäßig ausgeprägt.

Ich gehe noch etwas genauer auf unsere Figur mit den 3 sich berührenden Kreisen ein, indem ich noch *einige Einzelheiten* hervorhebe, die
das Studium der Figur bei 4 sich berührenden Kreisen wesentlich erleichtern.

Ich legte die Figur symmetrisch an, indem ich die Radien der sich
berührenden Kreise gleich groß wählte, so daß ihre Berührungspunkte in
die Ecken eines dem Orthogonalkreise Q einbeschriebenen gleichseitigen
Dreiecks fallen. Wir
erhalten die zuge-
hörige Gesamtfigur,
wenn wir entweder
zuerst den inneren
Bereich durch In-
version vervielfäl-
tigen und die so sich
ergebende Teilfigur
am Orthogonal-
kreise Q spiegeln,
oder indem wir zu-
nächst den äußeren
Bereich vervielfälti-
gen und dann die so
entstehende Teil-
figur am Orthogo-
nalkreise spiegeln.

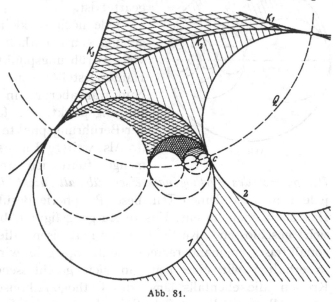

Abb. 81.

Wollen wir nunmehr darauf achten, wie sich die Berührungsstellen
der entstehenden Kreisbogendreiecke auf der Peripherie des Orthogonalkreises häufen. Von Hause aus haben wir 3, dann 6, weiter 12 usw.
Berührungsstellen, so daß wir sagen können: *Der Orthogonalkreis wird
in dem Maße, wie die Konstruktion weitergeführt wird, immer dichter mit
den Berührungsstellen zweier Kreise besetzt.*

Da ist nun die nächste Frage: Was läßt sich von der Menge der
Berührungsstellen aussagen? *Es ist leicht zu sehen, daß in der Menge
der Berührungsstellen jede Berührungsstelle Häufungspunkt der übrigen,
d. h. daß die Menge auf dem Orthogonalkreis in sich dicht ist.*

Wir betrachten, um diesen Satz zu beweisen, irgend zwei sich berührende Kreise „1", „2", die man im Verlaufe des Prozesses erhalten
hat; ihr auf dem Orthogonalkreis Q liegender Berührungspunkt möge
c heißen. Wir denken uns nun diese Figur (Abb. 81) in der uns gewohnten Weise einer unbegrenzten Folge von Spiegelungen unterworfen.
Zunächst spiegeln wir sie an den beiden Kreisen „1", „2", dann die so
vervollständigte Figur an den neuen Begrenzungskreisen usw. Dadurch

wird der Punkt c, welcher vor der ersten Spiegelung Berührungstelle von nur 2 Kreisen ist, Berührungspunkt unendlich vieler Kreise. Und jeder dieser unendlich vielen, mit dem Fortschreiten des Spiegelungsprozesses beliebig klein werdenden Kreise führt in seinem zweiten Schnittpunkt, den er mit dem Orthogonalkreis gemein hat, eine neue Berührungsstelle mit sich. Die Abb. 81 zeigt, wie diese neu hinzukommenden Berührungsstellen nebeneinanderliegenden Kreisbogendreiecken angehören.

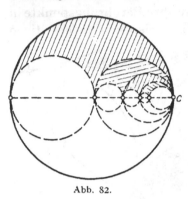

Abb. 82.

Abb. 82 zeigt den besonderen Fall, in dem der Orthogonalkreis in eine Gerade ausgeartet ist.

Jede noch so kleine kreisförmige Umgebung von c enthält demnach unendlich viele Berührungspunkte; c ist daher eine Häufungsstelle von Berührungspunkten. Nun war aber c ein ganz beliebiger Berührungspunkt. Es folgt, daß die Menge der Berührungspunkte in sich dicht ist.

Als weitere Eigenschaft dieser Punktmenge führe ich an, daß sie *auf der Peripherie des Orthogonalkreises überall dicht liegt*, d. h. daß auf jedem noch so kleinen Teil dieser Peripherie Berührungspunkte liegen. Das sieht man so ein: Unsere Ausgangsfigur (Abb. 80) bildet eine in sich geschlossene Kette von drei Kreisen, die längs des Orthogonalkreises aneinandergereiht sind. Spiegeln wir an diesen Kreisen, so erhalten wir eine neue in sich geschlossene Kette von sechs Kreisen, die ebenfalls längs des Orthogonalkreises aneinandergereiht sind. Allgemein liefert jede Spiegelung an der Gesamtheit der Kreise einer solchen Kette eine neue Kette mit zahlreicheren und kleineren Kreisen. Nehmen wir nun auf der Peripherie des Orthogonalkreises ein Bogenstück, das zu einer Sehne von der Länge δ gehört, an. Wir treiben dann den Spiegelungsprozeß so weit, daß eine Kette von Kreisen entsteht, deren Durchmesser sämtlich kleiner als δ sind. Dann liegt auf dem Bogenstück, wie klein auch δ sei, bestimmt ein Berührungspunkt, und man erkennt leicht, daß bei unbegrenzter Fortsetzung des Spiegelungsprozesses unendlich viele Berührungspunkte auf das Bogenstück zu liegen kommen. Hieraus folgt zugleich, daß zu den Berührungsstellen selbst noch sämtliche Punkte der Orthogonalkreislinie, die nicht Berührungspunkte sind — daß es solche Punkte gibt, wird gleich deutlicher werden — als Häufungsstellen von Berührungspunkten hinzukommen.

Die Beziehung zwischen den auf dem Orthogonalkreis Q überall dicht liegenden Berührungsstellen und den übrigen Punkten von Q ist ganz ähnlich der Beziehung zwischen den rationalen und irrationalen Punkten auf der Abszissenachse. Auf dieser liegen die „rationalen"

Punkte auch überall dicht und sind abzählbar, während die „irrationalen"
Punkte als Häufungsstellen der rationalen erscheinen. Denken wir
daran, daß nach Dedekind die irrationale Zahl durch einen mit gewissen Eigenschaften ausgestatteten Schnitt in der Menge der rationalen
Zahlen definiert wird, so wird die in Rede stehende Analogie noch deutlicher: Auch jeder Punkt des Orthogonalkreises,
der nicht selbst eine Berührungsstelle ist, macht
einen Schnitt in der Menge der Berührungsstellen und kann geradezu durch diesen definiert
werden.

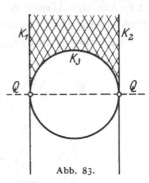

Abb. 83.

Ich habe diese Dinge bisher etwas unbestimmt
vorgetragen, da ich an keinerlei quantitative Beziehungen, sondern nur an die Figur als solche
angeknüpft habe. Aber es ist leicht, die Figur
in eine Gestalt umzusetzen, an der sich die
Sache arithmetisch verfolgen läßt.

Wir können nämlich, da es sich um Verhältnisse handelt, die bei
beliebiger Inversion der Gesamtfigur nicht geändert werden, ohne Einschränkung der Allgemeinheit dem Ausgangsbereiche eine einfache Form
geben. Man spiegele das Ausgangsdreieck an einem Kreise, der seinen
Mittelpunkt in einer Dreiecksecke hat. Dadurch erhält man ein Dreieck,
welches von zwei parallelen geraden Linien und einem diese Geraden
berührenden Halbkreise begrenzt ist (Abb. 83). Der Orthogonalkreis
wird zu einer Geraden QQ gestreckt, die durch die beiden im Endlichen

gelegenen Berührungs-
punkte geht. An diese
Figur knüpft die ge-
wöhnliche Darstellung
der in Rede stehenden
Verhältnisse an, wie man
sie in der Funktionen-
theorie gibt (wobei man
die Figur noch bequem
gegen das Koordinaten-
system legt).

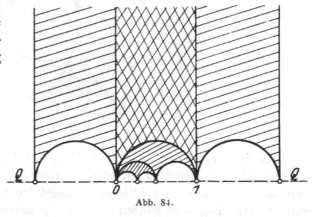

Abb. 84.

Man wählt die Ge-
rade QQ als x-Achse und
den Anfangspunkt und Maßstab so, daß die beiden im Endlichen liegenden
Ecken in die Punkte $x = 0$, $x = 1$ fallen. Dann ist die Gesamtfigur
leicht zu konstruieren, indem man nach rechts und links die erste Figur
unbegrenzt wiederholt und die so erhaltene Folge von unendlich vielen
Dreiecken in jeden der dabei auftretenden Halbkreise hineinspiegelt
(Abb. 84). Auf diese Weise kommen alle Berührungspunkte auf die
x-Achse zu liegen, und es ist leicht, das, was an unserer ersten Figur

nur in Anlehnung an das unmittelbare geometrische Gefühl erläutert
wurde, jetzt auf arithmetischer Basis genau zu berechnen. Die dann
auftretenden Formeln zeigen, daß die Berührungspunkte lauter rationale
Abszissen x bekommen und daß auch jeder Punkt mit einem rationalen
x ein Berührungspunkt wird. *Es besteht demnach nicht nur eine Analogie
zwischen der Menge der Berührungspunkte und der Menge der rationalen
Punkte auf der Abszissenachse, sondern es ist Identität vorhanden. Insbesondere ergibt sich also, daß die Menge der Berührungspunkte abzählbar ist.*

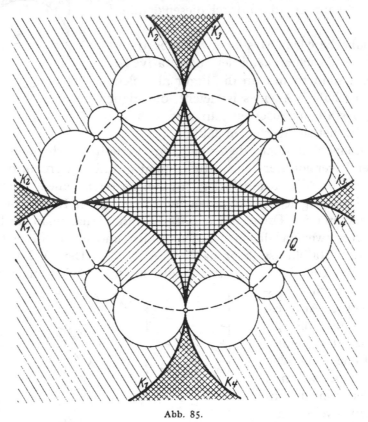

Abb. 85.

Dies als Ergänzung zu dem Fall von 3 Kreisen!

Ich gehe nunmehr zu unserem eigentlichen Gegenstande über, bei
dem wir mit 4 sich in zyklischer Reihenfolge berührenden Kreisen beginnen. Hier liegen im ganzen ähnliche Verhältnisse wie bei dem vorigen
Fall vor.

Die 4 Kreise mögen zunächst noch einen gemeinsamen Orthogonalkreis besitzen (Abb 85). Dann können wir als Ausgangsbereich zunächst das Äußere oder das Innere der beiden entstehenden Kreisbogenvierecke benutzen[1]). Indem wir das Innere nehmen und die

---

[1]) Als äußeres Kreisbogenviereck bezeichnen wir den Bereich, der den unendlich fernen Punkt enthält.

Inversionen ausführen, erhalten wir zunächst gemäß unserem Fortgangsprinzip durch Konstruktion der anliegenden Vierecke ein aus 5 Vierecken bestehendes Zwölfeck, dann ein Sechsunddreißigeck usw. Die Anzahl der Berührungspunkte auf dem Orthogonalkreise wird bei diesem allseitig symmetrischen Verfahren der Reihe nach 4, 12, 36, 108, ... sein. Wir fragen sogleich, wie die Berührungspunkte über die Peripherie des Orthogonalkreises verteilt sind. Da können wir folgendes anführen:

1. *Die Menge der Berührungspunkte ist abzählbar.*

2. *Die Menge der Berührungspunkte liegt auf dem Orthogonalkreise überall dicht.*

Wir wollen nunmehr unsere Figur dadurch spezialisieren, *daß wir durch eine geeignete Hilfsinversion einen Berührungspunkt ins Unendliche*

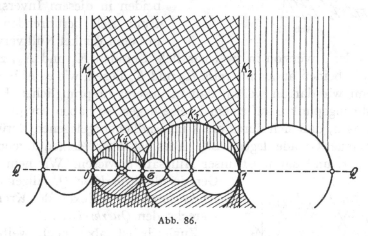

Abb. 86.

werfen. Es ergibt sich Abb. 86, und diese Figur ist bei der arithmetischen Behandlung zweckmäßigerweise zugrunde zu legen.

Der Orthogonalkreis artet in eine Gerade aus, die wir zur x-Achse wählen, zwei von den Kreisen werden wieder parallele Gerade, während die beiden anderen zwischen diesen senkrecht auf der x-Achse aufstehen. Durch fortgesetzte Spiegelungen nach rechts und links an den Geraden und an den Kreisen entsteht dann die Gesamtfigur. Indem wir wieder zwei der Berührungspunkte nach 0 und 1 legen und die Abszisse des dritten im Endlichen gelegenen mit σ bezeichnen ($0 < \sigma < 1$), erhalten wir auf der x-Achse eine Menge von Berührungspunkten, die sich nicht mehr schlechtweg mit der Menge der rationalen Punkte deckt, aber Abszissenwerte besitzt, welche *rational von der Größe σ* abhängen. Es ist interessant, zu untersuchen, wie diese rationalen Funktionen der Größe σ beschaffen sind.

Dies war der spezielle Fall, in dem für die 4 Ausgangskreise ein Orthogonalkreis existiert. *Wir gehen nun zu dem natürlich viel komplizierteren allgemeinen Fall über.* Auch da werden wir vermöge unserer

bisherigen Sätze eine gewisse Übersicht gewinnen können. Es seien
4 Kreise gegeben, die sich in zyklischer Reihenfolge berühren. Dann
gilt bemerkenswerterweise immer noch der Satz, daß die 4 Berührungs-

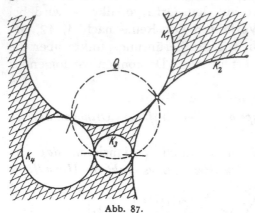

punkte auf *einem Kreise liegen*,
der aber im allgemeinen nicht
Orthogonalkreis ist (Abb. 87).

Um diesen Hilfssatz zu beweisen, wenden wir den schon
benutzten Kunstgriff an, durch
Inversion an einem Kreise, der
um einen der Berührungspunkte
als Mittelpunkt beschrieben ist,
die Figur zu vereinfachen. Die
beiden in diesem Inversionszen-
trum sich berührenden Kreise
mit dem Winkel Null verwandeln

Abb. 87.

sich bei der Inversion in zwei parallele Geraden K_1 und K_2, zwischen
denen die beiden anderen Kreise K_3 und K_4 liegen, wie es Abb. 88 zeigt.

Wenn wir dartun wollen, daß in unserer ursprünglichen Figur die
4 Berührungspunkte auf einem Kreise liegen, so haben wir für Abb. 88
zu beweisen, daß sich durch die 3 im Endlichen gelegenen Berührungspunkte eine Gerade legen läßt. Dies ist aber elementargeometrisch
sofort klar, und damit ist unser Hilfssatz bewiesen. Wir nennen diese

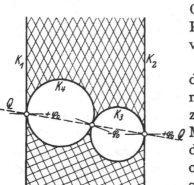

Gerade die *Querlinie Q*, allgemein den
Kreis durch die 4 Ecken des Kreisbogenvierecks den *Querkreis Q*.

Zugleich ist aber noch weiter klar,
daß, wenn wir in Abb. 88 in den Berührungspunkten die Normalen der Kreise
ziehen (die sich beziehungsweise in den
Mittelpunkten von K_3 und K_4 schneiden),
dann unsere Querlinie diese Normalen
oder *Zentralen*, wie ich lieber deutlicher
sagen will, unter dem Betrage nach gleichen und von Null verschiedenen Winkeln

Abb. 88.

$\pm \varphi_0$ schneidet; die Bedeutung der Vor-
zeichen ergibt sich aus der Abb. 88. Wäre $\varphi_0 = 0$, so kämen wir auf
unseren früheren Fall zurück. Übrigens ist φ_0, wie man leicht nachweist,
immer kleiner als $\frac{\pi}{4}$. Übertragen wir diesen Sachverhalt auf unsere
ursprüngliche Figur, so haben wir zu sagen: Die vier Berührungspunkte
liegen auf dem Querkreise Q, welcher mit den zu den Berührungspunkten
gehörigen Zentralen Winkel $\pm \varphi_0$ bildet, wo φ_0 von Null verschieden
ist, da Q kein Orthogonalkreis mehr ist, aber kleiner als $\frac{\pi}{4}$ bleibt. Dieser

Satz kann dazu dienen, der Ausgangsfigur eine für die weitere Betrachtung zweckmäßige Form zu geben. Es ist eine bekannte Tatsache, daß eine verwickelte Figur durch symmetrische Anlage an Faßlichkeit sehr gewinnt. So mag denn im folgenden die Ausgangsfigur in der Weise gezeichnet werden, daß wir mit dem Querkreis Q beginnen und die vier Berührungspunkte in den Ecken eines dem Querkreise einbeschriebenen Rechtecks wählen (Abb. 89).

Zeichnen wir unter geeigneter Annahme eines von 0 verschiedenen Winkels $\pm \varphi_0 \left(\varphi_0 < \frac{\pi}{4}\right)$ die Richtungen der Zentralen ein, so ist es leicht, jetzt nachträglich die 4 „Ausgangskreise" zu konstruieren. Wir bekommen

dabei 2 Kreisbogenvierecke, ein inneres und ein äußeres, die in bezug auf den Querkreis Q nicht invers sind, zwischen denen aber doch noch dieselbe Lagenbeziehung wie bei inversen Figuren besteht. Nunmehr spiegeln wir zunächst Q an K_1 und erhalten einen neuen Kreis Q'. Die Konstruktion von Q' wird uns dadurch erleichtert, daß die Schnittpunkte von

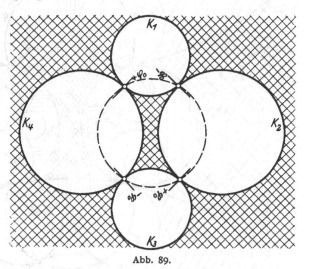

Abb. 89.

K_1 mit Q und die Winkel $+\varphi_0$ und $-\varphi_0$ der Größe nach erhalten bleiben. Wohl aber ändert sich das Vorzeichen der Winkel. Die Folge ist, daß der uns allein interessierende Bogen q' von Q', der in das Innere von K_1 fällt, dem inneren Kreisbogenviereck seine konkave Seite zuwendet. Ebenso leicht ist die Spiegelung von Q an K_2, K_3 und K_4 durchzuführen. Es entstehen die Kreise Q'', Q''', Q^{IV}; ihre in das Innere von K_2 bzw. K_3, K_4 fallenden Bogen mögen q'' bzw. q''', q^{IV} heißen. Das Kreisbogenstück q''' kehrt ebenso wie q' dem inneren Kreisbogenviereck die konkave Seite zu, während q'' und q^{IV} ihm die konvexe Seite zukehren. Der Querkreis Q ist also nach den vier Inversionen durch die vier Kreisbogen q', q'', q''', q^{IV} ersetzt. Diese vier Kreisbogen bilden mit den Zentralen der auf ihnen liegenden Berührungspunkte Winkel $\pm \varphi_0$ und reihen sich, wie man leicht erkennt, in den Berührungspunkten ohne Knick aneinander (Abb. 90).

Nachdem diese neue Querkurve gezeichnet ist, spiegeln wir die Kreise K_2, K_3, K_4 an K_1. Die neuen Berührungspunkte kommen einmal auf das Kreisbogenstück q', zum anderen auf die Geraden durch den Mittelpunkt von K_1 und die alten Berührungspunkte zu liegen. Haben wir sodann die Zentralen der neuen Berührungspunkte in richtiger Stellung eingezeichnet, so sind die Bilder K_2', K_3', K_4' von K_2, K_3, K_4 schnell gefunden. K_2', K_3', K_4' umgrenzen zusammen mit K_1 je ein erstes Seitenbild unserer beiden Ausgangsvierecke. Ganz entsprechend ist die Inversion von K_1, K_3, K_4 an K_2, von K_1, K_2, K_4 an K_3 und von K_1, K_2, K_3 an K_4 durchzuführen. Indem die einfachsten Elemente für die leichte Auffassung der so entstehenden Figur der Querkreis Q

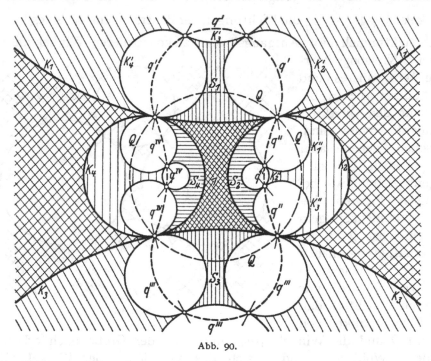

Abb. 90.

und die Kreisbogen q', q'', q''', q^{IV} sind, will ich die Figur nochmals mit folgenden Worten schildern:

Ursprünglich hatten wir einen Kreis mit 4 Berührungspunkten und ihren Zentralen. Aus diesem Kreise Q ist ein aus 4 Kreisbogenstücken bestehender Kurvenzug geworden, der jetzt im ganzen 12 Berührungspunkte mit 12 Zentralen trägt. Auf den 12 so entstehenden Segmenten des Kurvenzuges erheben sich 12 Kreise K^I, K^{II}, ..., K^{IV}, ... Diese zerlegen die Ebene in ein Inneres und ein Äußeres.

Es ist klar, wie die Konstruktion weiterzuführen ist. Wir greifen einen der neuen Kreise, z. B. K_2', heraus. Die beiden Kreisbogenvierecke, an deren Begrenzung K_2' teilnimmt, spiegeln wir in K_2' hinein. Dadurch erhalten wir in K_2' drei neue Kreise. Die Berührungspunkte dieser Kreise liegen auf demjenigen Kreisbogen (q'), der aus q' im Inneren von K_2' durch Inversion an K_2' entsteht. An der Begrenzung der eben benutzten Vierecke nehmen von den neuen Kreisen außer K_2' noch K_3'

und K'_4 teil. Spiegeln wir die Vierecke nun in die beiden letzten Kreise hinein, so ergeben sich auch in jedem von diesen drei neue Kreise und je ein Kreisbogen, auf dem die Berührungspunkte liegen. Der Bogen q' von Q' ist also nach den drei Spiegelungen ersetzt durch eine aus drei Kreisbogen zusammengesetzte Linie. Die drei Kreisbögen reihen sich wiederum ohne Knick aneinander und bilden mit den in Betracht kommenden Zentralen abwechselnd die Winkel $\pm \varphi_0$. Sehen wir uns nun die beiden Kreisbogenvierecke an, die in K'_2 entstanden sind. Spiegeln wir beide samt dem Kreisbogen (q') der Berührungspunkte an den in K'_2 liegenden drei Kreisen, so entstehen in jedem von diesen

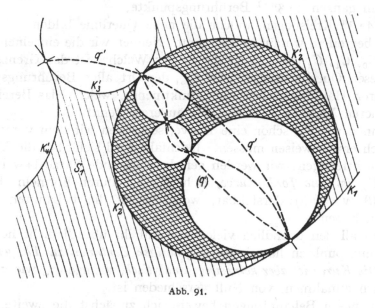

Abb. 91.

wiederum drei Kreise, zwei Vierecke und ein Kreisbogen für die Berührungspunkte. Im ganzen wird der Kreisbogen der vorherigen Berührungspunkte wiederum durch eine Kette von drei neuen ersetzt, die — mit den Zentralen der sich berührenden Kreise abwechselnd die Winkel $\pm \varphi_0$ bildend — ohne Knick aneinanderstoßen. In Abb. 91 ist diese Kette gezeichnet.

Die Ersetzung eines Querkreisbogens durch drei neue erinnert uns daran, wie wir bei Besprechung der Peanokurve die Parameterkurven $\varphi_{n+1}(t)$ bzw. $\psi_{n+1}(t)$ aus $\varphi_n(t)$ bzw. $\psi_n(t)$ aufbauten (Abb. 92). Gehen wir jetzt zu der Gesamtfigur zurück, die wir erhielten, als wir die beiden Ausgangsvierecke an K_1, K_2, K_3 und K_4 spiegelten. Wir hatten $4 \cdot 3 = 12$ neue Kreise bekommen, die 4 alten und 8 neuen Berührungspunkte lagen sämtlich auf einer geschlossenen, aus den Kreisbogen q', q'', q''', q^{IV} gebildeten Querkurve. Führen wir für jedes Tripel der neuen Kreise die

Abb. 92.

obengenannten Spiegelungen aus, so ergeben sich $4 \cdot 3^2$ neue, zu einer geschlossenen Kette angeordnete Begrenzungskreise, und zu den 12 bereits vorhandenen Berührungspunkten treten doppelt soviel neue hinzu. Die 36 Berührungspunkte, die wir nunmehr haben, liegen auf einer geschlossenen Kurve, die aus $4 \cdot 3$ ohne Knick aneinandergereihten und mit den Zentralen der Berührungspunkte abwechselnd die Winkel $\pm \varphi_0$ bildenden Kreisbogen zusammengesetzt ist. Führen wir den Spiegelungsprozeß n-mal hintereinander aus, so ergeben sich demnach:

1. beim Schritt von der n-ten zur $(n + 1)$-ten Spiegelung $4 \cdot 3^{n+1}$ neue Begrenzungskreise, durch welche die neue Querlinie sich hindurchzieht;

2. im ganzen $4 \cdot 3^{n+1}$ Berührungspunkte;

3. $4 \cdot 3^n$ Kreisbogen, welche die neue Querlinie bilden.

Sie begreifen, worauf es ankommt. Nennen wir die einzelnen Querlinien C_0, C_1, C_2 usw., so ist die Frage: Welches ist das Grenzgebilde C_∞ dieser Querlinienfolge? Ist C_∞, der Ort aller Berührungspunkte und ihrer Häufungsstellen, die Punktmenge, welche das Bereichnetz der inneren Vielecke von dem der äußeren trennt?

Nennen wir C_∞ schon eine Kurve, so greifen wir dem voraus, was wir noch erst beweisen müssen. Jedenfalls wird sich aber die Bezeichnung rechtfertigen; wir werden geradezu folgende Sätze beweisen:

1. *C_∞ ist eine Jordankurve*, d. h. C_∞ ist durch Formeln der Art $x = \varphi(t)$, $y = \psi(t)$ darstellbar, wobei φ, ψ die bekannten Eigenschaften haben.

2. In all den unendlich vielen und auf ihr überall dicht liegenden Berührungspunkten hat sie *die zugehörigen Zentralen zu Tangenten.*

3. *Die Kurve ist aber keineswegs analytisch*, solange φ_0, wie wir ausdrücklich annahmen, von Null verschieden ist.

Von diesen Behauptungen beweise ich zunächst die zweite.

Ich beweise den Satz, indem ich an Betrachtungen anknüpfe, die wir bereits früher anstellten, die ich hier aber in Anlehnung an unsere speziellen Verhältnisse etwas breiter wiederhole.

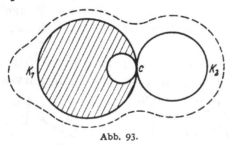

Abb. 93.

Wir wählen zwei Kreise aus, die sich in dem Berührungspunkte c, den wir betrachten wollen, berühren und die Ebene in ein Äußeres und Inneres zerlegen (Abb. 93).

Wir stellen uns die gesamte Punktmenge C_∞ nun in der Weise her, daß wir uns zuerst alles das zeichnen oder gezeichnet denken, was davon in das Äußere unserer beiden Berührungskreise fällt (es ist dies eine Punktmenge, von der wir noch nicht wissen, ob sie eine Kurve in dem von uns definierten Sinne ist; die zunächst vorzutragende Entwicklung ist von dieser Frage unabhängig), und daß wir von der so entstehenden

Figur durch fortgesetzte Inversion im Inneren der Kreise K_1 und K_2 Vervielfältigungen herstellen; dabei tritt der Berührungspunkt c als Grenzpunkt auf. Die Frage ist: Können wir von einer Tangente der Menge im Punkt c reden?

Dies werden wir dann tun, wenn sich eine Sekante qc, wo q ein beliebiger Punkt der Menge ist, beim unbeschränkten Heranrücken von q an c einer bestimmten Grenzlage nähert, unabhängig davon, wie wir die Annäherung von q an c wählen mögen.

Wir sagen jetzt so: Mag der Punkt q gewählt sein, wie er will, jedenfalls existiert im Außenbereich auf der Punktmenge C_∞ irgendwo ein Punkt p, der durch die Inversion S_1 an K_1 oder die Inversion S_2 an K_2 oder durch eine Kette dieser beiden Inversionen in q übergeht, also als zu q äquivalent zu bezeichnen ist. Demnach entspricht jeder Sekante $\overline{qc}$ eine Sekante $\overline{pc}$. Daraus folgt, daß man alle Sekanten $\overline{qc}$ bekommt, wenn man alle Sekanten $\overline{pc}$ zieht und die Punkte p fortgesetzt den Substitutionen S_1 und S_2 unterwirft. Statt nach der Grenzlage zu fragen für die Sekante $\overline{qc}$, wenn q — immer der Menge C_∞ angehörend — sich unbegrenzt dem c nähert, wollen wir zunächst nach der Grenzlage fragen für irgendeine Sekante $\overline{pc}$, wenn auf p unbeschränkt die Operationen S_1 und S_2 angewendet werden.

Damit aber kommen wir zu unseren Entwicklungen auf S. 138 zurück. Dort haben wir gesehen, daß die eben genannte Limesvorschrift für die Sekante $\overline{pc}$ als Grenzgebilde die Zentrale liefert. Das gilt für jede Sekante $\overline{pc}$; *alle* Sekanten $\overline{pc}$ haben die Zentrale als Grenzgebilde. Man kann nun zeigen, daß dann auch für jede gegen c gehende Punktfolge q_n von C_∞ die Sekante $\overline{q_n c}$ in die Zentrale übergeht[1]). Mithin hat die Zentrale als Tangente der Punktmenge C_∞ zu gelten.

Das Resultat ist reizvoll, wenn wir an die Kurvenfolge C_1, C_2 ... denken. Diese bilden nämlich im Punkte c mit der Zentralen alternierend

---

[1]) [Zu jedem Punkte der Folge q_n gehört ein Orthogonalkreis von K_1 und K_2, auf dem er selbst und alle zu ihm äquivalenten Punkte liegen. Nun gibt es aber unter der Menge aller derjenigen durch c gehenden Orthogonalkreise von K_1 und K_2, auf denen Punkte von C_∞ liegen, zwei äußerste H_1 und H_2. Der erste von diesen geht durch den Berührungspunkt von K_1 und K_4, der zweite durch den von K_2 und K_3. Betrachtet man nämlich (vgl. Abb. 87) das von K_1, K_2, K_3, K_4 eingegrenzte Viereck, so kann man sämtliche in diesen Kreisen liegende Berührungspunkte von C_∞ erhalten, indem man die Ecken des Vierecks unbegrenzt den Operationen S_1, S_2, S_3, S_4 unterwirft. Dabei können aber in K_1 bzw. K_2 Bildpunkte einer Ecke nur auf H_1 und H_2 oder zwischen diesen entstehen. Das gleiche gilt dann auch für die Häufungsstellen der Berührungspunkte. Die Kurve C_∞ muß sich also bei ihrem Verlauf in K_1 und K_2 zwischen H_1 und H_2 hindurchzwängen. Man kann demnach die beliebige Sekantenfolge $\overline{q_n c}$ ($q_n \to c$) zwischen zwei Sekantenfolgen $\overline{p_n c}$ und $\overline{p'_n c}$ einklemmen, wobei die p_n bzw. die p'_n untereinander äquivalente Punkte sind, die auf H_1 bzw. H_2 liegen.]

die Winkel $\pm\varphi_0$. Die Grenzkurve C_∞ aber berührt, wie wir jetzt wissen, die Zentrale selbst.

Um ein solches Verhalten der Kurven plausibler zu machen, bilde ich folgendes Beispiel, in dem Analoges der Fall ist. Wir legen, wie Abb. 94 andeutet, durch c eine Folge von Sinuslinien mit den

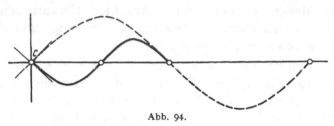

Amplituden $\frac{1}{2^n}$, den Wellenlängen $\frac{\lambda}{2^n}$ und den Phasen $n\pi$ in c $(n = 0, 1, 2, \ldots)$.

Die Tangenten in c an diese Sinus-linien, mit denen die

Abb. 94.

Kurven $C_1, C_2 \ldots$ den wellenartigen Typus gemein haben, bilden mit der Abszissenachse abwechselnd Winkel $\pm\varphi_0$. Die Frage ist: Welche Tangente hat die Grenzkurve? Die Frage verlangt offenbar, genau auf die Reihenfolge der Grenzübergänge zu achten. Nicht die Tangenten der einzelnen Hilfskurven $C_1, C_2, \ldots$ gehen einem Limes entgegen (sie springen ja stets), sondern die Kurven selbst haben ihrerseits eine Grenzkurve, und zwar die x-Achse, welche im Punkte c eine bestimmte Tangente hat, natürlich die x-Achse selbst.

Wir wissen jetzt von unserer Menge C_∞ der Berührungspunkte c und ihrer Häufungspunkte, daß sie in allen Punkten c eine bestimmte Tangente hat. *Damit ist aber C_∞ noch keineswegs eine analytische Kurve.* Dies überlegen wir uns so:

Es seien wieder zwei sich in c berührende Kreise aus der Reihe der in unserer Figur auftretenden Kreise gegeben. In dem einen konstruieren

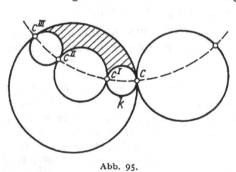

Abb. 95.

wir zwei Vierecke (Abb. 95). Die dann auftretenden vier Berührungspunkte nennen wir in der in der Abbildung angegebenen Weise c, c^I, c^{II}, c^{III}. Sie liegen auf einem Querkreise, wie wir wissen, der mit der Zentralen in c den Winkel φ_0 bildet. Das Vorzeichen des Winkels möge positiv sein.

Sehe ich von dem Punkte c^{III} ab, so haben wir einen durch die drei Punkte c, c^I, c^{II} gehenden Kreis, der gegen die Zentrale in c unter einem Winkel $+\varphi_0$ geneigt ist. Nunmehr spiegeln wir die beiden Vierecke und ihren Querkreisbogen in den in unserer Abbildung mit k bezeichneten Kreis hinein. Hierauf spiegeln wir die in k entstandenen Vierecke samt ihrem Querkreis in denjenigen der drei neuen in k liegenden Begrenzungskreise, der durch c geht. Diesen Spiegelungsprozeß denken wir uns unbegrenzt fortgesetzt. Dabei rücken die Punkte c^I, c^{II} unbeschränkt auf c zu. Wir erhalten eine Folge von Punkten c^I, c^{II}, die mit c sämtlich der Punktmenge C_∞ angehören. Jedes Punktetripel c, c^I, c^{II} liegt auf einem Kreis, der mit der festbleibenden Zentralen von c einen Winkel von dem konstanten Betrage φ_0 bildet. Dieser Winkel ist aber abwechselnd positiv und negativ. Damit haben wir für die Punktmenge C_∞ die folgende Eigenschaft, die bei einer analytischen Kurve, wie ich gleich zeige, nicht eintreten kann:

Man kann in beliebiger Nähe einer gegebenen Stelle c noch auf unendlich viele Weisen zwei andere Stellen c^I, c^{II} so finden, daß der Kreis, der durch c, c^I, c^{II} geht, mit der Tangente in c den Winkel $\pm\varphi_0$ bildet.

Dies kann bei einer analytischen Kurve in der Tat nicht vorkommen. Denn wenn man bei einer analytischen Kurve drei Punkte c, c^I, c^{II} durch einen Kreis verbindet und c^I, c^{II} auf c unbegrenzt zu rücken läßt, dann kommt ein bestimmtes Grenzgebilde zustande, nämlich der Krümmungskreis, der als solcher die Tangente in c berührt. Es ist für eine analytische Kurve ganz ausgeschlossen, daß unser Kreis hin und her springend einen endlichen Winkel $\pm\varphi_0$ mit der Tangente einschließt. *Die Kurve C_∞ besitzt, wenn sie überhaupt eine Kurve ist, in keinem Punkte c einen Krümmungskreis.*

Zu beweisen bleibt noch, daß unsere Punktmenge C_∞ eine Jordan-Kurve ist.

Nach den Ausführungen auf S. 123 nennen wir die Punktmenge C_∞ eine geschlossene Jordan-Kurve, wenn sie eineindeutig und beiderseits stetig auf die Punkte der Kreisperipherie abgebildet werden kann.

Dies kann nun bei unserer Menge C_∞ einfach in der Weise geschehen, daß wir die Abb. 85 mit der Abb. 90 vergleichen.

Man ordne nämlich einfach die vier Ecken des Ausgangsvierecks der einen Figur den vier Ecken des Ausgangsvierecks der anderen Figur in zyklischer Reihenfolge zu und daran anschließend die Ecken der Nebenvierecke hier den entsprechenden Ecken der gegen das Ausgangsviereck entsprechend gelegenen Nebenvierecke dort. Vermöge des so formulierten Gesetzes werden ersichtlich die Berührungspunkte der einen Figur eineindeutig und beiderseits stetig den Berührungspunkten der zweiten Figur zugewiesen. Diese Zuordnung läßt sich nun, da die Mengen der Berührungspunkte in der jeweiligen Gesamtfigur überall dicht liegen, zu einer ebenfalls umkehrbar eindeutigen und stetigen der Gesamtfiguren dadurch erweitern, daß man jeden Punkt α des Orthogonalkreises (Abb. 85), der nicht Berührungspunkt ist, als Grenzpunkt einer Folge von Berührungspunkten α_n auffaßt und ihm den Grenzpunkt der aus den Bildpunkten von α_n gebildeten Folge zuordnet. Die Punktmenge C_∞ der Abb. 90 ist also eineindeutig und stetig den Punkten eines Kreises zugewiesen, womit der hier zu führende Beweis erbracht ist. *Die Punktmenge C_∞ ist hiernach in der Tat eine Jordan-Kurve[1]).*

Ich habe mit der nunmehr beendigten Betrachtung unserer automorphen Figur gewissermaßen den Höhepunkt des präzisionsgeometrischen Teiles dieser Vorlesung erreicht, und es scheint daher angebracht, von hier aus einen Umblick über die erzielten Resultate zu halten.

Ich habe, indem ich an die Theorie der automorphen Funktionen anknüpfte, durch einen rein geometrischen Prozeß unter Ausschaltung irgendwelcher arithmetischer Operationen zunächst eine bestimmte, *nirgends* dichte, aber perfekte Punktmenge konstruiert und dann in Anlehnung hieran durch Spezialisierung der Ausgangsfigur[2]) eine *nichtanalytische* Kurve hergestellt. Es zeigt sich also, daß diese modernen Ideen auch auf rein geometrischem Wege hervorkommen und keine bloße Fiktion der Analysten sind. Ich gebe meiner allgemeinen Überzeugung in folgendem Satze Ausdruck:

Die modernen Fragen der Mengenlehre treten überall zutage, wo man präzisionsmathematische Fragestellungen hinreichend weit verfolgt. Man kann nicht umhin, auf sie einzugehen.

So ergibt sich denn für die Geometrie (aber auch für alle anderen mathematischen Disziplinen, die mit der Raumanschauung zu tun haben) das folgende zweiteilige Programm, das indessen meist nur einseitig befolgt oder doch in seiner Gliederung nicht klar erkannt wird:

1. *die Approximationsmathematik als solche ins Auge zu fassen und zu pflegen,*

2. *auf der anderen Seite aber vor keiner Idealisierung (im Sinne der Präzisionsmathematik) zurückzuschrecken.*

Ich möchte sagen: man soll „das eine tun und das andere nicht lassen".

Ich erläutere, wie *diese Auffassung in der theoretischen Mechanik* zur Geltung kommt, derjenigen Wissenschaft, welche die Raumanschauung nächst der Geometrie am meisten verwertet.

---

[1]) [Diese Art nichtanalytischer Kurven wurde zuerst von *H. Poincaré* untersucht (Acta Mathematica Bd. 3 (1883), S. 77—80 = Oeuvres, Bd. 2, S. 285—287). *Poincaré* selbst war von *Klein* brieflich auf die Existenz dieser Kurven aufmerksam gemacht worden. Der betreffende Brief *Kleins* an *Poincaré* ist auf S. 590—593 des dritten Bandes von *Kleins* gesammelten mathematischen Abhandlungen abgedruckt worden. Man vgl. hierzu auch die in demselben Bande auf S. 582 stehenden Bemerkungen *Kleins* zur Vorgeschichte der automorphen Funktionen.

In dem oben erörterten besonderen Fall des nullwinkligen Kreisbogenvierecks ohne Orthogonalkreis wurde das durch Spiegelung entstehende nichtanalytische Grenzgebilde von *R. Fricke* näher untersucht (Math. Ann. Bd. 44 (1894), S. 565 bis 599; man vgl. auch *Fricke* und *Klein*, Theorie der automorphen Funktionen Bd. 1, S. 415—428.)]

[2]) Indem ich annahm, daß sich die vier Ausgangskreise in zyklischer Reihenfolge *berührten*.

Wir haben hier die Fragen:

Was ist in der theoretischen Mechanik Approximationsmathematik, was ist Präzisionsmathematik, wieweit werden die zweierlei Betrachtungsweisen in der Mechanik konsequent verfolgt, wieweit unklar vermischt?

Es ergibt sich die Zweiteilung:

a) Man hat eine *erste Art Darstellung der Mechanik*, die an die Beobachtung anknüpfend nicht über die Grenzen des empirisch Gegebenen hinausgeht. Sie operiert nicht mit Massenpunkten, sondern mit kleinen Körpern usw. Man hat dieser Tendenz, überall in den Naturwissenschaften nur das zu schildern, was unmittelbar zu beobachten ist und keine Theorien von dem zu bilden, was hinter der Erscheinung sein kann, den Namen „*Phänomenologie*" beigelegt. Indem ich mich dieses Ausdrucks bediene, ist klar, daß die *phänomenologische Mechanik* ein Anwendungsgebiet der Approximationsmathematik ist. Wie dies im einzelnen zu verstehen ist, geht aus unseren früheren Darlegungen hervor. (Man wird nicht von strengen Grenzbegriffen reden, bei der Darstellung der Erscheinungen sich auf die linearen Glieder beschränken, weil so eine hinreichend genaue Annäherung an die Erscheinung gewonnen wird usw.)

b) Daneben haben wir die *idealistische Mechanik*, wie ich sie nenne. Sie bildet sich mathematische Ideen, die über die Wahrnehmung hinausgehen, und sieht zu, wie man mit ihnen in vernünftiger Weise operieren kann. Man hat hier wirklich Massen*punkte*, strenge Gesetze, nach denen diese Punkte aufeinanderwirken, wirkliche Differentialquotienten usw. Diese idealisierte Mechanik gehört in das Gebiet der Präzisionsmathematik. Da darf man dann auch vor keiner Idealisierung zurückschrecken, man soll Punktmengen allgemeinster Art, nichtanalytische Kurven usw. in Betracht ziehen.

Statt die so getroffene Unterscheidung voranzustellen, ist in der Mechanik eine andere mathematische Behandlung üblich, die ein mixtum compositum von a) und b) ist. Sie ist darum üblich, weil man im 18. Jahrhundert die Unterscheidung von Approximations- und Präzisionsmathematik noch nicht klar ausgeprägt hatte und diese auch im 19. Jahrhundert sich erst allmählich durchgerungen hat. Man läßt darum alle Funktionen eo ipso als analytisch gelten und alle Grenzübergänge als vertauschbar („wie es im Paradiese war"; *Paul du Bois-Reymond*).

Nun bin ich stets der Meinung gewesen, daß eine Vorlesung für Anfänger immer in dieser gewissermaßen unlogischen Weise gehalten sein muß, betone aber auf der anderen Seite, daß, sobald ein reiferes Verständnis gewonnen ist, die zweite Behandlung, d. h. die bewußte Trennung von Präzisions- und Approximationsmathematik auch bei den Problemen der Mechanik nicht unterlassen werden darf. Wenn

ich im Zusammenhange mit diesen Bemerkungen noch mit einem
Worte auf die Behandlung der Mechanik in der „*Enzyklopädie der
mathematischen Wissenschaften*" hinweisen darf, so ist klar, daß hier
die moderne Auffassung (die ich für meine Person vertrete) nur beiläufig
zur Geltung kommen kann. Denn die Mitarbeiter sollen über die vorhandene Literatur, so wie sie vorliegt, berichten und sie nicht in das
Schema einer neuen und vielfach fremdartigen Auffassung einzwängen,
wie denn überhaupt Zweck der Enzyklopädie nur die *Sammlung des
Materials* ist, damit die weitergehende Forschung späterhin nicht mehr,
wie seither so oft, durch Unkenntnis des Vorhandenen beengt ist.

Nun muß ich aber in diesem Zusammenhange noch erwähnen, daß
es Mathematiker gibt, welche die *Idealisierung noch weiter, als wir sie
verstehen, treiben wollen.* Ich kehre hier zu der Präzisionsmathematik
zurück und erwähne ein Buch, das bei seinem Erscheinen ein großes
Aufsehen erregte:

Veronese, G.: Fondamenti di geometria. Padua 1891, deutsch von
A. Schepp. Leipzig 1894.

Ich kann in folgender Weise über den Grundgedanken von *Veronese*
Bericht erstatten[1]): Wir haben stets gesagt, daß für uns bei allen präzisionsgeometrischen Betrachtungen der moderne Zahlbegriff und die ein-
eindeutige Zuordnung zwischen den Punkten der Geraden und den
reellen Zahlen die Grundlage bildet. Ob man die so bezeichnete Grundlage annehmen will oder nicht, ist an sich keine mathematische Frage,
sondern eine Frage der Zweckmäßigkeit. Die Mathematik (im engeren
Sinne) beginnt erst, wenn wir dies Axiom (bzw. ein anderes) zulassen.
Veronese tut dies nicht.

Er denkt sich Symbole η_1, η_2, ..., die aktual unendliche kleine
Größen steigender Ordnung bedeuten und mit denen sich in bestimmter
Weise rechnen läßt. Er denkt sich ferner einen Ausdruck folgender Art
gebildet, wo α, α_1, ... gewöhnliche reelle Zahlen sind:

$$x = \alpha + \alpha_1 \eta_1 + \alpha_2 \eta_2 + \cdots,$$

und dieser erst definiert ihm einen Punkt auf der Abszissenachse. Ihm
sind also unsere „rationalen" und „irrationalen" Punkte auf der Abszissenachse zusammengenommen noch nicht genug, vielmehr schiebt
er noch durch aktual unendlich kleine Größen η_1, η_2, ... definierte
Punkte ein.

Die erste Frage, die sich hier erhebt, ist: Kann man mit solchen
Ausdrücken widerspruchsfrei operieren? Das ist in der Tat möglich,
so daß vom abstrakt mathematischen Standpunkt aus nichts gegen
Veronese einzuwenden ist. Man kann aber weiter fragen: Zugegeben,

---

[1]) Vgl. die Ausführungen über nichtarchimedische Zahlen in Bd. I, S. 234—236
und Bd. II, S. 220—224.

daß die Sache mathematisch zulässig ist, ist es darum auch *zweckmäßig*, sich damit zu beschäftigen?

Damit kommen wir auf die allgemeine Frage: *Welche Fragestellungen sind in der Mathematik überhaupt zweckmäßig?*

Theoretisch kann ich natürlich jede Frage aufwerfen, und niemand kann mir verbieten, mich mit ihr zu beschäftigen. Zweckmäßig sind aber nur diejenigen Fragen, die mit anderen Fragen, mit denen man sich ohnehin beschäftigen muß und sich der Natur der Dinge entsprechend auch immer beschäftigt hat, zusammenhängen. Wir dürfen darauf hinweisen, daß die Mathematik in dem durch diese Formulierung umgrenzten Gebiet genug der noch unerledigten Probleme vor sich hat, und fragen, ob denn ein großer Teil unserer doch sehr beschränkten Arbeitsenergie darüber hinaus auf neue, zunächst abstrus erscheinende Dinge gerichtet werden soll. Vielleicht kann ich auch so sagen: Sofern ein tiefes erkenntnistheoretisches Bedürfnis vorliegt, das befriedigt wird, wenn man eine neue Frage studiert[1]), ist die Beschäftigung mit ihr gerechtfertigt; tut man es aber nur, um etwas Neues zu machen, dann ist die Erweiterung nicht wünschenswert.

Ich möchte hier noch auf *G. Cantor* hinweisen, der einmal sagt:

„*Das Wesen der Wissenschaft liegt in ihrer Freiheit*", d. h. die Mathematik kann treiben, was sie will, wenn sie aus ihren Prämissen nur richtige Folgerungen zieht. Indem ich diesen Cantorschen Satz theoretisch anerkenne, füge ich eine praktische Einschränkung hinzu, die mir sehr wesentlich erscheint, nämlich daß *jeder, der über Freiheit verfügt, auch eine Verantwortung trägt*. Ich möchte daher nicht der absoluten Willkür bei der mathematischen Ideenbildung das Wort reden, sondern jedem anheimgeben, daß er dabei das Ganze der Wissenschaft im Auge halten soll.

Ich schließe hiermit diesen kleinen Exkurs und wende mich nunmehr dem Gebiete der Approximationsmathematik zu.

III. Übergang zur praktischen Geometrie:

a) Geodäsie.

Wir sprachen in der letzten Zeit durchaus von Präzisionsgeometrie. Nunmehr gehe ich im Gegensatze dazu zur eigentlichen *praktischen Geometrie* über, d. h. zu derjenigen Geometrie, die es mit der tatsächlichen Ausführung geometrischer Operationen zu tun hat.

Wir unterscheiden zwei Arten praktischer Tätigkeit: Messen und Zeichnen (einschl. Modellieren) und dementsprechend auch zwei Arten der praktischen Geometrie:

---

[1]) [Dies trifft, wie — um Mißverständnisse zu vermeiden — ausdrücklich betont werden möge, auf die nichtarchimedischen Zahlen zu (vgl. die Ausführungen in Bd. I und II).]

A. die Geodäsie (das Vermessungswesen),

B. die zeichnende Geometrie (darstellende Geometrie im weitesten Sinne des Wortes).

Unsere Hauptfrage lautet: Wieweit ist in diesen Gebieten die Unterscheidung von Approximations- und Präzisionsmathematik bereits durchgeführt?

Hierauf gebe ich folgende Antwort:

Die *Geodäsie* ist derjenige Teil der Geometrie, in welchem die Idee der Approximationsmathematik ihre klarste und konsequenteste Durchbildung gefunden hat. Man untersucht bei ihr unausgesetzt einerseits die Genauigkeit der Beobachtungen und andererseits die Genauigkeit der Resultate, die aus den Beobachtungen folgen.

Dagegen ist die *zeichnende Geometrie* nach der Seite einer rationellen Lehre im Sinne der Approximationsmathematik noch wenig entwickelt. Man pflegt im allgemeinen darauf hinzuweisen, daß selbstverständlich Ungenauigkeiten unterlaufen, die auf ein Minimum zu reduzieren unerläßliche Aufgabe ist. Die Vorschrift lautet dann aber so:

„Zeichne so genau wie möglich, aber traue dem Resultat so wenig wie möglich" (*Finsterwalder*).

Ich spreche nun *zunächst von der Geodäsie* und beginne mit der *niederen Geodäsie*, in der es sich um Messungen von ebenen Dreiecken und Polygonen handelt. Wir überlegen uns, wie in die theoretische Behandlung der Messungen die Ideen der Approximationsmathematik hineinspielen.

Alle Messungen, die hier in zwei Arten: Basis- und Winkelmessungen zerfallen, *sind mit einer gewissen Ungenauigkeit behaftet.* Diese hat ihren Grund in einer Reihe von Ursachen, auf die ich kurz hinweisen will.

Zunächst kommt die begrenzte Genauigkeit der Instrumente selbst in Betracht, insofern die benutzten Skalen nur bis zu einer gewissen Grenze, d. h. bestimmten Anzahl Dezimalen von Bruchteilen eines Millimeters bzw. einer Minute genau geteilt sind. Des weiteren sind aber die Skalen auch störenden Einflüssen (Temperaturänderungen, Durchbiegung infolge der Schwere, chemischen Umsetzungen der Metalllegierung usw.) ausgesetzt. Dazu kommen drittens die störenden subjektiven Einflüsse, die den Beobachter treffen, indem die sog. „persönliche Gleichung" hier eingreift. Schließlich sind auch die zu messenden Dinge nicht scharf gegeben, insofern die Visierlinien, d. h. die Bahnen der Lichtstrahlen, soweit atmosphärische Strahlenbrechung in Betracht kommt, keine geraden Linien sind.

Durch derartige lästige Umstände kommt es, daß die Messungen nicht genau sind. Wie groß der jeweilige Spielraum ist, innerhalb dessen die einzelne Messung unbestimmt ist, mag weiterhin erwogen werden. Fragen wir uns vorab, *wieweit aus Daten, die begrenzte Genauigkeit haben, andere Größen berechnet werden können, insbesondere welche Genauigkeit die zu berechnenden Größen haben werden.*

Hierüber kann man zunächst rein theoretische Untersuchungen anstellen. Als typisches Beispiel soll die *Snelliussche Vierecksaufgabe* [1]) behandelt werden.

Ich kann sie kurz so charakterisieren: Gegeben sind drei feste Punkte *A*, *B*, *C* (z. B. drei Seezeichen an der Küste); die Aufgabe ist, die Lage eines anderen Punktes *P* (Schiff auf dem Meere) durch Rückwärts-einschneiden zu bestimmen, d. h. dadurch, daß man von *P* nach *A*, *B*, *C* visiert und so die beiden Winkel $\varphi = \sphericalangle APB$ und $\psi = \sphericalangle BPC$ mißt (Abb. 96). Das theoretische Problem würde sein: *Wie genau ist P durch die beiden Messungen bestimmt, sofern man jeder einzelnen Winkelmessung die gleiche Ungenauigkeit zuschreibt?*

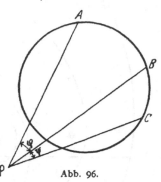

Abb. 96.

Da wird nun ein Umstand besonders maßgebend, der hervortritt, wenn *P* auf dem durch die drei Punkte *A*, *B*, *C* gehenden Kreise liegt. In diesem Falle hat jeder der beiden Winkel φ und ψ für alle Lagen von *P* auf dem Kreise einen konstanten Wert.

Man kann also in diesem Falle den Punkt *P* durch Angabe der beiden Winkel φ und ψ überhaupt nicht festlegen, vielmehr kann er auf dem betreffenden Kreise eine ganz beliebige Lage einnehmen. Wir drücken dies so aus: *Es gibt beim Snelliusschen Problem einen gefährlichen Kreis, nämlich den Kreis, der durch A, B, C geht.*

Wenn Sie überlegen, daß ein solcher Unbestimmtheitskreis existiert, dann verstehen Sie, wie eine kleine Ungenauigkeit in der Messung der Winkel für einen Punkt *P*, der nahe diesem Kreise liegt, verhängnisvoll werden kann. Die Winkel φ und ψ für die in der Nähe des Kreises gelegenen Punkte sind nahezu dieselben wie diejenigen eines auf dem Kreise liegenden Punktes, also eine Ungenauigkeit bei ihrer Messung für die Bestimmung des Punktes möglicherweise sehr verhängnisvoll. Wir kommen daher zu folgendem Schlusse: *In der Nähe des gefährlichen Kreises wird im allgemeinen durch kleine Ungenauigkeiten der Messungen die theoretische Lage des Punktes außerordentlich stark beeinflußt.*

Der Punkt *P* ist in der Regel ganz schlecht festgelegt, wenn man sich in der Nähe des gefährlichen Kreises befindet, wesentlich besser, wenn man fern davon ist.

Man kann geradezu Kurven gleicher Genauigkeit zeichnen, die die ganze Ebene überdecken, so daß zwei Punkte *P* und *P′*, die auf derselben Genauigkeitskurve liegen, durch Messung der Winkel φ, ψ mit gleicher Genauigkeit bestimmt sind. Diese Genauigkeitskurven haben nach den Entwicklungen von *W. Jordan* die auf der beigefügten Abb. 97 an-

---

[1]) [Sehr oft, aber fälschlich, *Pothenotsche Aufgabe* genannt.]

gegebene Gestalt, aus der hervorgeht, daß in der Tat im allgemeinen in der Nähe des gefährlichen Kreises die Genauigkeit sehr gering ist, daß es aber in der Nähe der drei Zielpunkte Stellen gibt, wo sie sehr groß wird[1]).

Das so für die Snelliussche Aufgabe erläuterte Problem kehrt natürlich bei jeder Aufgabe der Geodäsie wieder. Dabei ist noch völlig unbestimmt gelassen, wie genau die Winkel φ und ψ gemessen werden können.

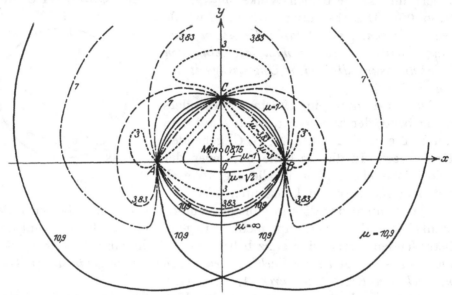

Abb. 97. Genauigkeitskurven für Rückwärtseinschneiden. ABC ist ein gleichschenklig-rechtwinkliges Dreieck. Ist r der Radius des gefährlichen Kreises, M der mittlere Fehler[2]) des durch Rückwärtseinschneiden bestimmten Punktes P, δ der mittlere Fehler der Winkelmessung, so ist $M = \mu\, r\, \delta$, wobei μ der Gleichung

$$r^4/\mu^2 = \frac{r^2 + x^2 + y^2}{(r^2 - x^2 - y^2)^2}(r^2 + x^2 + y^2 - 2\,r\,y)\,[(r^2 + x^2 + y^2)^2 - 4\,r^2\,x^2]$$

genügt. Setzt man μ gleich einer Konstanten, so wird durch diese Gleichung eine Kurve definiert, für deren Punkte M denselben Wert hat, also eine Kurve gleicher Genauigkeit.

Wie gewinnen wir nun über diese Genauigkeit ein Urteil? Dies ist die weitere wichtige Frage. Ich antworte darauf:

Um ein *gewisses Urteil über die Ungenauigkeit unserer Messungen* zu gewinnen, ist der rettende Anker die *Ausgleichungsrechnung*, wie sie in der *Methode der kleinsten Quadrate* ausgebildet vorliegt.

Man sagt so: Man führe mehr Messungen aus, als zur Bestimmung des Resultates erforderlich sind und sehe zu, wieweit diese Messungen, die sich gewissermaßen kontrollieren, miteinander übereinstimmen.

---

[1]) Vgl. auch *W. Jordan:* Handbuch der Vermessungskunde, 3. Aufl., Bd. 1, Kap. V. Stuttgart 1888. [Obenstehende Abbildung findet sich in der Jordanschen Arbeit: Über die Genauigkeit einfacher geodätischer Operationen, Zeitschr. f. Math. u. Physik Bd. 16 (1871), S. 397—425.]

[2]) [Als Fehler der ungenau bestimmten Lage P^* eines Punktes P wird die Entfernung P^*P bezeichnet.]

Aus der Art und Weise, wie sie zueinander passen, gewinnt man einen gewissen Wahrscheinlichkeitsanhalt dafür, wie genau die Messungen im einzelnen sind und welchen Spielraum man dem Resultate vernünftigerweise belassen muß. Ich erläutere dies, indem ich wiederum an ein bestimmtes Beispiel anknüpfe. Es handele sich darum, ein *Viereck* festzulegen, *von dem die Basis A B gegeben* sei (die Frage nach der Genauigkeit der Basismessung soll hier unerörtert bleiben). Man kann durch je zwei Winkelmessungen in A und B die Punkte C und D bestimmen (Abb. 98). Man fügt nun aber, indem man sich mit dem Instrumente nach C und D begibt, noch die Messungen der vier Winkel γ_1, γ_2, δ_1, δ_2 hinzu, so daß man im ganzen acht statt der vier notwendigen Winkel hat. Wir fragen zunächst, wie genau sind die

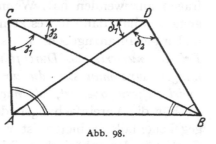

Abb. 98.

geometrischen Bedingungen erfüllt, die zwischen diesen Winkeln bestehen müssen? Offenbar müssen vier Bedingungsgleichungen bestehen. Diese stimmen aber, wenn man die gemessenen Winkel einträgt, nur bis auf gewisse Fehler. Man sagt, daß in der Messung der acht Winkel acht „Fehler" vorgekommen sind, und das allgemein übliche Verfahren ist dann bekanntlich, die überzähligen Messungen so zu korrigieren, daß erstlich die theoretisch vorhandenen Bedingungsgleichungen genau erfüllt werden und daß zweitens die Summe der Quadrate der an den Messungen anzubringenden Verbesserungen ein Minimum wird.

Die Begründung dieser Methode der kleinsten Quadrate, die in die Wahrscheinlichkeitsrechnung gehört, fällt aus dem Rahmen unserer Betrachtung heraus; wir fahren gleich fort, ihre Anwendung zu besprechen: Gesetzt, wir haben durch Anwendung der Methode zwei bestimmte Lagen für C und D erhalten. Sind dies dann die wirklichen Lagen? Das wäre eine wunderbare Methode, die aus schlechten Beobachtungen richtige Resultate abzuleiten gestattete. So ist die Methode der kleinsten Quadrate nicht aufzufassen. Die Sache ist vielmehr diese: Nachdem wir die „wahrscheinlichste" Lage für C und D gefunden haben, müssen wir weiter an der Hand der Methode der kleinsten Quadrate den Genauigkeitsgrad dieser Lagen diskutieren (wobei natürlich bei der Definition des Genauigkeitsgrades eine gewisse Willkür bleibt; man spricht vom mittleren Fehler, wahrscheinlichen Fehler usw.). Die Folge ist, daß sich um die gefundenen Punkte C und D je ein elliptisches Gebiet ergibt, dessen Größe mit der Wahrscheinlichkeit, *daß die wahren Punkte C und D innerhalb dieser Gebiete liegen*, gekoppelt ist. Es kommt also noch die Kunst hinzu, das Resultat der Methode der kleinsten Quadrate jeweils richtig zu beurteilen. Sie sehen, es handelt sich um eine systematische Lösung bestimmter approximationsmathematischer Aufgaben.

Die Punkte C und D genau zu bestimmen, ist gar nicht das Problem; sondern die Frage ist, was ihre ungefähre Lage ist bzw. in welchem Bereiche dieselbe unbestimmt bleibt. *Die Methode der kleinsten Quadrate lehrt uns diese Fragen der Approximationsmathematik in bestimmter Weise anzusetzen.*

Als weiterer wichtigen Punkt berühre ich hier die Frage nach der *Art des numerischen Rechnens*, welche man bei solchen Approximationsfragen anzuwenden hat. Wenn man 1 m nur bis auf $\frac{1}{100}$ mm genau gemessen hat, dann hat es keinen Zweck, das Resultat auf sieben Dezimalen genau anzugeben. Ich stelle daher als erste Forderung hier auf: *Bei der numerischen Durchführung der in Betracht kommenden Rechnungen wird man stets die abgekürzte Rechnung benutzen, die nur mit soviel Ziffern operiert, als nach der Lage der Sache Bedeutung haben.*

Für die Vereinfachungen der Rechnung, welche sich von hier aus gegebenenfalls darbieten, ist ein interessantes Beispiel der „*Legendresche Satz*" aus der sphärischen Trigonometrie.

Es handelt sich dabei um die Beziehung, in der ein „kleines" sphärisches Dreieck mit den Winkeln α, β, γ zu einem ebenen mit denselben Seitenlängen a, b, c und den Winkeln α', β', γ' steht (Abb. 99). Der *Legendresche Satz* besagt, daß zwei solche Dreiecke Winkel haben, welche je um den dritten Teil des sphärischen Exzesses voneinander verschieden sind:

$$\alpha' = \alpha - \frac{\varepsilon}{3}, \quad \beta' = \beta - \frac{\varepsilon}{3}, \quad \gamma' = \gamma - \frac{\varepsilon}{3}, \text{ wo } \varepsilon = \alpha + \beta + \gamma - 180°.$$

Auf den Beweis, der mit Reihenentwicklungen zu führen ist, von denen nur die niedersten Glieder beibehalten werden, gehe ich nicht ein, ebensowenig auf die Fehlerschätzung[1]). Sie sehen jedenfalls, wie bequem der Satz ist, da man viel leichter mit den Formeln der ebenen als mit denen der sphärischen Trigonometrie operiert[2]). Ich fasse so zusammen:

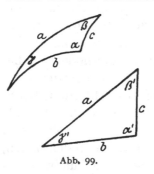

Abb. 99.

Der Legendresche Satz bietet für die Zwecke des numerischen Rechnens eine große Erleichterung, und ich gebe diesen Satz als ein typisches und elegantes Beispiel dafür, was Approximationsmathematik ist.

Zuletzt mögen hier noch einige *historische Bemerkungen* Platz finden: In der Geodäsie ist der Gebrauch der Methode der kleinsten Quadrate, der abgekürzten Rechnung, des Legendreschen Satzes usw., ungefähr

---

[1]) [Den Beweis lese man etwa nach bei *E. Hammer*: Sphärische Trigonometrie, 4. Aufl., S. 542—548. Stuttgart 1916. Dort findet man auf S. 687—688 auch sehr interessante Bemerkungen zur Geschichte des Satzes.]

[2]) [*Gauß* hat in den Artikeln 24—28 seiner „Disquisitiones generales circa superficies curvas" (Göttingen 1827) = Ges. Werke Bd. 4, S. 251—58 den *Legendre*schen Satz auf kleine geodätische Dreiecke beliebiger Flächen verallgemeinert.]

seit dem Anfang des vorigen Jahrhunderts durchweg üblich. Insbesondere hat *Gauß* diesen Methoden ihre theoretische Abrundung gegeben, und ich will nicht unterlassen, hier einen Ausspruch von *Hauck* auf der Münchener Naturforscherversammlung 1899 anzuführen:

„Jeder Feldmesser ist mit einem Tropfen Gaußischen Öles gesalbt."

Das soll heißen: Jeder Geodät hat darüber nachgedacht, was Approximationsmathematik ist und wie er vernünftigerweise das empirische Material der mathematischen Behandlung unterwirft.

Der reinen Mathematik ist dieser Tropfen Gaußschen Öles seit ungefähr 1860 verlorengegangen. Seit der Zeit hat sich, nach dem Tode von *Jacobi, Gauß, Poisson, Cauchy* usw., die reine Mathematik von derartigen Dingen abgewandt, als ob sie etwas Niedrigeres wären. In dieser Hinsicht gibt gerade die Geschichte des besprochenen Legendreschen Satzes ein vorzügliches Beispiel. Legendre hat seinen Satz ursprünglich in sein Lehrbuch der Geometrie aufgenommen. *In den neuen Auflagen dieses Lehrbuches aber ist er weggelassen, obwohl die sphärische Trigonometrie als solche ausführlich behandelt wird*[1]).

Soviel über die niedere Geodäsie. Jetzt wende ich mich *zur höheren Geodäsie.*

Hier wird die Erdoberfläche als ein Ellipsoid betrachtet und es handelt sich vor allem darum, auf dem Ellipsoid *die geodätischen Linien* zu ziehen. Wir werden fragen, wieweit die Erdoberfläche einem Ellipsoid entspricht und wie trotz der unendlich vielen Unregelmäßigkeiten der Oberfläche (Berg, Tal, Wald und Wiese) es möglich ist, den Gedanken der auf dem Ellipsoid verlaufenden geodätischen Linie festzuhalten.

Was ich da zu sagen habe, klingt sehr trivial, weil jeder es sofort für richtig hält und die Praktiker auch unbewußt dementsprechend handeln. Es ist aber wesentlich, daß man sich diese Dinge einmal bewußt klarmacht, so daß man gegebenenfalls nicht mit Argumenten der Präzisionsmathematik kommt, die als solche hier nicht ausreichen.

Wie heißt zunächst die präzise Definition der geodätischen Linie $x(t)$, $y(t)$, $z(t)$ auf einer idealen Fläche?

Bekanntlich hat man zwei Definitionen:

Einmal betrachtet man die Bogenlänge

$$\int \sqrt{\left(\frac{dx}{dt}\right)^2 + \left(\frac{dy}{dt}\right)^2 + \left(\frac{dz}{dt}\right)^2}\, dt$$

und verlangt, daß diese zwischen zwei zu verbindenden Punkten ein Minimum wird. Das andere Mal betrachtet man die Schmiegungsebene

---

[1]) Ein anderes charakteristisches Beispiel dafür, wie der Sinn für Approximationsmathematik in den letzten Jahrzehnten bei den reinen Mathematikern verschwunden ist, gibt der Umstand, daß die modernen Lehrbücher der Analysis die *Differenzenrechnung*, der man früher hohen Wert beimaß, fast gar nicht mehr berühren. Erst in neuester Zeit beginnt hier eine Wendung einzutreten (vgl. Bd. I, S. 254).

der Kurve und verlangt, daß diese für alle Punkte der Kurve senkrecht zur Tangentialebene der Fläche steht[1]). Bei beiden Definitionen wird von der Differential- und Integralrechnung Gebrauch gemacht, und diese gründet sich, wie wir wissen, auf den strengen Grenzwertbegriff.

Wir haben hier als obersten Satz:

Bei der präzisen Definition der geodätischen Linie muß eine exakt definierte Idealfläche gegeben sein, und die $\frac{dx}{dt}$, $\frac{dy}{dt}$, $\frac{dz}{dt}$ *bedeuten Grenzwerte von Differenzenquotienten.*

Nachdem wir uns dies vergegenwärtigt haben, vergleichen wir die Erdoberfläche mit einem Ellipsoid.

Natürlich kann man im großen die Erdoberfläche mit einem Ellipsoid vergleichen, wie die Arbeiten der Geodäten dargetan haben. Man vergleiche hierüber etwa die Berichte von *A. Börsch*[2]) über Lotabweichungs-bestimmungen, in denen von der Vergleichung Mitteleuropas, als des bestvermessenen Teils der Erdoberfläche, mit einer Ellipsoidschale gehandelt wird. Aber „im kleinen" stimmt das gar nicht. Wollen wir z. B. eine Tangentialebene an die Erdoberfläche legen, so muß gemäß den Ideen der Präzisionsmathematik verlangt werden, jede auch noch so kleine Variation der Oberfläche in Betracht zu ziehen. Da ist aber gar keine glatte Fläche vorhanden; der ganze Verlauf ist höchst irregulär. Wenn wir nur die kleinen Variationen in Betracht ziehen, die man sieht (Unterschied von Berg und Tal, Unregelmäßigkeiten der Bodenfläche, wechselnde Vegetation usw.), so wird einem die Unmöglichkeit der Sache schon klar. Wieviel mehr, wenn wir noch weitergehen, wie das doch die strenge Definition verlangt, und genötigt sind, den zelligen Aufbau der Organismen, ja die molekulare Struktur der Materie zu berücksichtigen. Da ist von einem übersichtlichen Gesetz überhaupt keine Rede, nicht einmal von einer strengen Fläche, sondern nur von einer Raumschicht, deren Querdimension gegen ihre sonstige Ausdehnung zurücktritt. Wir müssen sagen: *Wenn wir die Erde mit einem Ellipsoid vergleichen, so bezieht sich das gar nicht auf „Feinheiten" im Verlauf der Erdoberfläche, die durch Differenzenquotienten bei kleinen Differenzen, geschweige denn auf solche, die durch Differentialquotienten wiedergegeben werden.*

Und ich fahre fort, um es noch etwas lebendiger zu fassen:

Praktisch ist das, was Erdoberfläche heißen soll, überhaupt nicht exakt definiert, weil nicht feststeht, welche Teile wir zur Erdmasse hinzuzählen sollen. Jedenfalls aber werden, wenn wir Differenzenquotienten in kleinen Dimensionen bilden, diese auf das äußerste hin und her schwanken. Sie sehen, wie wir die Annäherung an ein Ellipsoid jedenfalls nicht auffassen dürfen. Im sehr kleinen stimmt es nicht. *Es stimmt aber,*

---

[1]) [Vgl. etwa *W. Blaschke*, Differentialgeometrie Bd. I (2. Aufl. 1924), § 56.]

[2]) Berichte über die Lotabweichungsbestimmungen. Verhandlungen der internationalen Erdmessung. Stuttgart 1898, 1903.

wie ich behaupte, angenähert, wenn wir den Differenzen, die in den Differenzenquotienten auftreten, eine bestimmte Größenordnung vorschreiben.

Wir denken uns ein flaches Gelände (ein gebirgiges würde die Betrachtung schwieriger gestalten), in dem wir einen scharfen Horizont etwa auf 10 km zu sehen glauben. Die Ebene, die wir dann durch das Auge parallel zum Horizonte legen, dürfen wir mit der Tangentialebene des Ellipsoids vergleichen. Allgemeiner werden wir sagen: Wenn wir bei der Bestimmung der Erdgestalt im großen (von der jetzt im Zusammenhang mit der geodätischen Linie des Ellipsoides gehandelt werden soll) Δx, Δy, Δz und deren Verhältnisse $\frac{\Delta y}{\Delta x}$, $\frac{\Delta z}{\Delta x}$ einführen, so denken wir uns die Δx, Δy, Δz oder vielmehr $\sqrt{\Delta x^2 + \Delta y^2 + \Delta z^2}$ als Stücke von etwa 10 km Länge. Die dann entstehenden Differenzenquotienten können als Annäherung an die Differentialquotienten des Ellipsoids gelten, in demselben Sinne wie die Tangentialebene des Ellipsoids annähernd durch die Horizontlinie, die wir beobachten, festgelegt ist. Für ein gebirgiges Terrain müssen wir natürlich vorab eine Abgleichung oder Nivellierung der Berge und Täler voraussetzen, um in ähnlicher Weise die Verhältnisse zu entwickeln. Dies paßt alles zu dem, was ich früher über die gezeichnete Kurve sagte, daß wir nämlich, wenn wir bei einer solchen Kurve von einer Tangente reden, diese nicht schlechtweg durch den Differenzenquotienten (oder gar Differentialquotienten, den es gar nicht gibt), sondern durch den Differenzenquotienten bei bestimmter Größenordnung der Differenzen beurteilen.

Nachdem wir uns hierüber geeinigt haben, fragen wir, was die geodätische Linie auf dem Ellipsoid für die praktischen Messungen nützt. Daß wir eine geodätische Linie auf dem Ellipsoid nicht mit der kürzesten Linie vergleichen können, die wir uns auf der Erdoberfläche empirisch herstellen, indem wir alle dort erkennbaren Einzelheiten in Betracht ziehen, ist klar. Vielmehr glaube ich Ihnen folgende Formulierung vorschlagen zu sollen, die genau dem entspricht, was die Geodäten wirklich machen.

Ich will neben das Wort „geodätische Linie" das Wort „*geodätisches Polygon*" stellen. Dabei mag unter einem geodätischen Polygon einer gegebenen Fläche ein geradliniges Polygon von gegebener Größenord-

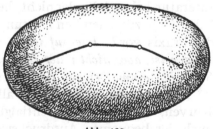
Abb. 100.

nung der Seiten verstanden sein, dessen Eckpunkte auf der Fläche liegen und welches im übrigen geodätisch ist, womit gemeint ist, daß es das kürzeste Polygon seiner Art zwischen den beiden betrachteten Endpunkten ist, oder daß die Schmiegungsebene in den Eckpunkten des Polygons gegen die Tangentialebene der Fläche in den Eckpunkten jeweils senkrecht steht (Abb. 100). Ein solches geodätisches Polygon denken wir uns nun zuerst beim idealen Erdellipsoid. Dabei wählen wir die Seitenlänge gleich 10 km. Wir erhalten so ein ganz bestimmtes Polygon, dessen Betrachtung in das Gebiet der reinen Mathematik gehört, indem wir ja bei seiner Definition von ganz bestimmten Voraussetzungen ausgehen. Auf der anderen Seite hat es gar keine Schwierigkeit auf der empirischen Erdoberfläche, natürlich mit der Genauigkeit, die durch die Verhältnisse gegeben ist, ein geodätisches Polygon, dessen Seiten etwa je 10 km messen, tatsächlich herzustellen. Man hat nur von einem Eckpunkte nach dem andern zu visieren und dafür zu sorgen, daß die Ebene zweier von demselben Eckpunkte auslaufenden Visierlinien stets senkrecht auf der Tangentialebene steht, die uns durch den Horizont definiert ist.

Und nun ist die Meinung der Geodäten, worin sie zweifellos recht haben, zunächst die, daß ein solches empirisches Polygon mit dem theoretischen Polygon beim Ellipsoid nahezu zusammenfällt. Die Entscheidung hierüber müssen wir durchaus den Geodäten überlassen. Des weiteren aber postulieren sie stillschweigend einen rein mathematischen Satz, der besagt, daß das betreffende Polygon beim idealen Ellipsoid als eine Annäherung an die geodätische Linie des idealen Ellipsoids aufgefaßt werden kann. Dies ist ein Theorem der Approximationsmathematik, welches zu prüfen in unseren Bereich fällt. Daher sage ich so: Damit von rein mathematischer Seite alles bereitgestellt ist, was die Geodäten gebrauchen, genügt es nicht, die geodätischen Linien auf dem Erdellipsoid an der Hand der modernen Differential- und Integralrechnung durch strenge Grenzforderungen zu definieren, sondern man muß noch abschätzen, wieviel eine solche von einem Punkt A nach einem Punkt B gehende geodätische Linie in ihrem Verlaufe abweicht von einem dieselben Punkte verbindenden geodätischen Polygon von etwa 10 km Seitenlänge, das man dem idealen Erdellipsoid einbeschreiben mag. Da wäre also die Frage: Ist dies irgendwo in der Literatur behandelt oder nicht, liegt also auch hier wieder eine bedauerliche Kluft zwischen den Leistungen der Theorie und den Anforderungen der Praxis vor? *Hierauf ist zu antworten, daß die Sache allerdings vorhanden ist, aber nicht unter den Gesichtspunkten, die uns hier interessieren. Sie sollte einmal eigens für die vorliegenden Zwecke dargestellt werden.*

Ich fasse die Frage etwas allgemeiner und spreche überhaupt von Kurven, die durch Differentialgleichungen definiert werden, wobei ich mich der bequemen Ausdrucksweise halber auf Differentialgleichungen erster Ordnung mit zwei Variablen beschränke: $y' = \varphi(x, y)$. Nach *Cauchy* kann man dann auf die Existenz eines Integrals der Differentialgleichung schließen, indem man sich ein Polygon von Elementen x, y, y' konstruiert, die den vorgelegten Gleichungen genügen, und sich überzeugt, daß dieses Polygon bei wachsender Seitenzahl unter gleichzeitiger Verkleinerung der Seiten einer Integralkurve der Differentialgleichung zustrebt. Bei diesem Gedankengange von Cauchy ist das, was wir suchen, implizit vorhanden, aber in eine andere Beleuchtung gerückt.

Cauchy gebraucht den Vergleich zwischen der Kurve und den Polygonen, das soll heißen die Abschätzung der Unterschiede, die zwischen Kurve und Polygon vorhanden sind, um daraus auf die Existenz der Integralkurve zu schließen. Wir dagegen werden dieselben Abschätzungen benutzen wollen, um daraus die Berechtigung abzuleiten (für unseren speziellen Fall gleich ausgesprochen), das empirische geodätische Polygon auf der empirischen Erdoberfläche nicht durch das theoretische geodätische Polygon, sondern durch die geodätische Linie des Erdellipsoids approximativ darzustellen! Ich sage überhaupt: *Was wir für den speziellen Fall aussprachen, trifft sinngemäß allemal zu, wenn es sich darum handelt, Dinge der empirischen Welt mit der auf den exakten Grenzbegriff gestützten Differential- und Integralrechnung zu behandeln.* Oder in noch anderer Wendung: Betrachtungen von der eben geschilderten Art sind notwendig, um die reine Mathematik in ihrer modernen Form, wo die Differential- und Integralrechnung auf den Grenzbegriff gegründet ist, mit den Anwendungen in Fühlung zu halten. Das Bindeglied ist dasjenige Kapitel der Approximationsmathematik, das in den letzten Dezennien so vernachlässigt ist, eine rationell entwickelte *Differenzenrechnung*.

In einem Anhange spreche ich nun noch von der sogenannten *Geoidfläche*.

Bei dem Geoid handelt es sich um eine Niveaufläche des Schwerefeldes der Erde, und zwar stellt sich der Ansatz nach der Lehre von der Newtonschen Anziehung so dar:

Wir haben ein Potential

$$V = \int \frac{\varrho\,d\,k}{r} + \frac{\omega^2}{2}\,(x^2 + y^2),$$

das Integral erstreckt sich über alle Massenteilchen $\varrho\,d\,k$ der Erdmasse. Der zweite Term tritt hinzu infolge der Winkelgeschwindigkeit ω, mit der sich die Erde um ihre Achse, die wir mit der z-Achse zusammenfallen lassen, dreht ($=$ Potential der Zentrifugalkraft). $V =$ konst gibt uns die Niveauflächen der scheinbaren Schwere, die aus Zentrifugalkraft und wahrer Schwere zusammengesetzt ist. Man bekommt die Kraftkomponenten dieser scheinbaren Schwere, wenn man setzt:

$$X = \frac{\partial V}{\partial x}, \qquad Y = \frac{\partial V}{\partial y}, \qquad Z = \frac{\partial V}{\partial z}.$$

Für die Niveauflächen $V =$ konst. hat man den Namen „Geoidflächen" eingeführt (abgeleitet von dem griechischen Wort für Erde, das auch in Geometrie, Geographie usw. vorkommt). Natürlich gibt es entsprechend den verschiedenen Werten der Konstanten eine ganze Schar Geoidflächen, unter denen man eine, die durch einen festgewählten Punkt geht, als Hauptfläche wählt. Für Deutschland liegt der betreffende

Punkt 37 m unter dem an der Berliner Sternwarte angebrachten Höhen-
festpunkt; bis auf einige Zentimeter stimmt er überein mit der mittleren Höhe von Nord- und Ostseespiegel. Die Frage ist: Wie verlaufen die Geoidflächen, was weiß man von ihnen, was kann man von
ihnen wissen?

Hier muß ich zunächst über ein Resultat der neueren Messungen
berichten, durch welches frühere Annahmen abgeändert wurden.

Indem man früher eine gleichmäßige Verteilung der Massen im Erd-
innern voraussetzte und dann die in den sichtbaren Erdteilen auf-
gehäuften Massen neben den Wassermassen der Ozeane rechnerisch in
Betracht zog, fand man, daß sich die Geoidflächen über den Konti-
nenten und Gebirgen stark in die Höhe wölbten. Man rechnete Er-
höhungen von 200—400 m heraus. Die späteren Messungen über die
Intensität der Schwerkraft aber haben gezeigt, daß die hierbei zugrunde
gelegte Annahme durchaus falsch ist, daß vielmehr im allgemeinen
unterhalb der Kontinente und großen Gebirge sich Massendefekte befinden, durch welche das Mehr der Masse, welches nach außen her-
vorragt, ausgeglichen wird. Man hat sich da natürlich keine Höhlungen
zu denken, sondern leichtere Gesteinsmassen, so daß es ungefähr so
ist, als befänden sich die sichtbaren Massen der Erdoberfläche auf einer
flüssigen Unterlage in hydrostatischem Gleichgewicht.

Dies ist das allgemeine Resultat, das allerdings im einzelnen die
mannigfachsten Abänderungen erfahren kann. Jedenfalls aber erscheint
infolge dieser neuen Untersuchungen die Hauptgeoidfläche viel mehr ab-
geglichen, als es früher aussah. Sie weicht allerdings gelegentlich um
viele Meter von der theoretischen Ellipsoidfläche ab, aber dies gerade
in Gegenden, wo man es am wenigsten ahnt. Natürlich fehlen für einen
großen Teil der Erdoberfläche noch die entscheidenden Messungen[1].

Des ferneren spreche ich von den *Mitteln*, die man hat, *den Verlauf
der Geoidflächen tatsächlich festzulegen*. Ich führe da insbesondere an:

a) *die astronomischen Ortsbestimmungen*. Sie geben uns für jeden
einzelnen Punkt die Richtung der Normalen und damit die Tangentialebene der durch ihn gehenden Niveau- bzw. Geoidfläche.

b) *die Schweremessungen mit dem Pendel*. Die Schwere hängt natürlich von den Kraftkomponenten X, Y, Z ab. Wollen wir die gesamte
Kraft in der Richtung der Normalen, so haben wir $P = \dfrac{\partial V}{\partial n}$ zu bilden,
wo n die Normale in dem betrachteten Punkte ist. Bei den Schwere-

---

[1] [Um die hierhergehörenden Entwicklungen und ihre Literatur im einzelnen
kennenzulernen, nehme man außer *F. R. Helmert:* Die mathematischen und physikalischen Theorien der höheren Geodäsie, 2 Bde., Leipzig 1880 und 1884, die beiden
Enzyklopädieartikel VI 1, 3: „Höhere Geodäsie" (abgeschl. 1906) von *P. Pizzetti* und
VI 1, 7: „Die Schwerkraft und die Massenverteilung der Erde" von *F. R. Helmert*
(abgeschl. 1910) zu Hilfe. — Sehr viele Literaturnachweise bringt auch *R. Ambronn:*
Methoden der angewandten Geophysik. Dresden und Leipzig 1926.]

messungen mißt man nun P, so daß uns eine solche Messung darüber orientiert, wie dicht die Niveauflächen $V = vc$ ($v = 0, 1, \ldots$) an der betrachteten Stelle aufeinanderfolgen. Wo auf derselben Geoidfläche der Betrag der Schwere geringer ist, da sind die Geoidflächen sozusagen aufgelockert, da, wo der Betrag der Schwere größer ist, sind sie aneinandergedrängt (P nimmt umgekehrt proportional mit dn zu und ab).

c) Das dritte sind *die direkten geodätischen Messungen* in horizontaler und vertikaler Richtung von Punkt zu Punkt. Diese legen (theoretisch zu reden) die verschiedenen Punkte der Oberfläche, an denen beobachtet wurde, vollständig in ihrer gegenseitigen Lage fest.

Man kennt also, vollständige Beobachtungen vorausgesetzt, außer der relativen Lage der einzelnen Punkte die Tangentialebenen der durch sie gehenden Niveaufläche und den Differentialquotienten des Potentials in dazu senkrechter Richtung. *Das mathematische Problem ist, nachdem alle Messungen mit der größten erreichbaren Genauigkeit gemacht sind, daraus die Geoidfläche möglichst genau zu bestimmen.* In dem Vordersatze sage ich schon: wenn alle Messungen so genau wie möglich gemacht sind; sie sind es natürlich nicht, außer für einzelne bevorzugte Länder. Also: Das empirische Material hierfür ist nur erst für einen kleinen Teil der Erdoberfläche genügend zusammengetragen. Indem ich gar nicht weiter auf die einzelnen Beobachtungen eingehe, die zu behandeln in die Geophysik gehört, will ich als einzelnes Resultat hervorheben, daß *F. Nansen*, der auf seiner Expedition (1893—96) auf dem Polareise Schweremessungen ausführte, dort in Übereinstimmung mit der Vermutung normale Schwere gefunden hat.

Jetzt aber wende ich mich der abstrakt mathematischen Kritik im Sinne dieser Vorlesung zu und frage:

Wieweit sind die Geoidflächen überhaupt exakt mathematisch definiert?

Sie wird folgender Satz nicht überraschen, den ich aber ausdrücklich anführe, weil man die Geoidflächen in ausgedehnten Kreisen für etwas Exaktes, womöglich gar für analytische Flächen hält:

Selbstverständlich ist auch die Definition der Geoidfläche keine theoretisch vollkommene, sondern, wie immer bei praktischen Dingen, eine nur approximative.

Dabei will ich mich nicht in Spitzfindigkeiten verlieren, sondern nur folgendes anführen:

In dem Potential V kommt zunächst ein Integral über alle Massenteilchen der Erde vor. Wir können da fragen, ob das Luftmeer mit eingeschlossen werden soll usw. Alles dies läßt sich nur konventionell festlegen; z. B. mögen wir zur Erdmasse die festen, flüssigen und gasförmigen Massen bis zu 10 km von der Erdoberfläche entfernt hinzurechnen. Damit haben wir dann die allerdings sehr dünnen, aber auch sehr ausgedehnten Luftmassen, die weiter hinausliegen und in das Medium des Weltenraumes sich verlieren, weggelassen. Diese müssen

aber auf das Integral doch einen Einfluß ausüben. Dazu kommt, daß
viele Massen stets in Bewegung sind (Zirkulation des Wassers, Änderungen
des Luftdrucks usw.), das Potential V also eine Funktion der Zeit wird.
Natürlich ist diese zeitliche Änderung unbedeutend, so daß wir praktisch davon absehen können, bei der theoretischen Erwägung aber
müssen wir sie beachten.

　Ich will von meinem Standpunkte aus hier insbesondere eine Arbeit
von *H. Bruns*: „*Die Figur der Erde*", Berlin 1878, besprechen, die sich
durch mathematische Strenge der Darstellung auszeichnet. Ich wünsche
zu fragen: Wie stimmt seine Darstellungsweise zu dem, was wir in
der gegenwärtigen Vorlesung stets wieder betonen?

　Bruns denkt sich die Erde aus verschiedenen Schichten bestimmter
Gesteine, Meeren usw. gebildet, wie dies schematisch die Abb. 101

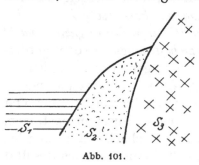

Abb. 101.

andeuten möge. Dabei nimmt er eine
kontinuierliche Raumerfüllung durch
diese Massen an und setzt die Dichte
innerhalb der einzelnen Schichten konstant gleich $S_1, S_2, S_3, \ldots$. Über
diese Auffassung haben wir schon
früher gesprochen, als wir gelegentlich
von der Konstitution der Materie han-
delten, und hervorgehoben, daß man
besser von Mittelwerten sprechen sollte.
Weiter setzt Bruns voraus, daß die Begrenzungsflächen der einzelnen
Bestandteile sämtlich analytisch seien, was wieder der von mir dar-
gelegten Auffassung, der zufolge „analytische Flächen" in der Natur
überhaupt nicht vorkommen, widerstreitet und also nur cum grano
salis zu verstehen ist. Die Annahme, daß die Masse der Erde aus homogenen Stücken verschiedener Kontinua besteht, die mit analytischen
Flächen aneinandergrenzen, ist sicher keine genaue Schilderung der
Wirklichkeit, sondern nur approximativ zu verstehen.

　Auf die genannten Voraussetzungen wendet Bruns nun die Formeln
und Sätze der ideellen Potentialtheorie an und fragt sich, wie nach den
Lehren dieser präzisen Potentialtheorie die Niveauflächen verlaufen.
Er kommt so zu dem Schlusse, daß jede Geoidfläche, soweit sie in demselben Ausgangsmaterial verläuft, ein analytisches Flächenstück vorstellt, und daß da, wo an der Grenze der Materialien zwei solche analytische Flächen aneinanderstoßen, kein Knick eintritt, wohl aber ein
Sprung des Krümmungshalbmessers, weil die ideelle Potentialtheorie
für den Übergang aus einem Medium in ein zweites Stetigkeit der ersten,
dagegen Sprünge der zweiten Differentialquotienten ergibt.

　Wir fragen, was diese Ergebnisse von Bruns oder überhaupt alle
ähnlichen theoretischen Entwicklungen für die praktischen Messungen
zu bedeuten haben, da doch die Voraussetzungen im strengen Sinne

des Wortes nicht gelten bzw. nur als idealisierende Schilderungen der wirklichen Verhältnisse gelten können. Indem ich daran erinnere, welche Bedeutung der geodätischen Linie wir für die Messungen auf der Erdoberfläche erhielten, gebe ich folgenden Satz: *Wir werden nach einer Ausdeutung der Brunsschen Ergebnisse suchen, die derjenigen ähnlich ist, die wir oben für die praktische Bedeutung der auf dem Ellipsoid zu ziehenden geodätischen Linien gefunden haben.*

Ein genaueres Eingehen würde uns zu tief in die Potentialtheorie hineinführen und muß hier unterbleiben. Wir schließen damit unsere Betrachtungen über Geodäsie. Rückblickend dürfen wir sagen:

Die Geodäsie ist im allgemeinen ein glänzendes Beispiel dafür, was man mit der Mathematik in den Anwendungen machen kann und wie man es machen soll. Man bekommt selbstverständlich alles nur approximativ bestimmt, zugleich aber hat man überall da, wo die Untersuchung als zu Ende geführt gilt, das Maß der Annäherung festgestellt.

b) Zeichnende Geometrie.

In dem zweiten Zweige der praktischen Geometrie, *der zeichnenden Geometrie*, liegen die Dinge viel ungünstiger.

Die zeichnende Geometrie kann entweder als Zielpunkt eine zeichnerische Darstellung der räumlichen Verhältnisse haben (*darstellende Geometrie*) oder die Ersetzung des numerischen Rechnens durch die Konstruktion auf dem Zeichenblatte (*graphisches Rechnen*). In beiden Fällen sind unsere alten, gewohnten Überlegungen am Platze: wie steht es mit der Genauigkeit, wieweit sind darauf bezügliche Sätze vorhanden, was bleibt als unerledigt bestehen?

Vor allem muß ich den Satz voranstellen:

In der zeichnenden Geometrie ist eine rationelle Fehlertheorie, wie sie in der Geodäsie vorliegt, von einzelnen gleich zu besprechenden Ansätzen abgesehen, bisher nicht entwickelt.

Dabei nenne ich eine Fehlertheorie rationell, welche auf Verwendung von Wahrscheinlichkeitsbetrachtungen basiert ist, so daß wir, um die Genauigkeit einer Konstruktionsmethode zu beurteilen, sie wiederholt auf dieselbe Aufgabe anwenden und dann die erhaltenen Resultate nach der Methode der kleinsten Quadrate oder sonstwie abgleichen.

Als eine Vorarbeit zu einer solchen rationellen Fehlertheorie konstruktiver Lösungen mag man die Betrachtungen ansehen, die der französische Mathematiker *Lemoine* begonnen und als Geometrographie bezeichnet hat. Er zählt bei den verschiedenen Lösungen einer Konstruktionsaufgabe, z. B. des Apollonischen Problems (die acht Berührungskreise an drei feste Kreise mit Zirkel und Lineal zu konstruieren), ab, wie oft das Lineal und der Zirkel dabei benutzt werden. Die dabei herauskommende Ziffer bezeichnet Lemoine dann als Maß der Einfachheit bzw. Verwickeltheit der Konstruktion. Sie sehen, wie dies mit

unseren Betrachtungen zusammenhängt. Je größer jene Ziffer ist, d. h.
je öfter Zirkel und Lineal benötigt werden, desto ungenauer wird,
allgemein zu reden, die Zeichnung, so daß man geneigt sein wird, die
einfachste Lösung im Sinne Lemoines zugleich als die genaueste in
unserem Sinne anzusehen. Immerhin ist die als „mésure de simplicité"
dienende Zahl nur ein sehr äußerliches Maß und darum der Ansatz
nur erst ein vorläufiger. Denn es werden dabei sehr ungleichwertige
Dinge als gleichwertig abgezählt. Beispielsweise ist die Verbindungsgerade zweier sehr nahe gelegener Punkte viel weniger genau bestimmt
als diejenige zweier weiter auseinander gelegener Punkte[1]).

Wie immer man sich aber eine Fehlertheorie der geometrischen Konstruktionen durchgeführt denkt, eins ist klar, sie wird sich nie direkt
an „ideale" Sätze der Präzisionsmathematik anschließen können,
sondern parallellaufende Theoreme der Approximationsmathematik benötigen[1]).

Ich erläutere dies an einem charakteristischen Beispiele. Es möge
sich um die *zeichnerische Wiedergabe des Pascalschen Sechsecks* bzw. des
zugehörigen *Pascalschen Satzes* handeln.

Dieser lautet: Hat man sechs Punkte 1, 2, 3, 4, 5, 6, die auf einem

Kegelschnitt liegen, und zieht man die Verbindungsgeraden $\frac{12}{45} \frac{23}{56} \frac{34}{61}$

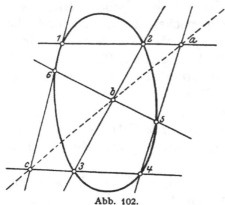
Abb. 102.

und bringt die in dem Schema
untereinanderstehenden Seiten zum
Schnitt, so liegen die Schnittpunkte
a, b, c auf einer Geraden (Abb. 102).

Diesem Satz gegenüber, der sich
auf Grund der gewöhnlich angenommenen Axiome genau beweisen
läßt, verlange ich nun die Aufstellung eines *approximativen, erweiterten Pascalschen Satzes*[2]), den ich
vorläufig so formuliere: „*Habe ich
sechs Punkte, die ungefähr auf einem*
Kegelschnitt liegen, ziehe deren ungefähre Verbindungsgeraden und
bringe diese in a, b, c zum Schnitt, dann liegen diese Punkte ungefähr

---

[1]) Vgl. auch *A. Witting:* Geometrische Konstruktionen, insbesondere in be-
grenzter Ebene. Programm des Gymnasiums zum heiligen Kreuz. Dresden 1899.
Witting gibt u. a. Hilfskonstruktionen, deren Zweck ist, nur ungenau auszuführende
Operationen, wie z. B. Verbindung zweier nahe gelegener Punkte durch eine Gerade,
zu vermeiden. Vgl. außerdem *P. Zühlke:* Konstruktionen in begrenzter Ebene.
Leipzig 1913.

[2]) Ich nenne diesen Satz kurzweg „*approximativ*", weil er von Fragen der
Approximation handelt. Hat man diese genauer umgrenzt, so ist der Satz selbst
exakt (wie jeder vollständige, d. h. das Fehlerintervall angebende Satz der
Approximationsmathematik).

auf einer geraden Linie.“ Die Hauptsache ist dabei natürlich, *das Wort „ungefähr“ überall durch genaue und brauchbare Intervallangaben zu ersetzen.*

Ersichtlich ist dieser Satz (und nicht der „ideale“ Pascalsche Satz) die wahre theoretische Grundlage der zeichnerischen Konstruktion.

Den Beweis kann man in der Weise führen, daß man durchaus analytisch operiert, was aus den früher auseinandergesetzten Gründen für uns das Bequemste sein wird. Wir formulieren zuerst den Pascalschen Satz selber analytisch, d. h. wir denken uns folgende Entwicklung analytisch durchgeführt:

Haben die sechs Punkte 1, 2, . . ., 6 auf dem Kegelschnitt die Koordinaten x_1, y_1; x_2, y_2; . . . ; x_6, y_6 und die drei aus ihnen abgeleiteten Punkte a, b, c die Koordinaten x_a, y_a; . . . ; x_c, y_c, dann besteht die folgende Relation, die aussagt, daß a, b, c auf einer Geraden liegen:

$$\begin{vmatrix} x_a & y_a & 1 \\ x_b & y_b & 1 \\ x_c & y_c & 1 \end{vmatrix} = 0 \,.$$

Nunmehr ändern wir die Koordinaten x_1, y_1; . . . ; x_6, y_6 in $x_1 + \delta x_1$, $y_1 + \delta y_1$; . . . ; $x_6 + \delta x_6$, $y_6 + \delta y_6$ ab, wobei die δx_ν, δy_ν relativ zu den übrigen Dimensionen der Zeichnung kleine Größen sind. Um die Sache nicht allezusehr zu verwickeln, nehme ich an, daß weiter keine Ungenauigkeiten vorliegen, d. h. daß die Verbindungsgeraden scharf gezogen seien und ebenso die Schnittpunkte scharf markiert werden. Dann ist klar, daß die Abänderungen der Koordinaten der Schnittpunkte a, b, c nur von den δx_1, δy_1; . . . abhängen. Wir berechnen uns für diese abgeänderten Koordinaten die Determinante

$$\begin{vmatrix} x_a + \delta x_a & y_a + \delta y_a & 1 \\ x_b + \delta x_b & y_b + \delta y_b & 1 \\ x_c + \delta x_c & y_c + \delta y_c & 1 \end{vmatrix} = \Delta \,,$$

die geometrisch einen doppelten Dreiecksinhalt bedeutet. *Dieses Δ ist natürlich nicht mehr gleich Null; ob es bei geeigneter Annahme der δx_ν, δy_ν klein bleibt, ist zu untersuchen.*

In der Geodäsie und messenden Astronomie ist ein solches Verfahren durchgehend üblich. Da nennt man solche Formeln, wie ich sie hier postuliere, *Differentialformeln,* so daß wir unsere Forderung auch so wenden können: *Wir müssen nicht nur die Formeln des Pascalschen Satzes, sondern auch die zugehörigen Differentialformeln zur Hand haben. Dann erst haben wir die genügende theoretische Grundlage für die konstruktive Durchführung des Pascalschen Satzes* [oder besser ge-

174   Freie Geometrie ebener Kurven.

sagt: für das mathematische Verständnis der konstruktiven Durchführung[1])].

---

[1]) [Eine Theorie der Genauigkeit geometrischer Konstruktionen, die auf anderer
Grundlage als die Lemoinesche Geometrographie beruht, wird in folgenden Arbeiten
angestrebt: *F. Geuer*, Die Genauigkeit geometrischer Zeichnungen (Jahresbericht
1902 des Progymnasiums in Durlach in Baden). *P. Böhmer*, Über geometrische
Approximationen (Diss. Göttingen 1904). *K. Nitz*, Anwendungen der Theorie der
Fehler in der Ebene auf Konstruktionen mit Zirkel und Lineal (Diss. Königsberg
1905) und Beiträge zu einer Fehlertheorie der geometrischen Konstruktionen
(Zschr. f. Math. u. Phys. Bd. 53 (1906), S. 1—37). Durch Fehlerbetrachtungen
bemerkenswert ist ferner *H. Schwerdt*, Lehrbuch der Nomographie, Berlin 1924.
Man vergleiche schließlich das Kapitel „Geometrographie und Fehlertheorie" auf
S. 121—129 des bereits auf S. 10 erwähnten Werkes von *Th. Vahlen*.

Der Grundgedanke der Geuerschen Arbeit besteht in der *Anwendung des
Gaußschen Ausgleichverfahrens.* Jeder gesuchte Punkt bzw. jede gesuchte Gerade
wird überbestimmt und hierauf der Ausgleich gemäß der Forderung, daß die Summe
der Fehlerquadrate ein Minimum wird, auf *konstruktivem* Wege vorgenommen.
Die Größe der bei der Ausgleichung vorzunehmenden Korrekturen gibt einen An-
halt zur Beurteilung der Genauigkeit der Zeichnung. Der oben im Text empfohlene
Weg der Aufstellung von *Differentialformeln* wird in der Böhmerschen Arbeit be-
schritten. Dort findet man z. B. die Differentialformeln für die Konstruktion eines
Dreiecks aus den drei Seiten. Diese Formeln gestatten zu unterscheiden, mit
welcher Seite man die Konstruktion beginnen und mit welcher man fortfahren
muß, um möglichst große Genauigkeit zu erzielen. Auch für den Pascalschen
Satz werden von Böhmer entsprechende, d. h. auf Differentialformeln abzielende
Betrachtungen angestellt, aber nicht zum Abschluß gebracht. Diese Betrachtungen werden durch die Lösung eines Ausgleichungsproblems eingeleitet, nämlich der Aufgabe, zu sechs nahezu auf einem Kegelschnitt liegenden Punkten den
„nächsten" Kegelschnitt zu finden. Dabei versteht er unter dem „nächsten"
Kegelschnitt denjenigen, welcher der *Poncelet-Tschebyscheff*schen Ausgleichungs-
forderung, die Maximalentfernung der gegebenen Punkte vom Kegelschnitt zu
einem Minimum zu machen, genügt. Später wird aber auch die der Gaußschen
Minimumforderung entsprechende Ausgleichung behandelt.

Am meisten Erfolg verspricht der Ansatz von K. Nitz, der auf die von den Geodäten entwickelte *Theorie der Fehler in der Ebene* zurückgreift. Sein Gedankengang sei durch folgende Bemerkungen skizziert. Realisiert man 2 Geraden durch
Bleistiftstriche, so liegt ihr Schnittpunkt in dem Schnittparallelogramm der beiden
Striche. Sind die Striche insbesondere von gleicher Dicke, so hat dieses Parallelo-
gramm die Form eines Rhombus. Suchen wir nun mit der Zirkelspitze den Schnittpunkt der beiden Geraden zu treffen, so liegen, die Gültigkeit des Gaußschen
Fehlergesetzes vorausgesetzt, die Punkte, die mit gleicher Wahrscheinlichkeit
getroffen werden, auf einer Ellipse, deren Mittelpunkt mit dem Schnittpunkt der
Parallelogramm-Diagonalen zusammenfällt und die die Richtungen der Parallelo-
grammseiten zu konjugierten Richtungen hat. Läßt man die Wahrscheinlichkeit
von 0 bis 1 variieren, so erhält man eine Schar koaxialer und ähnlicher Ellipsen.
Eine unter diesen, die „*mittlere Fehlerellipse*", wird zur Charakterisierung der
Genauigkeit der Operation „Einsetzen der Zirkelspitze in den Schnittpunkt zweier
Geraden" herausgegriffen. Werden weiterhin zwei Punkte auf dem Zeichenblatt
durch kleine Kreise realisiert und soll ihre Verbindungsgerade mit Hilfe des Lineals
gezogen werden, so findet man, daß die Verbindungsgeraden gleicher Wahrscheinlichkeit eine Hyperbel umhüllen. Unter der Schar koaxialer und ähnlicher Hyper-
beln, die sich ergibt, wenn man alle zwischen 0 und 1 liegenden Werte der Wahr-

Ich will mich noch ein wenig über den Ausdruck: *Differentialformel*[1]) verbreiten, damit sich bei dem Gebrauch eines solchen Wortes unser Gewissen nicht beunruhigt.

Die Unruhe kommt daher, daß es auf der einen Seite heißt, es handele sich bei der Differentialrechnung ausschließlich um den strengen Grenzbegriff, während auf der anderen Seite beim Gebrauch der Differentialformeln kleine Differenzen in Betracht gezogen werden. Dieser Widerspruch gleicht sich folgendermaßen ab:

Nehmen Sie den einfachen Fall einer Funktion, die von einer Veränderlichen abhängt, $y = f(x)$. Dann heißt es bei dem Praktiker: Man entwickle, um $f(x + \delta x)$ zu erhalten, nach dem Taylorschen Satze und breche bei dem ersten Gliede ab. Also wenn

$$f(x + \delta x) = f(x) + \varphi(x) \cdot \delta x,$$

so setze man $\varphi(x) = \frac{df}{dx}$. Wir müssen die Sache natürlich gewissenhafter fassen und sagen: $\varphi(x) \cdot \delta x$ ist gar nicht das erste Glied der Taylorschen Reihe, sondern das Restglied, welches ich dem nullten Gliede hinzufügen muß; damit die Formel exakt wird, muß $\varphi(x)$ nicht gleich $\frac{df(x)}{dx}$, sondern gleich $\frac{df(x + \vartheta \delta x)}{dx}$ sein $(0 < \vartheta < 1)$, d. h. $\varphi(x)$ ist nicht der Differentialquotient von $f(x)$ an der Stelle x, sondern an einer Zwischenstelle $x + \vartheta \delta x$. *Es kommt hier also ein Mittelwert von* $\frac{df(x)}{dx}$ *herein*. Bekanntlich nennt man die Formel

$$f(x + \delta x) = f(x) + \delta x \cdot f'(x + \vartheta \delta x)$$

den *Mittelwertsatz*, so daß wir sagen können:

scheinlichkeit berücksichtigt, wird eine als die „*mittlere Fehlerhyperbel*" ausgezeichnet. Sie dient zur Messung der Genauigkeit der Operation „Anlegen des Lineals an zwei gegebene Punkte".

Alle mit Zirkel und Lineal ausführbaren Konstruktionen lassen sich aus *fünf Grundkonstruktionen* kombinieren, nämlich aus den zwei bereits genannten und den drei weiteren: Einsetzen der Zirkelspitze a) in den Schnittpunkt einer Geraden und eines Kreises, b) in den Schnittpunkt zweier Kreise und c) Konstruktion eines Kreises, dessen Mittelpunkt und Radius bekannt sind. Die Diskussion der bei diesen Konstruktionen auftretenden Fehler liefert *drei weitere mittlere Fehlerkurven*. Hat man nun für eine beliebige mit Zirkel und Lineal ausgeführte Konstruktion den mittleren Fehler zu bestimmen, so ermittelt man zunächst für jede der dabei angewendeten Grundkonstruktionen mit Hilfe der Fehlerkurven und Messungen über Durchmesser von „Punkten" und Strichbreiten den mittleren Fehler. Hierauf wendet man die *Theorie der Fehlerzusammensetzung* an, um den mittleren Fehler der Gesamtkonstruktion aus den mittleren Fehlern der Grundkonstruktionen zu berechnen.

Nitz hat auf diese Weise die elementaren Konstruktionen wie die der Mittelsenkrechten einer Strecke, eines rechten Winkels, von Parallelen usw. untersucht und sehr interessante Ergebnisse erhalten.]

[1]) [Über diesen Gegenstand hat *A. Walther* auf dem Göttinger Ferienkurs 1926 einen Vortrag gehalten, der in stark erweiterter Form im Druck erscheinen soll.]

Wenn wir uns gestatten, bei irgendwelcher abgekürzten Rechnung $f(x) + \varphi(x)\,\delta x$ statt $f(x + \delta x)$ zu schreiben, so bestimmt sich $\varphi(x)$ nicht aus der Taylorschen Reihe, sondern nach dem Mittelwertsatze.

Genau so wie in diesem einfachen Fall ist es bei den Differential-formeln in den komplizierteren Fällen. Praktisch drückt man sich so aus, als dürfte man beim Taylorschen Satz gegebenenfalls alle höheren Potenzen der Zuwüchse fallen lassen. Exakterweise ist die Differential-formel als Restformel im Sinne des Mittelwertsatzes aufzufassen. Das eine ist von dem anderen praktisch solange, aber auch nur solange nicht wesentlich verschieden, als der Differentialquotient $f'(x)$ sich im Intervall δx nur wenig ändert.

Ich möchte jetzt eine weitere, besonders interessante Frage auf-werfen.

Wir sahen auf S. 128f., daß wir jede gezeichnete Kurve in der Art durch eine Idealkurve ersetzen können, daß nicht nur die Ordinate, sondern auch die Richtung und Krümmung der empirischen Kurve — soweit diese Dinge überhaupt quantitativ bestimmt sind — durch die Ordinate, die Richtung und Krümmung der Idealkurve befriedigend approximiert werden. *Kann ich nun aus den gestaltlichen Verhältnissen der empirischen Kurve, die ich vor Augen sehe, auf entsprechende Eigen-schaften der Idealkurve einen Schluß machen?*

Für den Weg, den wir bei Beantwortung dieser Frage einschlagen, ist selbstverständlich die oben von mir vertretene Auffassung ent-scheidend, daß die Idealkurve etwas über die Sinnesanschauung Hin-ausgehendes ist und nur eine definitionsmäßige Existenz hat. Ich darf also nicht ausschließlich an die Anschauung appellieren. Vielmehr muß jeweils überlegt werden, ob sich bzw. weshalb sich die Dinge, die wir bei der empirischen Konstruktion sozusagen in grober Weise vor Augen sehen, *vermöge der zugrunde gelegten Definitionen* mit aller Schärfe auf das Idealgebilde übertragen.

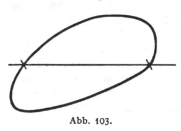

Abb. 103.

Nehmen wir gleich ein Beispiel. In Abb. 103 haben wir eine geschlossene, durch-weg konvexe Kurve und eine sie schnei-dende Gerade. Wir bemerken, daß zwei und nur zwei Schnittpunkte auftreten. Werden wir dies als Satz auf die entsprechenden Idealgebilde übertragen können?

Wir ersetzen die Gerade der Abbildung in Gedanken durch eine ideale Gerade, die gezeichnete Kurve aber vorerst durch irgendeine approximierende Jordan-Kurve (die noch keine Tangenten, geschweige denn Krümmungskreise zu besitzen braucht). Die Anschauung lehrt, daß die Idealgerade sowohl durch das Innere als das Äußere der Jordan-Kurve hindurchgeht. *Also sind nach dem Jordanschen Satze in der Nähe der Stellen, in denen sich die empirische Kurve und die empirische Gerade kreuzen, in der Tat Schnittpunkte der Idealgebilde vorhanden.* Dieser Aussage liegt aber zugrunde die Definition, durch die wir seinerzeit die Jordan-Kurve eingeführt haben. Für die Zwecke der Approximation würden wir die empirische Kurve statt durch eine Jordan-Kurve ebensowohl durch eine überall dichte, aber nicht abgeschlossene Punktmenge ersetzen können (eine Punktmenge, welche nicht ihre sämtlichen Häufungsstellen mitenthält, wie z. B. die Menge der rationalen Punkte der Abszissenachse). Dann würden die Schnittpunkte, von denen wir reden, nicht notwendigerweise vorhanden sein.

Mit dem Gesagten ist nur erst die *Existenz*, keineswegs die *Zahl* der Schnittpunkte festgelegt. Es kann sehr wohl sein, daß in der Umgebung der Stelle, wo die empirische Figur nur einen Schnittpunkt erkennen läßt, die idealisierte Figur deren drei oder fünf aufweist (eine ungerade Zahl muß es sein, weil an der betreffenden Stelle die idealisierte Gerade aus dem Äußeren der Jordan-Kurve in das Innere tritt). Dies ist in der Tat nicht ausgeschlossen, wenn wir die Art der Jordan-Kurve nicht noch weiter definitionsmäßig einschränken; man denke an die gestaltlichen Verhältnisse der Weierstraß-Kurve oder der Peano-Kurve. *Als solche Einschränkung wählen wir jetzt, daß die Idealkurve in jedem Punkte eine bestimmte Richtung und Krümmung gemäß dem Vorbilde der empirischen Kurve besitzen soll. Insbesondere soll sie ebenso wie die empirische Kurve überall konvex sein und also nirgendwo einen Wendepunkt besitzen.* Daraufhin läßt sich in der Tat *beweisen*, daß da, wo die empirische Figur einen Schnittpunkt aufweist, auch die Idealfigur nur einen Schnittpunkt besitzt.

Wären nämlich drei oder mehr Schnittpunkte vorhanden, so wähle man die schneidende ideale Gerade als Abszissenachse (Abb. 104). Das Kurvenstück zwischen diesen Schnittpunkten wird sich durch eine Gleichung $y = f(x)$ darstellen, wo $f(x)$ eine Funktion ist, deren erste zwei Ableitungen existieren und stetig sind. Aus der Tatsache, daß $f(x)$

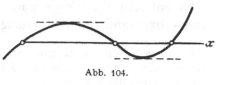

Abb. 104.

in dem in Betracht kommenden Teile der Abszissenachse drei oder noch mehr Nullstellen hat, folgert man dann nach dem Rolleschen Satze, daß $f''(x)$ in dem betreffenden Intervalle mindestens einmal das Vorzeichen wechselt. *Dann hätte also unsere Idealkurve einen Wendepunkt, und dieses widerspricht der Voraussetzung, die wir bei ihrer Einführung machten.*

In solcher Weise also denke ich mir den Beweis geführt. *Die empirische Figur dient zur Orientierung im groben; sie hat auch für die feineren Betrachtungen einen großen heuristischen Wert; schließlich muß aber der Beweis auf die Begriffsbildungen und Axiome der Präzisionsgeometrie zurückgehen.*

In der Literatur geschieht dies mehr oder minder ausführlich, je
nachdem der Autor sein Interesse mehr der genauen Begründung bestimmter Sätze oder der Auffindung neuer Resultate zuwendet. Beides
hat seine Berechtigung. Ich nenne als Beispiel für genaue Durcharbei-
tung der Einzelheiten:

Kneser, A.: Einige allgemeine Sätze über die einfachsten Gestalten
ebener Kurven. Math. Ann. 41 (1893), S. 349—376;
andererseits für die Aufstellung zahlreicher neuer Sätze:

Juel, C.: Einleitung in die Lehre von den graphischen Kurven (dänisch).
Mém. Acad. sc. Kopenhagen, 6. Reihe, Band 10 (1899), S. 1—90[1]).

Ich selbst möchte hier auf eine Untersuchung zurückkommen, die
ich vor Jahren *über die reellen Wendepunkte der algebraischen ebenen
Kurven* angestellt habe und bei der ich ausgiebig von anschauungsmäßigen Figuren Gebrauch machte[2]). Die zu betrachtende reguläre
Idealkurve ist dabei der weiteren Bedingung unterworfen, *algebraisch
zu sein*, wobei größere Komplikationen in der im folgenden noch zu
schildernden Weise durch die Forderung ausgeschlossen werden, daß es
sich jeweils um von „höheren" Singularitäten freie Kurven *n*-ter Ordnung handeln soll.

*Zunächst eine kleine Erörterung über die ebenen algebraischen Kurven
n-ter Ordnung!* Die ebene algebraische Kurve *n*-ter Ordnung C_n ist
durch eine Gleichung *n*-ten Grades in x und y gegeben:

$$A x^n + B x^{n-1} y + \cdots = 0 .$$

Zählt man die auftretenden Glieder ab und denkt sich die Gleichung
durch einen von Null verschiedenen Koeffizienten dividiert, so erhält
man $\dfrac{n(n+3)}{2}$ als Konstantenzahl.

Es entsteht die Frage nach der Gestalt dieser C_n. Aus wieviel
Ovalen bzw. anderen Kurvenzügen besteht eine C_n? Und wie ist es

---

[1]) [Es sei in diesem Zusammenhange auf den sehr interessanten Vortrag hingewiesen, den *C. Juel* auf der Naturforscherversammlung in Stuttgart (1906) hielt.
Er ist in Bd. 16 (1907), S. 196—204 der Jahresberichte der Deutschen Mathematiker-
vereinigung abgedruckt. Man vergleiche ferner *C. Juel:* Einleitung in die Theorie
der ebenen Elementarkurven dritter und vierter Ordnung (Mém. Acad. sc. Kopenhagen, 7. Reihe, Band XI, 1914) und die Arbeit in Bd. 76 (1915), S. 343—353 der
Math. Ann. und *J. Hjelmslev:* Außer der bereits auf S. 15 zitierten Abhandlung
„Geometrie der Wirklichkeit" die „Introduction à la théorie des suites monotones
(Bull. Acad. sc. Kopenhagen 1914, S. 1—74) und Darstellende Geometrie (Teil 2
des von *H. E. Timerding* herausgegebenen Handbuchs der angewandten Mathe-
matik), 1914, S. 135ff. — Schließlich gehört hierher die Theorie der Eilinien:
Brunn, H.: „Über Ovale und Eiflächen", Diss. München 1887 und „Exakte
Grundlagen für eine Theorie der Ovale" Bd. XXIV (1894), S. 93—111, der
Sitzungsber. der math.-phys. Kl. der Kgl. bayr. Akademie der Wissenschaften.]

[2]) [*Klein, F.:* Eine neue Relation zwischen den Singularitäten einer algebraischen Kurve. Math. Ann. Bd. 10 (1876), S. 199—209, wieder abgedruckt in
Bd. II, S. 78—88 (1922) der gesammelten mathematischen Abhandlungen F. Kleins.]

mit ihren Singularitäten, insbesondere ihren Wendepunkten? Diese ganze Fragestellung kennzeichnet ein großes Kapitel der algebraischen Kurventheorie; insbesondere hat man für die niederen Kurven sehr interessante hierhergehörige Sätze aufgestellt. Ich kann von ihnen an dieser Stelle natürlich keine zusammenfassende Rechenschaft geben, sondern beschränke mich nur auf die Frage nach der Anzahl der reellen Wendepunkte.

Wir schreiben unsere Gleichung kurz $f(x, y) = 0$ oder, da es für die allgemeine Betrachtung erwünscht ist, die Auffassungsweisen der projektiven Geometrie einzuführen, in homogener Form:

$$f(x_1, x_2, x_3) = 0, \qquad \text{wo} \qquad x = \frac{x_1}{x_3}, \qquad y = \frac{x_2}{x_3}$$

gesetzt wird.

Fragt man beim Gebrauch von homogenen Koordinaten nach den Wendepunkten, so kommt man auf das Verschwinden der *Hesseschen Determinante*

$$\Delta = \begin{vmatrix} f_{11} & f_{12} & f_{13} \\ f_{21} & f_{22} & f_{23} \\ f_{31} & f_{32} & f_{33} \end{vmatrix}$$

der zweiten partiellen Ableitungen unserer Funktion $f(x_1, x_2, x_3)$. Ist f vom n-ten Grade, so ist Δ, da jedes f_{ik} vom Grade $(n-2)$ ist, vom Grade $3(n-2)$.

Bringen wir jetzt $f = 0$ mit $\Delta = 0$ zum Schnitt, so erhalten wir nach dem Bézoutschen Theorem $3n(n-2)$ Schnittpunkte; *unsere C_n hat also $3(n-2)n$ Wendepunkte* $[W = 3n(n-2)]$. Dies ist die *erste „Plückersche Formel"* zur Bestimmung der Singularitäten algebraischer Kurven. Etwas genauer können wir sagen:

Eine C_n hat „im allgemeinen" $3n(n-2)$ Wendepunkte, weil die Kurven $f = 0$ und $\Delta = 0$ sich in $3n(n-2)$ Punkten schneiden. Dabei muß vorbehalten werden, zu untersuchen, was eintritt, wenn einige der Schnittpunkte zusammenfallen, insbesondere, wie viele dieser Schnittpunkte von den etwaigen singulären Punkten der C_n aufgesogen werden.

Wir haben demnach in den niedrigsten Fällen:

$$\text{für } n = 2, \quad w = 0,$$
$$n = 3, \quad w = 9,$$
$$n = 4, \quad w = 24.$$

Wenn wir jetzt aber eine C_3 oder C_4 zeichnen, so gelingt es, höchstens drei bzw. acht reelle Wendepunkte zu finden, so daß *G. Salmon* in seinen „Higher plane curves" bereits die Vermutung ausgesprochen hat, daß höchstens $\frac{1}{3}$ der Wendepunkte, also $n(n-2)$ reell sein können. Dies ist die Frage, auf deren Klarlegung wir zustreben:

Man soll zeigen, daß die Zahl der reellen Wendepunkte einer C_n nicht größer als $n(n-2)$ sein kann, so daß im günstigsten Falle von den vorhandenen Wendepunkten nur der dritte Teil reell ist.

Der gegebenen Formel für die Anzahl der Wendepunkte füge ich hier noch ohne Beweis die *Plückersche Formel* für die *Anzahl der Doppeltangenten einer C_n* hinzu:

$$t = \frac{n}{2}(n-2)(n^2-9),$$

(wobei wieder vorausgesetzt ist, daß die Kurve keine sogenannten singulären Punkte hat, worauf wir sogleich noch zurückkommen).

Vorab beschäftigen wir uns mit der *Klasse einer C_n*, d. h. der Anzahl der von einem willkürlichen nicht auf der Kurve liegenden Punkte an diese möglichen reellen und imaginären Tangenten. Es sind dies ja alles elementare Dinge aus der Theorie der algebraischen Kurven, die ich hier entwickeln muß, um die betreffenden Formeln für den Beweis unseres Satzes über die Anzahl der reellen Wendepunkte zur Hand zu haben. Ich wähle die Darstellung also etwas ausführlicher.

Man stelle sich die Gleichung der Tangente in einem Punkte $x = (x_1, x_2, x_3)$ der Kurve auf, indem man mit $y = (y_1, y_2, y_3)$ ihre laufenden Koordinaten bezeichnet. Die Gleichung lautet:

$$\left(\frac{\partial f}{\partial x_1}\right)y_1 + \left(\frac{\partial f}{\partial x_2}\right)y_2 + \left(\frac{\partial f}{\partial x_3}\right)y_3 = 0,$$

wobei die Klammern andeuten, daß wir bei Bildung der Differentialquotienten den festgewählten Punkt x im Sinne haben. Abkürzend wird also die Gleichung der Tangente im Punkte x in laufenden Koordinaten y:

$$f_1 y_1 + f_2 y_2 + f_3 y_3 = 0.$$

Halten wir aber den Punkt y, der nicht auf der Kurve liegen möge, fest und betrachten x als den auf der Kurve laufenden Punkt, so definiert uns die angeschriebene Gleichung offenbar eine Kurve $(n-1)$-ter Ordnung, da die f_1, f_2, f_3 vom Grade $(n-1)$ in x sind. Sie heißt die *erste Polare* des Punktes y in bezug auf die Kurve C_n. Es sind also die Punkte x, die ihre Tangenten durch den Punkt y senden, auf eine C_{n-1} beschränkt, d. h. wir finden diese Punkte als Schnittpunkte der Grundkurve mit der zu y gehörigen ersten Polaren. Haben wir entschieden, wie viele solcher Schnittpunkte existieren, so wissen wir, wie viele Tangenten von y an die C_n gehen. Nach dem Bézoutschen Theorem folgt aber diese *Klasse k einer l_n* unmittelbar als $n(n-1)$.

Dies ist natürlich eine rein algebraische Bestimmung der Tangenten, d. h. wir machen keinen Unterschied zwischen dem Reellen und Imaginären. Wir müssen aber noch in Betracht ziehen, daß singuläre Punkte der Kurve auftreten können, wodurch sich die Zahl k reduzieren kann, da mehrere der Punkte x in einen solchen singulären Punkt hineinfallen können und wir nicht gewillt sind, die Verbindungsgerade yx in einem solchen Falle als Tangente mitzuzählen.

Die Frage ist also: Wie reduzieren sich die Formeln, wenn *singuläre Punkte* eintreten? Zunächst: was sind überhaupt singuläre Punkte? Auch hier gebe ich nur das Allerelementarste, soviel wir eben benötigen. Wir definieren geradezu:

Ein singulärer Punkt liegt vor, wenn für einen Punkt x die ersten Ableitungen f_1, f_2, f_3 gleichzeitig verschwinden, also die Gleichung der Tangente für jeden Punkt y befriedigt ist. Ein höherer singulärer Punkt liegt vor, wenn auch die zweiten Ableitungen oder außer diesen auch noch die dritten Ableitungen usw. entweder Null sind oder bestimmte algebraische Bedingungen erfüllen, z. B.
$f_{11} f_{22} - f_{12}^2 = 0$.

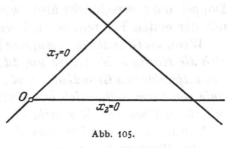

Welche Bewandtnis es mit den singulären Punkten hat, erkennt man am einfachsten, wenn man die Ecke $x_1 = 0$, $x_2 = 0$, $x_3 = 1$ des Koordinatendreiecks in den singulären Punkt legt (Abb. 105). Die Gleichung der Kurve wird dann folgendermaßen vereinfacht:

Abb. 105.

Zunächst läßt sich jede Gleichung n-ten Grades nach Potenzen von x_3 so anordnen:

$$f(x_1, x_2, x_3) = x_3^n \cdot \varphi_0 + x_3^{n-1} \varphi_1 + \cdots + x_3^0 \varphi_n = 0,$$

wo $\varphi_0, \varphi_1, \ldots, \varphi_n$ homogene Funktionen 0-ten, 1-ten, ..., n-ten Grades in x_1, x_2 sind. Soll nun der Punkt $x_1 = 0$, $x_2 = 0$ auf der Kurve liegen, so muß die Konstante φ_0 verschwinden (das Glied 0-ter Dimension). Ist der Punkt im Sinne der soeben gegebenen Definition singulär, so müssen auch die linearen Glieder fortfallen, so daß die Reihenentwicklung mit den quadratischen Gliedern beginnt:

$$0 = x_3^{n-2} \varphi_2 + \cdots + x_3^0 \varphi_n.$$

Schreiben wir φ_2 auf, so wird es etwa:

$$\varphi_2 = a_{11} x_1^2 + 2 a_{12} x_1 x_2 + a_{22} x_2^2.$$

Ein spezieller Fall ist hier, daß φ_2 identisch verschwindet, ein anderer, daß sich aus $\varphi_2 = 0$ für $\frac{x_1}{x_2}$ eine Doppelwurzel ergibt. Wenn wir aber die Koeffizienten der Kurve nicht weitergehend spezialisieren, als in der Voraussetzung liegt, daß überhaupt ein singulärer Punkt vorhanden ist, dann liefert die Gleichung $\varphi_2 = 0$ für das Verhältnis $\frac{x_1}{x_2}$ zwei verschiedene Werte. Die Folge ist, daß unsere Kurve n-ter Ordnung dann in Null einen „*Doppelpunkt*" hat, durch den zwei „*getrennte Äste*" laufen (Abb. 106). Auf diesen niedrigsten Fall eines singulären Punktes (des „*gewöhnlichen*" Doppelpunktes) wollen wir uns bei der ganzen von uns zu führenden Betrachtung beschränken.

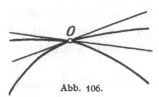

Wie ein solcher Doppelpunkt auf die Klasse k der Kurve einwirkt, ist sehr leicht zu sehen:

Die Gleichung der ersten Polaren des Punktes $y = (y_1, y_2, y_3)$ ist:

Abb. 106.

$$f_1 y_1 + f_2 y_2 + f_3 y_3 = 0.$$

Hier setze man nun $f = x_3^{n-2}\varphi_2 + \cdots + x_3^0 \varphi_n$. Man sieht sofort, daß die erste Polare durch den Doppelpunkt $x_1 = 0$, $x_2 = 0$ einfach hindurchgeht, mit einem Aste, dessen Richtung von den durch $\varphi_2 = 0$ gegebenen beiden Doppelpunkttangenten im allgemeinen verschieden ist. Der Doppelpunkt verschluckt also zwei der Schnittpunkte der Grundkurve mit der ersten Polaren, so daß wir den Satz haben:

Wenn die Grundkurve d einfache Doppelpunkte bekommt, dann reduziert sich die Klasse k der Kurve um $2d$, weil in jeden der Doppelpunkte zwei Schnittpunkte von Grundkurve und Polare fallen und wir die Verbindungslinie von (dem willkürlich außerhalb der Kurve angenommenen) Punkt y mit einem Doppelpunkt x nicht als Tangente von $f = 0$ mitzählen werden.

Das ist alles, was ich über die früheren Angaben hinaus weiterhin von den Plückerschen Formeln brauche. Ich übergehe also die weiteren Fragen, welche *Plücker* behandelt hat: Wieviel Wendepunkte, wieviel Doppeltangenten verschluckt der Doppelpunkt? Lassen Sie mich vielmehr folgende Bemerkung anknüpfen:

Denken Sie sich f mit willkürlichen Koeffizienten wirklich hingeschrieben, ebenso die Gleichungen $f_1 = 0$, $f_2 = 0$, $f_3 = 0$ (aus denen zusammen nach einem bekannten *Euler*schen Satze $f = 0$ folgt). Werden diese letzteren im allgemeinen miteinander verträglich sein, oder welche Bedingungen für die Koeffizienten von f müssen erfüllt sein, damit es der Fall ist, damit also ein singulärer Punkt auftritt?

Im Falle einer C_2 können wir das noch leicht anschreiben. Es sei

$$f = a_{11} x_1^2 + 2a_{12} x_1 x_2 + a_{22} x_2^2 + 2a_{13} x_1 x_3 + 2a_{23} x_2 x_3 + a_{33} x_3^2.$$

Hieraus folgt in Verbindung mit $f_1 = 0$, $f_2 = 0$, $f_3 = 0$

$$\tfrac{1}{2} f_1 = a_{11} x_1 + a_{12} x_2 + a_{13} x_3 = 0,$$
$$\tfrac{1}{2} f_2 = a_{21} x_1 + a_{22} x_2 + a_{23} x_3 = 0,$$
$$\tfrac{1}{2} f_3 = a_{31} x_1 + a_{32} x_2 + a_{33} x_3 = 0.$$

Dies sind drei homogene Gleichungen in x_1, x_2, x_3, die nur verträglich sind, falls die Bedingung:

$$\varDelta = \begin{vmatrix} a_{11} & a_{12} & a_{13} \\ a_{21} & a_{22} & a_{23} \\ a_{31} & a_{32} & a_{33} \end{vmatrix} = 0$$

erfüllt ist. Wir haben damit den bekannten Satz:

Soll ein Kegelschnitt einen singulären Punkt haben, so muß die Koeffizientendeterminante verschwinden.

Genau entsprechend ist die Sache bei den Kurven höherer Ordnung. Da geben $f_1 = 0$, $f_2 = 0$, $f_3 = 0$ drei Gleichungen $(n - 1)$-ten Grades, die miteinander verträglich sein sollen. Es muß zu dem Zweck die Eliminationsresultante oder, wie man auch sagt, *die Diskriminante D der Grundkurve* verschwinden. In dem besonderen Fall der C_2 wird die Diskriminante gleich der Determinante $\varDelta$. Indem ich auf das oben gebrauchte Wort „im allgemeinen" verweise, sage ich:

Soll eine C_n einen singulären Punkt haben, so muß die Diskriminante ihrer Koeffizienten verschwinden, und es hat daher die Kurve im allgemeinen (d. h. insofern die Koeffizienten die genannte Bedingung nicht erfüllen) keinen singulären Punkt.

Einen ähnlichen Satz können wir für höhere Singularitäten aussprechen; ich knüpfe daran gleich eine weitere Folgerung, indem ich sage: *Damit noch höhere Singularitäten der C_n vorliegen, müssen die Koeffizienten von f außer $D = 0$ noch weitere algebraische Bedingungsgleichungen erfüllen, und es hat also im allgemeinen eine Kurve, wenn $D = 0$ ist, an der betreffenden Stelle (x_1, x_2, x_3) nur einen einfachen Doppelpunkt, der die Klasse der Kurve um zwei Einheiten reduziert; erst weitere Bedingungsgleichungen sichern die Existenz höherer Singularitäten.*

Das ist die allgemeine algebraische Grundlage, bei der wir noch nicht das Reelle von dem Imaginären scheiden, ja auch die Koeffizienten in $f(x_1, x_2, x_3)$ komplex annehmen dürfen.

Jetzt aber gehe ich dazu über, zu untersuchen, *welche Realitätstheoreme sich auf Grund der allgemeinen algebraischen Theorie einstellen.* Wir haben hier zunächst eine Reihe von Verabredungen einzuführen. Wir machen die Annahme, daß die Koeffizienten in $f(x_1, x_2, x_3)$ reell sind oder vielmehr reelle Veränderliche, so daß wir gleich die Gesamtheit aller C_n ins Auge fassen und fragen, was sich über die Gestalt der C_n überhaupt aussagen läßt.

Weiter unterscheiden wir die Anzahl der Wendepunkte w in zwei Klassen, reelle und imaginäre; da letztere stets paarweise auftreten müssen, setzen wir $w = w' + 2\,\overline{w}$.

Ebenso teilen wir die Doppeltangenten in zwei Klassen, reelle und imaginäre. Dabei trennen wir aber die reellen nochmals in zwei Kategorien, indem wir an folgende Unterscheidung denken: Es können bei einer reellen Doppeltangente die beiden Berührungspunkte reell sein; sie können aber auch imaginär sein, so daß wir für das Auge eine isolierte Doppeltangente erhalten. Also: *Die reellen Doppeltangenten zerfallen in solche mit reellen Berührungspunkten, deren Anzahl t' sei, und in solche mit imaginären Berührungspunkten (isolierte Doppel-*

tangenten), *deren Anzahl t'' sei. Wir haben daraufhin für die Gesamtzahl t:*

$$t = t' + t'' + 2\,\bar{t},$$

wo $2\,\bar{t}$ die Zahl der imaginären Doppeltangenten ist.

Etwas Ähnliches liegt bei den Doppelpunkten vor. Hier werden wir schreiben:

$$d = d' + d'' + 2\,\bar{d},$$

wo $2\,\bar{d}$ die Zahl der imaginären Doppelpunkte bezeichnet, die bei den Realitätsuntersuchungen fortfallen, und d' die der reellen Doppelpunkte mit reellen Ästen, d'' die der reellen isolierten Doppelpunkte.

Dies sind alles nur erst allgemeine Verabredungen, wie wir gewisse Buchstaben gebrauchen werden. Wir fragen jetzt zunächst nach der *Gesamtheit der Gestalten der C_n,* mögen nun Doppelpunkte vorhanden sein oder nicht.

Ich erinnere zunächst an die *Gestalten im Falle $n = 2$.*

Wenn kein Doppelpunkt vorhanden ist, so haben wir entweder eine reelle oder imaginäre Kurve. Indem wir uns so ausdrücken, sehen wir die drei Typen der reellen Kurven: Ellipse, Parabel und Hyperbel als nicht wesentlich verschieden an, sofern jeder Typus aus den anderen durch eine projektive Umformung hervorgeht. Lassen wir aber Doppelpunkte zu, so wird die C_2 entweder in ein reelles oder imaginäres Linienpaar ausarten, im letzteren Falle haben wir für das Auge einen isolierten Punkt. Dabei kann man die Formen in einfacher Weise durch Grenzübergang aus der Hyperbel bzw. Ellipse erzeugen.

Die Ellipse, Parabel oder Hyperbel bezeichnen wir als Kurvenzüge von *paarem* Charakter, weil eine Gerade sie entweder in zwei Punkten oder überhaupt nicht schneidet.

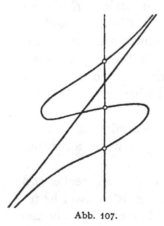

Nun zu den C_3. Hier haben wir stets drei oder einen Schnittpunkt mit einer Geraden. Daher tritt notwendig ein sogenannter *unpaarer* Zug auf, wie ein solcher in Abb. 107 (mitsamt seiner Asymptote) gezeichnet ist. Daneben kann dann noch ein paarer Zug vorhanden sein.

Diese Unterscheidung dehnt sich auf die C_n aus, für die wir das folgende, etwas unbestimmte Bild erhalten:

Eine Kurve C_n ohne singuläre Punkte besteht aus einer endlichen Anzahl von geschlossenen Zügen. Ist n gerade, so haben wir lauter paare Züge, ist n ungerade, so liegt neben etwaigen paaren Zügen ein unpaarer Zug vor. (Zwei oder mehr unpaare Züge können nicht auftreten, weil sie sich gegenseitig schneiden würden, so daß die Kurve entgegen der Voraussetzung nicht singularitätenfrei wäre.)

Abb. 107.

Wie das im einzelnen ist, muß einer besonderen Darstellung bzw. weitergehenden Untersuchungen überlassen bleiben. Das Schöne aber ist, daß das Theorem über die Wendepunkte, das ich hier vortragen werde, in dieser Hinsicht keinerlei Kenntnisse voraussetzt. Ich behaupte nämlich:

Unabhängig von den mannigfachen Formen, die eine singularitätenfreie C_n besitzen kann und die bei großem n in der Tat sehr vielgestaltig sind, gilt für die reellen Wendepunkte und die isolierten Doppeltangenten die Relation:

$$w' + 2\,t'' = n\,(n-2).$$

Mit dem Beweise dieses Theorems wollen wir uns nunmehr eingehend beschäftigen.

Es ist klar, daß, wenn dies Theorem gilt, $w' \leqq n\,(n-2)$ und damit das von *Salmon* durch Induktion gefundene Resultat über die reellen Wendepunkte richtig ist: *Von der Gesamtzahl der Wendepunkte, die eine C_n nach Plücker besitzt, kann höchstens der dritte Teil reell sein.*

Zum Beweise unseres Theorems entwickeln wir uns vorweg eine gewisse Hilfsanschauung.

Die Gleichung einer C_n hat, wie wir sahen, $\frac{n\,(n+3)}{2}$ Konstanten. Diese deuten wir als Koordinaten eines Raumpunktes in einem höheren Raume und nennen den Raumpunkt den zu der C_n gehörigen „*repräsentierenden Punkt*". Durchläuft C_n alle möglichen Gestalten, d. h. variieren die Koeffizienten in $f = 0$ beliebig, so durchläuft der repräsentierende Punkt den ganzen *Raum von* $\frac{n\,(n+3)}{2}$ *Dimensionen.* Sie werden sehen, wie nützlich es ist, einen solchen Raum zu Hilfe zu nehmen und ihn der Gesamtheit aller C_n an die Seite zu stellen. Dadurch wird es uns nämlich leichter, gewisse Mannigfaltigkeitsüberlegungen anzustellen. Wir sind eben ausschließlich für Punkträume gewöhnt, Kontinuitätsbetrachtungen vorzunehmen.

Jetzt achten wir in der Gesamtheit der C_n auf diejenigen Kurven, bei denen die Diskriminante D verschwindet, bei denen also mindestens ein singulärer Punkt auftritt (vielleicht auch mehrere). Weil $D = 0$ eine algebraische Gleichung zwischen den Koeffizienten von $f = 0$ ist (sie wurde durch ein Eliminationsproblem bei algebraischen Gleichungen gewonnen), so schneiden wir vermöge $D = 0$ aus dem repräsentierenden Raum von $\frac{n\,(n+3)}{2}$ Dimensionen eine algebraische Mannigfaltigkeit von $\frac{n\,(n+3)}{2} - 1$ Dimensionen aus, die ich eine *Fläche* nenne, indem ich die uns geläufige Sprechweise von R_3 auf den $R_{\frac{n(n+3)}{2}}$ übertrage.

Wie ist nun eine solche Fläche in einem höheren Raume gestaltet? An sich können, wo doch schon bei den Kurven in der Ebene so vielerlei Gestalten vorliegen, sehr große Verwicklungen eintreten. Aber hier ist

die Sache einfach, weil wir es mit algebraischen Gebilden zu tun haben.
Ich gebe gleich folgenden Satz:

*Eine algebraische Fläche durchzieht den Raum mit einer endlichen
Anzahl von Wandungen und zerlegt ihn in eine endliche Anzahl von
Kammern, die in Wandungen aneinanderstoßen, welche eine Dimension
weniger haben als der gegebene Raum selbst. Dies gilt in unserem repräsentierenden Raume insbesondere für die Fläche $D = 0$.*

Was sind das nun für Kurven n-ter Ordnung der Ebene, bei denen
die Diskriminante D gleich Null wird?

Da kommen zunächst Kurven mit einem gewöhnlichen Doppelpunkt,
der die Klasse um zwei Einheiten reduziert, in Betracht, weiter die
Kurven mit höheren Singularitäten (wozu ich auch das gleichzeitige
Auftreten mehrerer Doppelpunkte rechne). Wenn aber solche höhere
Singularitäten eintreten sollen, so müssen außer $D = 0$ noch andere
algebraische Bedingungsgleichungen erfüllt sein, die in nur endlicher
Anzahl zur Verfügung stehen. Das kommt dadurch heraus, daß es
sich stets, solange n selbst endlich ist, um eine endliche Anzahl von
Unterscheidungen, ob einige Wurzeln zusammenfallen oder unbestimmt
werden usw., handeln wird. Es ist für unsere folgende Betrachtung
besonders wichtig, daß hier nur eine *endliche* Anzahl solcher Bedingungsgleichungen möglich ist.

Welche Einschränkung erleidet nun diesen Bedingungsgleichungen
für die höheren Singularitäten entsprechend der repräsentierende
Punkt? Ich gebe gleich folgenden Satz: *Die repräsentierenden Punkte
derjenigen algebraischen Kurven, welche höhere Singularitäten haben, füllen
auf der Fläche $D = 0$ höchstens „algebraische Kurven" in endlicher Zahl
aus, d. h. algebraische Mannigfaltigkeiten, deren Dimension mindestens
um 2 geringer ist als* $\dfrac{n(n+3)}{2}$.

Dies läßt sich durch folgende räumliche Ausdrucksweise noch lebendiger machen: Die algebraischen Kurven mit höheren Singularitäten
ergeben auf den Wandungen $D = 0$, welche die verschiedenen Kammern des höheren Raumes abtrennen, sozusagen nur Ornamente, Ver-

zierungen, welche aber die Wandungen
nicht ausfüllen (vgl. die schematische
Abb. 108); sondern selbst höchstens zur
Dimension $\dfrac{n(n+3)}{2} - 2$ ansteigen.

Sie mögen sich folgendes konkrete
Bild machen. Nehmen Sie den R_3 und
als Wandungen die sechs Ebenen eines

Abb. 108.

Würfels. Für diese wäre dann etwa $D = 0$, den Kanten des Würfels
aber würden die höheren Singularitäten entsprechen. Dies ist die Idee,
an die sich der folgende Satz anschließt, der für das weitere grundlegend ist.

Wir wollen uns mit einer singularitätenfreien Kurve beschäftigen und uns also im repräsentierenden Raum einen Punkt außerhalb der Fläche $D = 0$ geben. Durch kontinuierliche Abänderung der Koeffizienten in der algebraischen Kurve gelangen wir von da nach einem anderen Punkt, wobei wir, wenn wir einen gegebenen Endpunkt erreichen wollen, wohl gegebenenfalls eine endliche Zahl von Wandungen, aber nicht die Ornamente auf ihnen werden durchsetzen müssen (Abb. 109). Anders ausgesprochen:

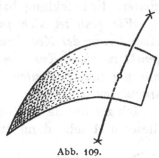

Abb. 109.

Man kann von jeder singularitätenfreien Kurve zu jeder anderen singularitätenfreien Kurve durch Zwischenschaltung anderer Kurven in der Weise kontinuierlich übergehen, daß man von singulären Vorkommnissen nichts anderes zwischendurch antrifft als eine endliche Anzahl von Malen eine Kurve mit einem gewöhnlichen Doppelpunkt, mag in diesem die Kurve nun reelle oder imaginäre Äste haben.

Der somit aufgestellte Satz bzw. die Auffassung, die ihm zugrunde liegt, ist der Kern unserer Betrachtung. Wir werden fragen: Ist dieser Satz mit unseren früheren Auseinandersetzungen über den Kurvenbegriff verträglich?

Wenn wir es nicht mit algebraischen Flächen, sondern mit beliebigen Flächen zu tun hätten, so wären die Schlüsse nicht statthaft, wie schon das Beispiel der Peano-Kurve zeigt, die ein Ebenenstück ganz ausfüllt. Wenn wir aber dem Kurvenbegriff weitere Bedingungen auferlegen, so haben wir schon in der Jordan-Kurve eine solche Kurve, die die Ebene in ein Inneres und Äußeres trennt. Wir haben es nun gar mit algebraischen Kurven und Flächen zu tun, so daß wir, so gewiß eine genauere Überlegung hier wünschenswert ist, doch ohne weiteres folgendes behaupten können:

Die allgemeinen Zusammenhangsverhältnisse der mehrdimensionalen Räume, von denen wir sprechen, daß nämlich eine Fläche wie eine Wandung wirkt, eine Kurve aber nicht, werden bei algebraischen Kurven und Flächen sicher zutreffen.

Es wäre aber noch die Frage, weshalb oben, als von der Zahl der Kammern gesprochen wurde, das Wort „endlich" gebraucht werden konnte. Zugegeben, daß die Wandungen den Raum in Kammern trennen, weshalb sollen diese in endlicher Zahl vorhanden sein? Dies ist ein weiterer Punkt, an dessen Notwendigkeit man zweifeln könnte. Ich sage hier so: Wären unendlich viele Kammern vorhanden, so müßte es eine *Häufungsstelle* von Singularitäten geben, und dieses erweist sich mit den Eigenschaften der algebraischen Funktionen unverträglich. Ich kann dies hier im einzelnen nicht durchführen, wiederhole aber noch einmal das Gesagte:

Unsere erste Überlegung handelt davon, daß der Raum überhaupt in getrennte Kammern zerlegt wird. Die zweite Überlegung bezieht sich darauf, daß deren Anzahl endlich ist.

Nachdem wir so die allgemeinste geometrische Grundlage für die spätere Entwicklung haben, fragen wir:

Wie gestaltet sich im Reellen der Übergang durch kontinuierliche Abänderung der Koeffizienten von einer algebraischen Kurve ohne Doppelpunkt zu einer Kurve mit einem einfachen Doppelpunkt (der die Klasse nur um zwei Einheiten reduziert) und dann wieder zu einer Kurve ohne singulären Punkt?

Ich zeichne da zunächst rein empirisch eine Figur, orientiere mich an dieser und sehe dann zu, wie ich hieraus exakte Sätze für die alge-

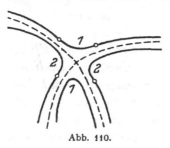

Abb. 110.

braische Kurve gewinne. Wir schließen uns hiermit an die früher bezeichnete, charakteristische Wendung des Gedankenganges von S. 176 an.

In der Abb. 110 liegt folgendes vor: Die Kurve mit Doppelpunkt entsteht, indem die beiden Äste der doppelpunktfreien Kurve *1* sich von oben und unten her nähern und im Doppelpunkte verschmelzen, um hernach bei der Kurve *2* nach rechts und links wieder auseinanderzutreten. Das Typische an der Figur wird auch bei den algebraischen Idealkurven bestehen bleiben. Unsere Frage richtet sich nur auf diejenigen Dinge, welche beim Grenzübergange nicht mehr anschaulich faßbar sind, weil sie sozusagen mikroskopisch werden.

Dabei habe ich durch die Figur nur erst einen von zwei möglichen Fällen erläutert. Ein zweites gleichberechtigtes Vorkommen ist dies, daß ein Oval einer Kurve sich auf einen „isolierten" Doppelpunkt zu-

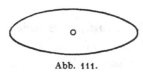

Abb. 111.

sammenzieht und dann verschwindet, wie die Abb. 111 erläutert.

Jetzt fragen wir, immer noch im empirischen Gebiete, nach den Wendepunkten oder, wie wir auch sagen werden, nach den Wendungen.

Aus der ersten Figur lesen wir folgende merkwürdige Tatsache ab: *Der Doppelpunkt absorbiert in dem Augenblick, wo er entsteht, zwei reelle Wendungen und gibt sie, wenn er verschwindet, wieder frei.* Oder etwas anders ausgesprochen: Die Kurven *1* und *2* haben beide in der Nähe des Doppelpunktes zwei Wendungen, die in der Grenze in den Doppelpunkt selbst hineinfallen. — Aus der zweiten Figur andrerseits erhellt:

Wenn sich ein Oval auf einen isolierten Doppelpunkt zusammenzieht und dann verschwindet, so sind, wenn die Sache so liegt, wie gezeichnet, reelle Wendungen daran überhaupt nicht beteiligt.

Was läßt sich nun über die entsprechenden Dinge bei den algebraischen Idealkurven aussagen? Im besonderen, um an den letzten Satz anzuknüpfen: Wenn bei einer algebraischen Kurve ein isolierter Doppelpunkt durch kontinuierliche Abänderung eines Ovals hervorkommt, wird auch dann das Oval unmittelbar vorher im allgemeinen keine reelle Wendungen haben, und warum? Dabei heißt „im allgemeinen", daß wir das Eintreten höherer algebraischer Bedingungsgleichungen für die Koeffizienten von $f = 0$ neben $D = 0$ ausschließen. Insbesondere soll also der Doppelpunkt die Klasse der Kurve nur um zwei Einheiten erniedrigen. Wir müssen nun hier untersuchen, ob bei der algebraischen Kurve sich in dem in Betracht kommenden Falle möglicherweise ein *geschlängeltes Oval*[1]) in den Doppelpunkt zusammenzieht (Abb. 112).

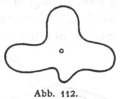

Abb. 112.

Ebenso können wir für unseren ersten Fall sagen: Auch im Falle eines Doppelpunktes mit reellen Ästen könnten bei einer algebraischen Kurve außer den beiden Wendungen, die gemäß unserer Abbildung sicher vorhanden sind, möglichweise noch weitere Wendungen in den Doppelpunkt hineinrücken bzw. aus ihm hervorgehen (Abb. 113). Die Frage ist, ob man behaupten kann, daß dies im allgemeinen nicht der Fall ist. *Den hierzu erforderlichen Beweis gebe ich am Beispiel des Ovals, weil er für dieses am bequemsten ist.* Ich nehme das Oval mit zwei Wendungen und behaupte hierauf bezüglich:

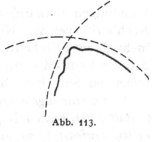

Abb. 113.

Wenn das Oval zwei Wendungen hat, dann gibt es einen Punkt y außerhalb des Ovals, von dem aus vier Tangenten an das Oval zu legen sind (Abb. 114).

Zunächst kann man eine gerade Linie finden, die das Oval in vier Punkten schneidet. Man braucht nur zwei Punkte des konkaven Kurvenzuges, der zwischen den beiden Wendepunkten liegt, durch eine Gerade zu verbinden. Wählen wir diese Gerade als x-Achse und betrachten die Ordinaten senkrecht zu ihr, so zeigt sich, daß jedes der vier Stücke, in welche unser Oval durch die x-Achse zerlegt wird, minde-

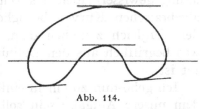

Abb. 114.

stens ein Maximum oder Minimum der Ordinate hat, so daß an unser Oval vier der x-Achse parallele Tangenten existieren. Der unendlich ferne Punkt der x-Achse ist also ein solcher Punkt, von dem aus mindestens vier reelle Tangenten an das Oval gehen. Wir werden durch

---

[1]) [Das Wort „Oval" bezeichnet hier und im folgenden einen paaren Zug, nicht nur eine überall *konvexe* geschlossene Kurve.]

eine leichte Abänderung dieser Konstruktion ein ganzes Gebiet von solchen Punkten p erhalten.

Und von hier aus kommen wir nun zu einem Widerspruch. Zieht sich nämlich unser Oval in einen isolierten Doppelpunkt zusammen (indem es bis zur Grenze hin seine Wendepunkte behält), so fallen für alle in Betracht gezogenen Punkte p offenbar alle vier Tangenten in die Verbindungsgerade $\overline{xp}$; unser Doppelpunkt absorbiert also für diese Punkte p vier reelle Tangenten. Wir schließen daraus, daß er für *jeden* Punkt p, algebraisch zu reden, vier Tangenten absorbiert, während wir ausdrücklich voraussetzen, daß unser Doppelpunkt die Klasse nur um zwei Einheiten reduzieren solle. Also kann die Annahme eines Ovals, das bis zur Grenze hin zwei Wendungen oder noch mehr besitzt, nicht statthaben.

Ganz Entsprechendes können wir für einen Doppelpunkt mit reellen Ästen machen (Abb. 115):

Wenn bei den Nachbarkurven (wie ich die Kurven in der Nähe der Kurve mit Doppelpunkt nennen will) mehr als die beiden notwendigen Wendungen vorhanden wären, dann würde beim Übergang von den Nachbarkurven zur Kurve mit Doppelpunkt auch hier die Klasse um mehr als zwei Einheiten erniedrigt, gegen unsere ausdrückliche Annahme, daß die Reduktion nur zwei Einheiten betragen soll. Somit haben wir folgenden Satz bewiesen:

Wenn eine algebraische Kurve durch kontinuierliche Abänderung ihrer Gestalt einen reellen Doppelpunkt bekommt, der die Klasse um zwei Einheiten erniedrigt, so unterscheide man, ob die Äste des Doppelpunktes reell oder imaginär sind. Im ersten Falle werden vom Doppelpunkte zwei reelle Wendungen, im zweiten Falle keine reellen Wendungen absorbiert.

Die Ableitung dieses Satzes ist im Sinne der gegenwärtigen Vorlesung gewissermaßen das Zentrum unserer auf die Wendepunkte der algebraischen Kurven bezüglichen Überlegungen, weil nämlich dabei der Vergleich zwischen dem, was anschaulich hervortritt, und dem, was begrifflich aus den Definitionen folgt, am klarsten herausgearbeitet ist.

Ich gehe nun zu einem einfacheren Teile der Überlegung weiter, bei dem unsere Aufgabe sein soll, *Beispiele von algebraischen Kurven zu konstruieren, bei denen unsere zu beweisende Relation* $w' + 2\,t'' = n\,(n-2)$ *tatsächlich erfüllt ist.* Haben wir erst die Beispiele, so überzeugen wir uns davon, daß die Relation allgemein gilt, indem wir nachweisen, daß sie bei der allgemeinsten von uns zu betrachtenden kontinuierlichen Abänderung der Kurve ungeändert weiter bestehen bleibt.

Die in Rede stehende Konstruktion von Beispielen gelingt am einfachsten, wenn man sich erstens Kurven mit möglichst vielen Doppelpunkten konstruiert, die in niedere Bestandteile zerfallen, so daß man die Gesamtgestalt der Kurve ohne weiteres übersieht, und zweitens von den so erhaltenen Kurven zu singularitätenfreien Nachbarkurven übergeht, für die unsere Relation dann befriedigt sein wird.

Man hat hier zweckgemäß zwischen geradem und ungeradem n zu unterscheiden. *Sei n zunächst gerade.* Wir wählen vorab $n = 4$, wo sich die Dinge, die ich Ihnen vorführen möchte, noch bequem zeichnen lassen.

Wir zeichnen einfach zwei kongruente Ellipsen Ω_1 und Ω_2 mit demselben Mittelpunkt, unter einem Winkel von 90° gegeneinander gedreht, die sich in vier reellen Punkten kreuzen (Abb. 116). Dann ist $\Omega_1\Omega_2 = 0$ unsere ausgeartete C_4. Sie hat ersichtlich vier reelle Doppelpunkte, eben die Kreuzungspunkte der beiden Ellipsen, und kann auch algebraisch nicht mehr als diese vier haben (nach dem Bézoutschen Theorem). Also alle Doppelpunkte der Kurve sind reell mit reellen Ästen.

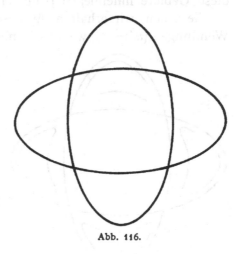

Abb. 116.

Die Klasse unserer Kurve ist, da jede der Ellipsen von der 2. Klasse ist, $k = 4$. Bei der allgemeinen C_4 gehen $4 \cdot 3 = 12$ Tangenten von einem Punkte y außerhalb an die Kurve. Es hat demnach eine Erniederung der Klasse um $12 - 4 = 8$ Einheiten stattgefunden, woraus folgt, daß jeder der vier Doppelpunkte unserer C_4 die Klasse der C_4 um zwei Einheiten erniedrigt hat.

Weiter orientieren wir uns über die Doppeltangenten unserer C_4. Nach der allgemeinen Theorie müssen es $\frac{n}{2}(n-2)(n^2-9)$, d. h. 28 sein. Diese 28 Doppeltangenten werden in der Figur vorgestellt durch die vier gemeinsamen Tangenten der beiden Ellipsen, dann aber weiter durch die sechs Verbindungsgeraden der vier Doppelpunkte, von denen jede vierfach zu zählen ist. Das letzte schließt man daraus, daß man die sechs Verbindungsgeraden zunächst mit der Vielfachheit α einführt, so daß sie 6α Doppeltangenten repräsentieren, dann überlegt, daß außer diesen Verbindungsgeraden nur noch die vier gemeinsamen Tangenten der Ellipsen als Doppeltangenten auftreten, und nun $4 + 6\alpha = 28$ setzt. Übrigens werden wir sofort noch eine andere Bestätigung für die Vielfachheit 4 bekommen. Fügen wir noch hinzu, daß unsere besondere C_4 keine Wendepunkte hat, so kennen wir sie für unsere Zwecke vollständig. Wir gehen jetzt zu einer *Nachbarkurve* über, indem wir $\Omega_1\Omega_2 = \pm\varepsilon$ setzen, wo ε eine kleine positive Größe ist.

Um dies durchzuführen, schreiben wir etwa:

$$\Omega_1 = \frac{x^2}{a^2} + \frac{y^2}{b^2} - 1\,, \qquad \Omega_2 = \frac{x^2}{b^2} + \frac{y^2}{a^2} - 1\,.$$

Wir sehen dann: Ω_1 ist im Innern der Ellipse Ω_1 kleiner als Null, im Äußeren größer; das entsprechende gilt für Ω_2, so daß $\Omega_1\Omega_2$ in den Teilen, die den beiden Ellipseninnern nicht gemeinsam sind, negativ wird (vgl. Abb. 116).

Wählen wir nun zunächst das untere Zeichen: $\Omega_1\Omega_2 = -\varepsilon$, so müssen wir eine ganz in diesen Gebieten verlaufende, singularitätenfreie Nachbarkurve zeichnen. Das geschieht so, daß wir vier Ovale in diese Gebiete hineinlegen (Abb. 117).

Sie sehen, wir erhalten für unsere Nachbarkurve genau acht reelle Wendungen ($w' = 8$), wie es sein muß, da jeder Doppelpunkt nach unse-

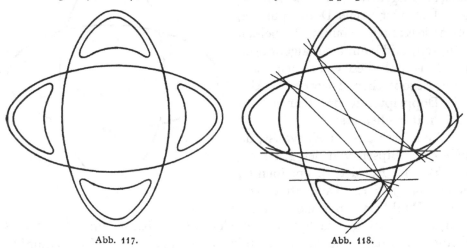

Abb. 117.   Abb. 118.

rem allgemeinen Satz zwei Wendungen abgibt und die Ellipsen von Hause aus keine Wendungen besitzen.

Wie steht es aber mit den 28 Doppeltangenten der jetzt konstruierten Kurve? Diese lassen sich im vorliegenden Falle sämtlich bequem nachweisen (Abb. 118). Zunächst geben die genannten vier gemeinsamen Tangenten der beiden Ellipsen ohne weiteres vier gemeinsame Tangenten unserer Ovale, also vier reelle Doppeltangenten, und im übrigen spaltet sich jede der sechs Verbindungsgeraden von zwei Ellipsenschnittpunkten, wie die Abbildung zeigt, in vier reelle Doppeltangenten, womit wir im ganzen die 28 überhaupt vorhandenen erhalten. *Isolierte Doppeltangenten treten bei unserer Kurve nicht auf*, da es außer den 28 jetzt konstruierten, die sämtlich reelle Berührungspunkte haben, nach der allgemeinen Theorie keine Doppeltangenten mehr gibt. Somit ist $t'' = 0$, und wir erhalten in der Tat:

$$w' + 2\,t'' = 8 = 4 \cdot 2 = n\,(n-2)\,.$$

Also für unser erstes Beispiel stimmt die Relation.

Etwas anders werden die Verhältnisse, wenn wir die zweite Nachbarkurve $\lambda_1 \lambda_2 = +\varepsilon$ wählen; das Resultat ist aber, so weit es die Summe $w' + 2 t''$ angeht, dasselbe.

Die Kurve setzt sich aus zwei Zügen, einem äußeren mit acht Wendungen und einem inneren ohne Wendungen zusammen (Abb. 119). Man nennt eine solche Kurve, bei der der eine Zug den anderen vollkommen umschließt, eine *Gürtelkurve*.

Zunächst hat auch hier wieder jeder Doppelpunkt zwei reelle Wendungen entstehen lassen. Ferner sind auch hier die vier gemeinsamen Tangenten der beiden Ellipsen in eigentliche Doppeltangenten übergegangen. Was die 24 übrigen Doppeltangenten angeht, die der allgemeinen Theorie zufolge bei der Kurve vorhanden sein sollen, so sind sie notwendig imaginär. Ziehen

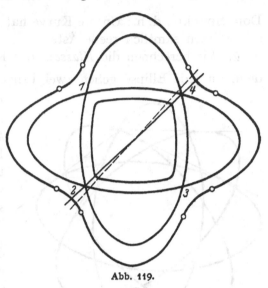

Abb. 119.

wir z. B. die Verbindungsgerade $\overline{24}$ der beiden Schnittpunkte 2 und 4 unserer ursprünglichen Ellipsen, aus der doch vier Doppeltangenten hervorgehen sollen, so sehen wir, daß $\overline{24}$, auch wenn wir es ein wenig gegen seine ursprüngliche Lage variieren, stets vier ganz auseinanderliegende reelle Schnittpunkte mit der Kurve hat, die nicht zu je zwei zusammenfallen. Sollen also „in der Nähe" von $\overline{24}$ Doppeltangenten vorhanden sein, so können sie nur imaginär sein. Somit haben wir den Schluß:

Unsere Gürtelkurve hat vier reelle Doppeltangenten mit je zwei reellen Berührungspunkten und außerdem 24 imaginäre Doppeltangenten, aber nicht etwa isolierte reelle Doppeltangenten.

In unserer Schreibweise ist also $t'' = 0$, und wieder ist die Relation $w' + 2 t'' = 8$ befriedigt.

Damit ist der Fall $n = 4$ vorläufig erledigt, d. h. wir haben bei $n = 4$ Beispiele von Kurven konstruiert, bei denen unsere Relation stimmt. Um für höhere geradzahlige Werte von n dasselbe zu leisten, konstruieren wir uns zunächst $\frac{n}{2}$ kongruente Ellipsen mit demselben Mittelpunkt so, daß aufeinanderfolgende Hauptachsen unter einem Winkel $\frac{2\pi}{n}$ gegeneinander geneigt sind. Nehmen wir z. B. vier Ellipsen wie in der Abb. 120, so erhalten wir eine C_8. Bei der so konstruierten C_n machen wir dieselbe Abzählung wie vorhin bei der C_4.

1. *Wieviel Doppelpunkte* sind vorhanden?

Jede der Ellipsen schneidet jede der übrigen in vier reellen Punkten; wir haben also im ganzen

$$\frac{4 \, \frac{n}{2} \left(\frac{n}{2} - 1 \right)}{2}$$

Doppelpunkte, d. h.: Unsere Kurve hat $\frac{n}{2}(n-2)$ *reelle Doppelpunkte;* sie besitzen sämtlich reelle Äste.

2. Wir berechnen die *Klasse k* der Kurve. k ist offenbar gleich n, denn an jede Ellipse gehen zwei Tangenten, und es gibt $\frac{n}{2}$ Ellipsen.

Gehen wir auf die allgemeine Formel zurück, so ist $k = n(n-1) - R$; R ist die Reduktion, die durch das Auftreten der Doppelpunkte bewirkt wird. Letztere berechnet sich also zu

$$R = n(n-2),$$

d. h.: Die Klasse unserer Kurve ist gegenüber der Klasse der singularitätenfreien Kurve um $n(n-2)$ Einheiten reduziert, *so daß wieder auf jeden Doppelpunkt eine Reduktion von zwei Einheiten fällt.*

Abb. 120.

3. Wir weisen $\frac{n}{2}(n-2)(n^2-9)$ *Doppeltangenten* der Kurve nach. Wir haben

a) bei je zwei Ellipsen vier gemeinsame Tangenten, die als Doppeltangenten der Gesamtkurve anzusehen sind. Dies gibt im ganzen

$$\frac{\frac{n}{2} \left(\frac{n}{2} - 1 \right) \cdot 4}{2} = \frac{n(n-2)}{2}$$

Doppeltangenten;

b) aus jeder Verbindungsgeraden zweier Schnittpunkte zweier Ellipsen (nicht notwendig desselben Paares) vier Doppeltangenten. Dies gibt:

$$\frac{4 \, \frac{n}{2}(n-2) \cdot \left(\frac{n}{2}(n-2) - 1 \right)}{2}$$

Doppeltangenten;

c) endlich kommt noch eine dritte Art Doppeltangenten dadurch hinzu, daß von jedem Schnittpunkte zweier Ellipsen an jede der $\frac{n}{2} - 2$ übrigen zwei Tangenten möglich sind. Diese Tangenten zählen als Doppeltangenten der Gesamtkurve doppelt, wie wieder auf verschiedene

Weisen gezeigt werden kann. Wir haben $\frac{n}{2}(n-2)$ Schnittpunkte von je zwei Ellipsen und von jedem derselben $\frac{n-4}{2} \cdot 2$ Tangenten der genannten Art, die sämtlich reell sind. Dies gibt also $\frac{n}{2}(n-2)\cdot\left(\frac{n}{2}-2\right)\cdot 2 \cdot 2$ Doppeltangenten der Gesamtkurve.

Durch Addition der gefundenen drei Arten Doppeltangenten kommt als Gesamtzahl der Doppeltangenten:

$$\frac{n}{2}(n-2)(1+n^2-2n+2n-2-8) = \frac{n}{2}(n-2)(n^2-9).$$

Wir haben damit die sämtlichen $\frac{n}{2}(n-2)(n^2-9)$ Doppeltangenten der allgemeinen Kurve an unserer speziellen Kurve nachgewiesen. Diese Doppeltangenten sind zum Teil zu vier, zum Teil zu zwei zusammengerückt, aber dabei alle reell mit reellen Berührungspunkten.

4. *Wendepunkte* sind bei unserer ausgearteten Kurve natürlich *nicht vorhanden*.

Von dieser ausgearteten Kurve n^{ter} Ordnung, die aus $\frac{n}{2}$ übereinandergelagerten Ellipsen $\Omega_1 = 0, \ldots, \Omega_{\frac{n}{2}} = 0$ besteht, also die Gleichung

$$\Omega_1\Omega_2 \cdots \Omega_{\frac{n}{2}} = 0$$

hat, gehen wir jetzt zu einer *Nachbarkurve*

$$\Omega_1\Omega_2 \cdots \Omega_{\frac{n}{2}} = \pm\varepsilon$$

über.

Die $\frac{n}{2}(n-2)$ Doppelpunkte der ausgearteten Kurve geben hier $n(n-2)$ reelle Wendungen.

Die Doppeltangenten aber können zum Teil reell und imaginär werden; es hängt dies von der Art des Überganges zur Nachbarkurve, d. h. davon ab, ob wir das untere oder obere Zeichen von ε wählen. Ganz gewiß aber entstehen keine isolierten Doppeltangenten, da die Berührungspunkte der Doppeltangenten, soweit eben die Doppeltangenten reell ausfallen, durch die Gestalt der Ausgangsfigur als reell vorgezeichnet sind.

Damit sind wir am Ziele; wir haben

$$w' = n(n-2), \qquad t'' = 0$$

und also

$$w' + 2t'' = n(n-2), \text{ was zu beweisen war.}$$

Das Beispiel für ein beliebiges gerades n war eine Verallgemeinerung der für $n=4$ angestellten Überlegung, nur daß bei der Aufzählung der Doppeltangenten eine neue Art c) auftrat.

Ich verlasse nunmehr diesen Fall und betrachte *ungerades n*, indem ich auch hier den niedrigsten Fall, bei dem das für den allgemeinen Fall Typische hervortritt, nämlich $n=5$, voranstelle.

Wir beginnen ganz entsprechend der vorigen Überlegung, indem wir zuerst eine ausgeartete C_5 konstruieren, bei der wir die Verhältnisse klar übersehen, um von hier aus zu einer allgemeinen C_5 aufzusteigen. Die Relation, welche sich dabei ergeben soll, lautet

$$w' + 2t'' = 15 .$$

Wir setzen unsere spezielle C_5 aus einer C_3 mit der Gleichung $\varphi = 0$ und einer Ellipse $\Omega = 0$ zusammen, so daß ihre Gleichung

$$\varphi \cdot \Omega = 0$$

lautet. Die Frage ist, wie wir die C_3 und C_2 wählen sollen, damit wir für unsere Zwecke passende Verhältnisse bekommen.

Ich hob bereits hervor, daß bei einer C_3 stets ein unpaarer Kurvenzug auftritt, den wir hier insbesondere so zeichnen wollen, daß nur eine Asymptote vorhanden ist (Abb. 121). Man kann dem Kurvenzug eine zur Asymptote symmetrische Gestalt geben, so daß ein Wendepunkt in den Schnitt O der Asymptote mit der Kurve fällt, die beiden anderen liegen dann auf einer Geraden durch O gleich weit nach entgegengesetzten Seiten. Durch Auseinanderziehen, d. h. durch eine geeignete affine Transformation erreicht man, daß die Kurve eine für unsere Zwecke besonders

Abb. 121.

geeignete Gestalt erhält, wie sie in Abb. 122 vorliegt. Es kommt für uns hier nicht darauf an, die sämtlichen Gestalten der C_3 zu übersehen, sondern nur eine für unseren Zweck besonders bequeme C_3 hervorzuheben.

Nennen wir den kleinsten Abstand des Punktes O von den Flanken der Kurvenstreifen β, den größten von den Scheiteln der Schleifen α (Abb. 122) und wählen wir zwei Größen a und b so, daß

$$a < \alpha , \qquad b > \beta ,$$
$$\text{aber} \quad a > b ,$$

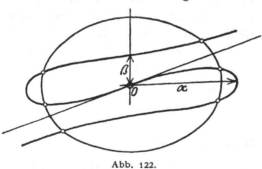
Abb. 122.

so erhalten wir, wenn wir a und b als Halbachsen einer um O als Mittelpunkt herumgelegten Ellipse wählen, alle sechs nach dem Bézoutschen Theoreme möglichen Schnittpunkte unserer C_3 mit der Ellipse als reelle Punkte. Dies wird gelten, wie wir auch die Ellipse um O drehen, d. h. welches Azimut wir auch für die Hauptachsen voraussetzen. Andererseits schneiden sich zwei solche Ellipsen dann selber noch in vier reellen Punkten, wodurch die

Möglichkeit geboten ist, auch höhere Kurven C_7, C_9, ... in zweckmäßiger Weise zu konstruieren, was ich weiterhin nicht mehr besonders ausführe.

Bleiben wir hier bei unserer Kurve C_5, wo ich die Dinge völlig konkret darlegen kann. Zunächst die *Klasse*.

Die Klasse der C_3 ist offenbar gleich $3 \cdot 2 = 6$, die der C_2 gleich $2 \cdot 1 = 2$, daher ist die Klasse unserer Kurve gleich $6 + 2 = 8$. Da nun nach der allgemeinen Theorie $k_5 = n(n-1) = 5 \cdot 4 = 20$ ist, so haben wir eine Reduktion um 12 Einheiten, so daß auf jeden Doppelpunkt wieder eine Reduktion von zwei Einheiten kommt.

Die *Zahl der reellen Wendepunkte* ist 3, da die C_3 drei, die Ellipse aber keine Wendepunkte besitzt.

Weiter gilt es jetzt, an unserer Kurve die $\frac{n}{2}(n-2)(n^2-9) = 120$ *Doppeltangenten* des allgemeinen Falls nachzuweisen. Da sind zunächst die gemeinsamen Tangenten der C_3 und C_2. Dies gibt, da C_3 von der 6. Klasse, C_2 von der 2. Klasse ist, 12 Doppeltangenten der C_5. Sind sie reell oder imaginär? Jedenfalls sind sie nicht alle reell, wie ein Blick auf Abb.122 zeigt. Ohne dies näher zu entwickeln, können wir behaupten: *Diejenigen unserer 12 gemeinsamen Tangenten der C_3 und C_2, die reell sind, haben auch reelle Berührungspunkte, nicht etwa konjugiert komplexe, so daß keine sog. isolierten Doppeltangenten auftreten.* Es kommt dies dadurch heraus, daß die Berührungspunkte einer solchen gemeinsamen Tangente, die doch auf der C_3 und C_2 verteilt liegen sollen, getrennten algebraischen Bedingungen genügen.

Weiter lassen sich von den Doppelpunkten unserer Kurve allerdings nicht an die Ellipse, wohl aber an die C_3 noch Tangenten legen, welche die Kurve in einem anderen Punkte als in dem bezüglichen Doppelpunkt berühren. Es sind dies je vier Tangenten. Die Zahl 4 kommt so heraus, daß von einem beliebigen Punkte, der nicht auf der C_3 liegt, sechs Tangenten an diese gehen, wenn der Punkt aber auf die C_3 rückt, offenbar zwei Tangenten von diesen sechs in seine eigene Tangente zusammenfallen, so daß noch $6 - 2 = 4$ bleiben. Das gibt im ganzen $4 \cdot 6$ Tangenten (von jedem der sechs Doppelpunkte vier Tangenten). Bei der Auflösung der Doppelpunkte erhält man von hier aus, da jede unserer Tangenten (wie im Falle des geraden n) zwei Doppeltangenten der allgemeinen C_5 ergibt, $4 \cdot 6 \cdot 2 = 48$ Doppeltangenten. Ob diese im einzelnen reell oder imaginär sind, das wissen wir wieder nicht und lassen es ununtersucht. Aber eins ist wieder sicher:

Diese 48 Doppeltangenten, die wir bei der Nachbarkurve $\varphi \Omega = \pm \varepsilon$, so weit sie reell ausfallen, getrennt vor Augen sehen, sind sicher keine isolierten Doppeltangenten. Denn beim Rückgang zur ausgearteten Kurve muß der eine Berührungspunkt in den Doppelpunkt, der andere entfernt davon fallen, während bei einer isolierten Doppeltangente in diesem Übergangsfall beide Berührungspunkte in den Doppelpunkt hineinrücken müßten.

Als letzte Kategorie von Doppeltangenten kommen die Verbindungsgeraden der Doppelpunkte untereinander in Betracht. Es gibt $\frac{6\cdot 5}{2} = 15$ Verbindungsgeraden. Jede ist aber als Doppeltangente mit der Vielfachheit 4 zu zählen, wie im Falle eines geraden n, so daß wir den Satz haben: *Die 15 Verbindungsgeraden der sechs Doppelpunkte ergeben für die Nachbarkurve $15\cdot 4 = 60$ Doppeltangenten.*

Wir fahren gleich fort: *Soweit die so entstehenden Doppeltangenten überhaupt reell sind, sind sie wieder nicht isoliert, da die Berührungspunkte allemal doch in der Nähe der beiden Doppelpunkte, die wir ursprünglich geradlinig verbanden, zu suchen sind.*

Mit dieser Aufzählung der Doppeltangenten $(12 + 48 + 60)$ sind sämtliche 120 Doppeltangenten der allgemeinen Theorie bei unserer Kurve nachgewiesen.

Nun haben wir alles beisammen, um zu der *Nachbarkurve $\varphi\Omega = \pm\varepsilon$* überzugehen.

An reellen Wendungen haben wir offenbar die drei Wendungen der C_3 und je zwei aus den sechs Doppelpunkten, d. h. $3 + 2\cdot 6 = 15$. Soweit *reelle Doppeltangenten* vorhanden sind, sind sie nicht isoliert, also $t'' = 0$. *Also haben wir auch hier richtig: $w' + 2t'' = 15 = 5\cdot 3 = n(n-2)$.*

Ähnlich ist es bei beliebigem ungeraden n. Ich unterlasse die Ausführung, bei der wir von einer ausgearteten C_n ausgehen, die sich zusammensetzt aus einer C_3 und $\frac{n-3}{2}$ einander kongruenten reellen Ellipsen mit demselben Mittelpunkt und Hauptachsen, die unter einem Winkel $\frac{2\pi}{n-3}$ aufeinanderfolgen.

Jedenfalls bekommen wir auch bei beliebigem ungeraden n Beispiele singularitätenfreier Kurven, bei denen

$$w' + 2t'' = n(n-2)$$

ist.

Nachdem wir uns diese Beispiele konstruiert haben, treten wir wieder in die *allgemeine Überlegung* des zu führenden Beweises ein. Wir wissen, daß wir den Übergang von dem repräsentierenden Punkt 1 einer singularitätenfreien C_n zu dem repräsentierenden Punkt 2 einer zweiten singularitätenfreien C_n stets so einrichten können, daß wir die Mannigfaltigkeit $D = 0$ nur an solchen einzelnen Stellen durchsetzen, denen C_n entsprechen ohne andere Singularitäten als einen einzelnen Doppelpunkt, der die Klasse um zwei Einheiten erniedrigt. Nun möchten wir wissen, was aus der für 1 bestehenden Relation $w' + 2t'' = n(n-2)$ bei der Wanderung nach 2 hin wird. Überlegen wir uns, was überhaupt verloren oder gewonnen werden kann.

Man kann zunächst meinen, daß ein Verlust oder Gewinn an Wendungen w' oder Doppeltangenten t'' eintritt, wenn man durch eine Kurve mit gewöhnlichem Doppelpunkt hindurchgeht. Dies ist aber nicht der

Fall, vielmehr gilt der Satz: *Die Anzahl w' + 2 t'' bleibt, wenn wir in verabredeter Weise die Mannigfaltigkeit D = 0 durchsetzen, ungeändert.*

Wir müssen dabei natürlich in Betracht ziehen, daß der bei der C_n auftretende gewöhnliche Doppelpunkt ein Doppelpunkt mit reellen Ästen oder ein isolierter Doppelpunkt sein kann (Abb. 123).

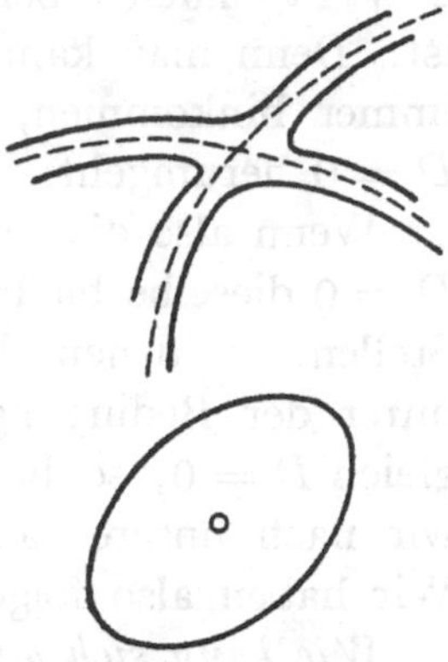

Im ersten Falle gehen offenbar zwei reelle Wendungen der Kurve beim Übergang zur Kurve mit Doppelpunkt verloren, treten aber alsbald wieder hervor, sobald wir den Doppelpunkt auf- lösen, *so daß also w' ungeändert bleibt.*

Im zweiten Falle sind überhaupt keine reellen Wendungen beim Grenzübergange beteiligt, so daß von einer Änderung des w' von vornherein keine Rede sein kann.

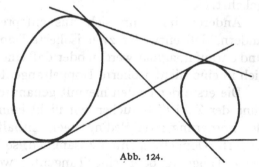

Abb. 123.

Damit ist der erste Schritt erledigt:

Beim Überschreiten einer Kurve mit Doppel- punkt, welcher die Klasse um zwei Einheiten reduziert, erleidet die Zahl w' der Wendungen der singularitätenfreien Kurve keine Änderung.

Genau so erleidet aber auch t'' keine Änderung. Wohl ändert sich, allgemein zu reden, die Zahl der reellen Doppeltangenten, aber die hiervon betroffenen Doppeltangenten sind keine isolierten. Man überlege sich dies etwa an Abb. 124, wo vier Doppeltangenten beim Übergang des einen Ovals in einen isolierten Punkt und nachherigem Imaginärwerden dieses Punktes imaginär wer- den, aber keine Rede davon ist, daß sie etwa reelle iso- lierte Doppeltangenten ge- wesen wären oder würden.

Genau so ist es bei den reellen Doppeltangenten, die ein Doppelpunkt mit reellen Ästen gegebenenfalls ver- schluckt. Also:

Abb. 124.

Das Überschreiten der Kurve mit Doppelpunkt kann in der Zahl der reellen Doppeltangenten der Kurve eine große Änderung hervorrufen, aber die Zahl der reellen isolierten Doppeltangenten wird davon nicht berührt.

Nehmen wir zusammen, was wir über w' und t'' sagten, so sehen wir, *daß bei dem in Rede stehenden Übergang in der Tat die Summe w' + 2 t'' vorher und nachher dieselbe bleibt.*

Hiermit haben wir das Hindurchgehen durch die Fläche D = 0 erledigt. Natürlich kann die Sache, wenn wir an Stellen, wo höhere Singularitäten vorliegen, die Fläche D = 0 durchsetzen, weit ver- wickelter werden. Das Schöne aber ist eben, daß wir die Betrachtung dieser höheren Fälle vollständig vermeiden können. Würde einer sich die Mühe machen, den Einfluß eines Überschreitens von höheren Singularitäten der Fläche $D = 0$ genau zu untersuchen, so ist kein Zweifel, daß er schließlich als Endresultat ebenfalls finden würde, daß die Summe $w' + 2\,t''$ nach Überschreitung der Singularität ungeändert geblieben ist. Denn man kann vom Anfangspunkte zum Endpunkte des Weges immer hinkommen, indem man um die höheren Singularitäten von $D = 0$ herumgeht.

Wenn also die Summe $w' + 2\,t''$ beim Durchgang durch die Fläche $D = 0$ dieselbe bleibt, wie kann sie sich dann überhaupt ändern? Die Stellen, an denen dies möglicherweise eintritt, werden von uns nur unter der Bedingung $D \gtreqless 0$ zu betrachten sein. Wäre nämlich zugleich $D = 0$, so hätten wir ein „höheres Vorkommnis" vor uns, das wir nach unserer allgemeinen Überlegung immer vermeiden können. Wir haben also folgende präzise Fragestellung vor uns:

Wie kann sich auf dem Wege von einem repräsentierenden Punkt zu einem anderen die Zahl $w' + 2\,t''$ ändern, wenn wir berechtigterweise nur solche Vorkommnisse in Betracht ziehen, die sich durch eine einzelne algebraische Gleichung in den Koeffizienten der C_n ausdrücken, und wenn wir insbesondere den Fall $D = 0$, weil schon erledigt, beiseite lassen?

Offenbar kann sich, weil die Gesamtzahl der Wendepunkte einer singularitätenfreien C_n durch n festgelegt ist, die Zahl w' nur noch dadurch ändern, daß auf der singularitätenfreien Kurve zwei reelle Wendungen zusammenrücken und dann imaginär werden, oder umgekehrt.

Andererseits kann sich aus entsprechendem Grunde t'' dadurch ändern, daß entweder zwei isolierte Doppeltangenten zusammenrücken und darauf imaginär werden oder daß eine isolierte reelle Doppeltangente sich in eine nicht isolierte Doppeltangente verwandelt oder umgekehrt.

Die erste der beiden hiermit genannten Möglichkeiten für die Änderung der Zahl t'' brauchen wir nicht einmal zu berücksichtigen, weil in der Forderung zwei Bedingungen enthalten sind. Fallen nämlich zwei isolierte Doppeltangenten zusammen, so haben wir entweder eine vierfache Tangente oder eine Tangente, welche an zwei Stellen in der zweiten Ordnung berührt (weil doch die beiden konjugiert komplexen Berührungspunkte immer das gleiche Schicksal erleiden müssen).

Die einzige Änderung von t'', die in Betracht kommt, besteht also darin, daß aus einer isolierten Doppeltangente eine nicht isolierte Doppeltangente hervorkommt, oder umgekehrt.

Und nun stellt sich die Sache erfreulicherweise so, daß die beiden Änderungen von w' und t'', die allein noch zu überlegen sind, notwendig in der Art gleichzeitig eintreten, daß $w' + 2\,t''$ dabei ungeändert bleibt.

Den hiermit aufgestellten Satz erläutern wir zunächst an gezeichneten Kurven und fragen dann:

Läßt sich das, was wir hier sehen, in exakte Sätze über algebraische Idealkurven verwandeln?

Wir zeichnen einen Kurvenzug mit zwei reellen Wendungen, lassen diese dann zusammenrücken und schließlich imaginär werden. In Abb. 125a haben wir offenbar eine Doppeltangente mit zwei reellen Berührungspunkten, hieraus wird in Abb. 125b eine sog. vierpunktige Tangente und in Abb. 125c, algebraisch zu reden, eine isolierte Doppeltangente, da doch eine reelle Doppeltangente nur so imaginär werden kann, daß sie zunächst mit einer anderen reellen Doppeltangente zusammenfällt, wovon aber im vorliegenden Falle gar nicht die Rede ist. Also:

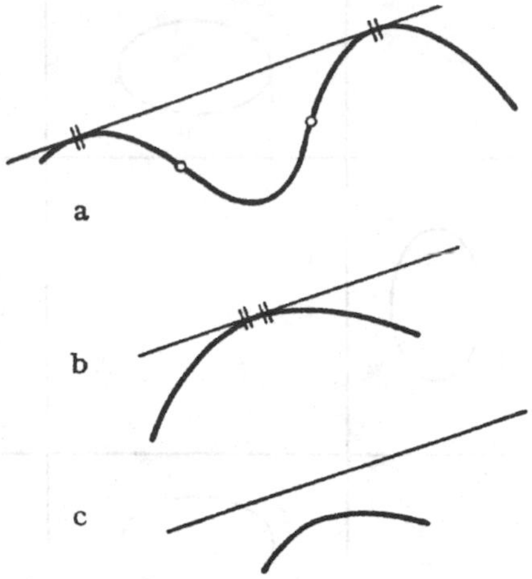

Indem die beiden Wendepunkte zusammenfallen und darauf imaginär werden, rücken auch die Berührungspunkte der Doppeltangenten zusammen und werden darauf imaginär. Die Doppeltangente selbst bleibt bei diesem Übergange reell.

Abb. 125a—c.

Wenn also w' um zwei Einheiten sinkt, wächst t'' um eine, wodurch, da t'' in der Summe $w' + 2t''$ mit 2 multipliziert auftritt, die Relation richtig bleibt.

Ich will dies zunächst noch an den beiden Gestalten der C_4 erläutern, die wir uns früher hergestellt hatten.

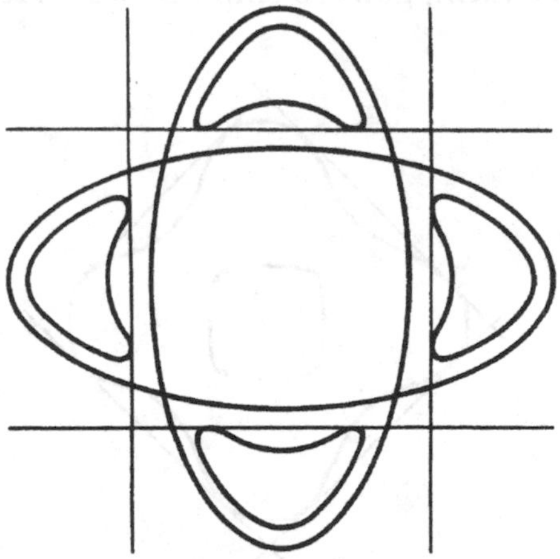

Wir gingen von zwei sich kreuzenden Ellipsen aus und konstruierten uns einmal die Kurve $\Omega_1\Omega_2 = -\varepsilon$, die aus vier getrennten Ovalen besteht. Ich richte jetzt die Aufmerksamkeit darauf, daß von diesen vier Ovalen jedes für sich genommen eine Doppeltangente besitzt (Abb. 126). Lassen wir nun ε größer werden, so können diese Doppeltangenten abgestoßen werden; wir

Abb. 126.

erhalten dann ein Bild, wie es die Abb. 127 zeigt. Hier sind keine reellen Wendungen mehr vorhanden, dafür aber vier reelle isolierte Doppeltangenten, so daß die Relation $w' + 2t'' = 8$ richtig bleibt.

Das andere Mal setzten wir $\Omega_1\Omega_2 = +\varepsilon$ und erhielten die Gürtelkurve, auch zunächst mit acht reellen Wendungen (Abb. 128). Der äußere Kurvenzug als solcher besitzt hier vier Doppeltangenten; wächst ε, so kommt ein Augenblick, wo diese vier Doppeltangenten in vier vierpunktige Tangenten und darüber hinaus in vier reelle, isolierte Doppeltangenten übergehen, die den Kurvenzug, der jetzt ovalartige

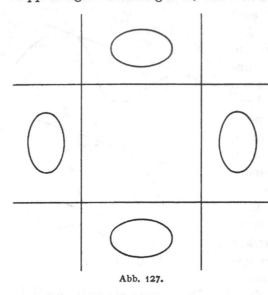

Gestalt hat, umgeben, ohne ihn zu treffen (Abb. 129). Aber gleichzeitig sind die acht Wendungen des Kurvenzuges verschwunden. Auch hier bleibt also die Relation $w' + 2\,t'' = 8$ bestehen. Die Frage ist: Weshalb ist das so, und nicht nur im speziellen Falle bei $n = 4$, sondern immer und bei beliebigem n? Hierauf sage ich, getreu dem Prinzip dieser Vorlesung: *Zunächst sind die Figuren, die wir bei beliebigem n erhalten, denjenigen, die wir jetzt im Beispiel betrachteten, ganz ähnlich. Es kommt aber darauf an, zu prüfen, wieso man aus diesen Figuren exakte Schlüsse für die algebraischen Idealkurven ableiten kann.*

Abb. 127.

Ich skizziere dies folgendermaßen: Es wird sich zunächst darum handeln, gewisse empirische Figuren zu betrachten. Irgendein Kurven-

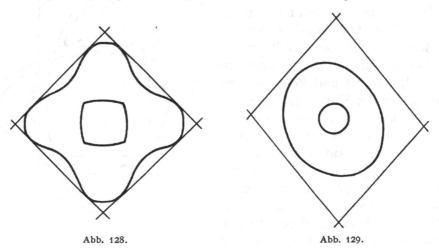

Abb. 128.   Abb. 129.

zug, der sich nicht durchs Unendliche erstreckt, möge eine Doppeltangente haben, deren Berührungspunkte also nach Durchlaufung eines endlichen Kurvenstücks aufeinanderfolgen. Ein Blick auf die Figuren 130 zeigt, daß zwischen den Berührungspunkten mindestens zwei Wendepunkte liegen; ihre Zahl kann in der Tat gleich 2 sein. — Umgekehrt, wenn wir einen Kurvenzug, der ursprünglich keine Wendungen besaß, durch Einstülpung seiner Teile mit zwei oder mehr Wendungen versehen, so wird er mindestens eine Doppeltangente bekommen.

Zweitens wird man diese Sätze auf reguläre Idealkurven übertragen, wobei der entscheidende Beweisgrund jedesmal in der richtigen Verwendung des Rolleschen Theorems oder des Weierstraßschen Existenzsatzes für das Maximum einer stetigen Funktion liegt. Hat der Kurvenzug eine Doppeltangente, wie vorhin, so wähle man die x-Achse parallel zur Doppeltangente und denke sich das Kurvenstück zwischen den Berührungspunkten durch einen geeigneten Parameter t in der Form $x = \varphi(t)$, $y = \psi(t)$ dargestellt. In den Berührungspunkten ist dann $\frac{dy}{dx} = \frac{\psi'}{\varphi'}$ gleich Null. Aber y muß

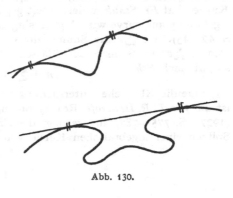

Abb. 130.

im Intervall ein Maximum oder Minimum haben. Dort ist dann abermals $\frac{dy}{dx} = \frac{\psi'}{\varphi'}$ gleich Null. Wir schließen, daß $\frac{d^2y}{dx^2}$ im Intervall mindestens zweimal verschwindet, und dies war zu beweisen. Entsprechend gewinnt man den umgekehrten Satz.

Drittens wird man sagen, daß bei algebraischen Kurven, wenn man sich auf „allgemeine" Vorkommnisse ihrer Art beschränkt, zwischen den Berührungspunkten einer Doppeltangente, die sich durch allmähliche Änderung der Gestalt des Kurvenbogens von diesem abschnüren soll, auch *nur* zwei Wendungen liegen. Fänden sich nämlich dort mehr als zwei Wendepunkte und ließe man den Kurvenzug sich so deformieren, daß die beiden Berührungspunkte der Doppeltangente zusammenrücken, so wäre dies ein Vorkommnis höherer Art, das wir bei unseren allgemeinen Betrachtungen beiseite lassen dürfen.

Die drei so bezeichneten Punkte ergeben zusammengenommen, daß die Summe $w' + 2t''$ bei der algebraischen Idealkurve für die von uns zu betrachtenden Änderungen konstant ist und damit, *daß sie für die von höheren Singularitäten freien Kurven C_n überhaupt den konstanten Wert $n(n-2)$ hat, w. z. b. w.[1]*.

---

[1] [In der auf S. 178 erwähnten Kleinschen Arbeit ist außerdem die allgemeinere Relation bewiesen:

$$n + w' + 2t'' = k + r' + 2d'',$$

wo n, w', t', k, d'' die uns bekannte Bedeutung haben und r' die Zahl der reellen Spitzen ist. Wie in diese Relation höhere Singularitäten einzubeziehen sind, hat *A. Brill* (Math. Ann. Bd. 16 (1879), S. 348—408), gezeigt; seine Untersuchung ist im

Der hiermit zu Ende geführte Beweis unseres Theorems unterscheidet sich von dem in Bd. 10 der Math. Annalen gegebenen nur dadurch, daß ich damals mehr unmittelbar auf die empirischen Figuren Bezug nahm, jetzt aber auf die Übertragung der Schlüsse von den Figuren auf die algebraischen Idealkurven ausführlicher einging.

Gegensatz zu der obigen rein algebraisch. Man vgl. ferner den Beweis von *C. Juel* (Math. Ann. Bd. 61. 1905 und Bericht über den sechsten Skandinavischen Mathematikerkongreß in Kopenhagen (1925), S. 119—126). Die Erweiterung auf komplexe Kurven hat *Fr. Schuh* in der Arbeit gegeben: On an expression for the class of an algebraic plane curve with higher singularities (Akad. d. Wiss. Amsterdam 1904, S. 42—45). Ist $\sum u$ die Summe der Ordnungen aller Singularitäten mit reellem Punkt, $\sum v$ die Summe der Klassen aller Singularitäten mit reeller Tangente, so gilt nach *Schuh:*

$$n + \sum v = k + \sum u .$$

Eine die Kleinsche Untersuchung weiterführende Arbeit ganz neuen Datums ist die von *T. R. Hollcroft*, Reality of singularities of plane curves, Math. Ann. 97 (1927), S. 775—787, in welcher die Frage nach der Maximalzahl der reellen Spitzen einer algebraischen Kurve von gegebener Ordnung behandelt wird.]

Dritter Teil.

Von der Versinnlichung idealer Gebilde durch Zeichnungen und Modelle.

Ein Hauptgegenstand der Entwicklungen dieser Vorlesung war die Unterscheidung der empirischen Raumanschauung mit ihrer beschränkten Genauigkeit von den idealisierten Auffassungen der Präzisionsgeometrie. Sobald man sich dieses Unterschiedes bewußt geworden ist, kann man seinen Weg einseitig nach der einen oder anderen Seite wählen. Die eine Möglichkeit würde sein, daß wir unter Verzicht auf schärfere Begriffsbestimmungen eine Geometrie nur auf den Tatsachen der empirischen Raumanschauung aufzubauen unternehmen, wo man dann nie von Punkten oder Linien sprechen soll, sondern immer nur von „Flecken" und Streifen. Die andere Möglichkeit ist, daß wir die Raumanschauung als trügerisch überhaupt beiseite lassen und nur mit abstrakten Beziehungen der reinen Analysis operieren. *Beide Möglichkeiten scheinen gleich unfruchtbar zu sein:* ich jedenfalls bin immer dafür eingetreten, *daß wir die beiderlei Richtungen, nachdem man sich über ihre Verschiedenheit klar geworden ist, in Verbindung halten sollen.*

In dieser Verbindung scheint eine wunderbare anregende Kraft zu liegen. Deshalb habe ich mich stets dafür eingesetzt, daß man sich abstrakte Beziehungen auch durch empirische Modelle klarmachen solle; dies ist der Gedanke, dem insbesondere unsere Göttinger *Modellsammlung* ihren Ursprung verdankt. Ich möchte die letzten Stunden dieser Vorlesung benutzen, um Ihnen noch eine Reihe interessanter Modelle mit zugehörigen Erläuterungen vorzuführen.

Ich beginne gleich mit der Raumgeometrie und hier mit den *Raumkurven*.

In der Präzisionsgeometrie werden die Raumkurven als reguläre Idealkurven durch drei Gleichungen:

$$x = \varphi(t), \qquad y = \psi(t), \qquad z = \chi(t)$$

definiert, wo t sein Intervall durchläuft. φ, ψ, χ sollen stetige Funktionen sein, die nicht sämtlich konstant, zweimal differenzierbar und deren zweite Differentialquotienten noch abteilungsweise monoton sind.

Bei solchen Kurven spricht man nun von einer „Tangente" und einer „Schmiegebene".

Man lernt, daß die Gleichung der Tangente im Punkte $x_0 = \varphi(t_0)$, $y_0 = \psi(t_0)$, $z_0 = \chi(t_0)$ gegeben ist als

$$\left\| \begin{array}{ccc} x - \varphi(t_0) & y - \psi(t_0) & z - \chi(t_0) \\ \varphi'(t_0) & \psi'(t_0) & \chi'(t_0) \end{array} \right\| = 0 \, .$$

Das Nullsetzen dieser „Matrix" bedeutet natürlich nichts anderes als das Gleichungssystem:

$$\frac{x - \varphi(t_0)}{\varphi'(t_0)} = \frac{y - \psi(t_0)}{\psi'(t_0)} = \frac{z - \chi(t_0)}{\chi'(t_0)} \, .$$

Die Gleichung der Schmiegebene in demselben Punkt lautet:

$$\left| \begin{array}{ccc} x - \varphi(t_0) & y - \psi(t_0) & z - \chi(t_0) \\ \varphi'(t_0) & \psi'(t_0) & \chi'(t_0) \\ \varphi''(t_0) & \psi''(t_0) & \chi''(t_0) \end{array} \right| = 0 \, .$$

Hierzu hat man dann die Sätze:

Wenn man zwei Punkte einer Raumkurve durch eine Sekante verbindet und die Punkte irgendwie zusammenrücken läßt, so hat die Sekante die Tangente als Grenzlage.

Wenn man durch drei Punkte einer Raumkurve eine Ebene legt und diese Punkte irgendwie zusammenrücken läßt, so hat die Ebene die Schmiegebene als Grenzlage.

Die Frage wird nun sein, welche gestaltlichen Verhältnisse diesen Sätzen entsprechend am Modelle hervortreten.

Ich beginne damit, Ihnen eine Anzahl Modelle von Raumkurven zu zeigen, wobei natürlich eine besondere Schwierigkeit darin besteht, daß ich mich auf eine bloße *Schilderung* der Verhältnisse beschränken und Sie auffordern muß, die Dinge hinterher selber an dem Modell zu studieren. Mein Vortrag als solcher muß dogmatische Form annehmen.

Zunächst hier ein Modell einer gewöhnlichen Raumkurve ohne singulären Punkt. Auf ihr wählen wir einen beliebigen Punkt p aus und grenzen um ihn herum ein „hinreichend kleines" Kurvenstück k ab. Unsere Hauptfrage wird sein: Wie projiziert sich dieses Kurvenstück von irgendeinem Augenpunkt O aus auf eine beliebig gestellte, den Punkt O natürlich nicht enthaltende Projektionsebene? Wir erhalten auf diese Frage drei verschiedene Antworten, je nachdem der Augenpunkt O außerhalb der Schmiegebene, in der Schmiegebene, aber nicht auf der Tangente in p oder schließlich auf der Tangente des Punktes p liegt. Es sei k' die Projektion von k, p' diejenige von p. Dann ergibt sich:

1. Liegt O nicht in der Schmiegebene von p, so ist k' ein in p' singularitätenfreies Kurvenstück (Abb. 131).

2. Liegt O in der Schmiegebene von p, so hat, da die Raumkurve die Schmiegebene durchsetzt, die Projektion k' in p' einen Wendepunkt (Abb. 132).

3. Liegt O auf der Tangente von p, ohne mit p zusammenzufallen, so erhält k' in p' eine Spitze (Abb. 133). Dies wird anschaulich unmittel-

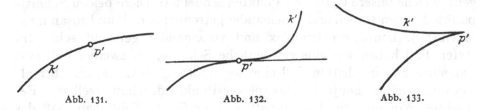

Abb. 131.   Abb. 132.   Abb. 133.

bar klar, wenn man den Augenpunkt statt auf der Tangente in p auf einer Sekante pp_1 wählt und dann p_1 sich unbeschränkt dem p nähern läßt. Man erhält als Projektion zunächst eine Kurve mit Doppelpunkt. Die beiden Tangenten in diesem Doppelpunkt entsprechen den beiden bei geeigneter Wahl von p_1 bestimmt zueinander windschiefen Tangenten der Raumkurve in p und p_1. Beim Grenzübergang $p_1 \to p$ fallen die beiden Tangenten des Doppelpunktes in eine zusammen und der Doppelpunkt selbst wird zur Spitze.

Diese Angaben über das Verhalten der Raumkurven werden wesentlich vollständiger ausfallen können, wenn wir uns jetzt insbesondere auf die algebraischen *Raumkurven dritter Ordnung* beziehen, da diese als

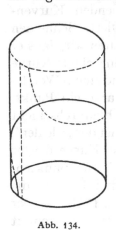

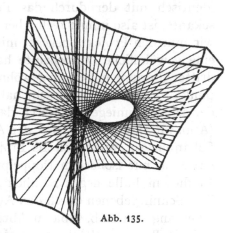

algebraische Kurven gestatten, den Gesamtverlauf der jeweiligen Projektion in Betracht zu ziehen und nicht nur ein kleines Stück.

In Abb. 134 ist eine sog. kubische Ellipse dargestellt; sie kann als Schnitt oder genauer als Teil des Schnittes eines geraden elliptischen

Abb. 134.

Abb. 135.

Zylinders mit einem schiefen Kreiskegel aufgefaßt werden, der mit dem Zylinder eine Erzeugende gemein hat. Es ist leicht einzusehen, daß eine solche Kurve von der dritten Ordnung sein muß, d. h. eine Ebene sie in drei Punkten, von denen zwei konjugiert komplex sein können, schneiden muß. Nach dem Bézoutschen Theorem schneiden sich zwei Flächen zweiter Ordnung nämlich in einer Raumkurve vierter Ordnung. Haben nun beide Flächen eine geradlinige Erzeugende gemein, so muß die Raumkurve vierter Ordnung in diese Erzeugende und eine Raumkurve dritter Ordnung zerfallen. Abb. 135 stellt die kubische Ellipse und die von ihren Tangenten gebildete abwickelbare Fläche dar[1]).

Zum besseren Verständnis des folgenden sei ohne Beweis der Satz vorausgeschickt, daß durch jeden Punkt des Raumes eine Gerade geht, welche unsere C_3 in zwei Punkten schneidet. Diese beiden Schnittpunkte können 1. reell und voneinander getrennt; 2. reell und zusammenfallend; 3. konjugiert komplex und voneinander getrennt sein. Im ersten Fall haben wir eine gewöhnliche Sekante, im zweiten Fall eine Tangente und im dritten Fall eine sog. „ideale" Sekante, die aber als Verbindungslinie konjugiert komplexer Punkte durchaus reell ist. Betrachtet man nun die Tangentenfläche der C_3, so sieht man, daß der Raum durch sie in zwei Gebiete geteilt wird. In dem einen, das von der Raumkurve aus sich zwischen den beiden Mänteln ihrer Tangentenfläche erstreckt, liegen die Punkte mit „idealen" Sekanten, in dem zweiten die Punkte mit gewöhnlichen Sekanten und auf der Fläche selbst die Punkte, durch welche Tangenten der Kurve gehen. Projizieren wir nun die C_3 von irgendeinem nicht auf der Tangentenfläche liegenden Punkt, so bilden die Projektionsstrahlen einen Kegel von der dritten Ordnung mit einer Doppelkante. Der Projektionskegel ist von der dritten Ordnung, da die C_3 von jeder Ebene in drei Punkten geschnitten wird und infolgedessen jede durch das Projektionszentrum gehende Ebene den Projektionskegel in drei Geraden schneidet. Die Doppelkante ist identisch mit der durch das Projektionszentrum gehenden Kurvensekante, ist also immer reell, aber für das eine Gebiet isoliert. Schneiden wir nun den Projektionskegel mit einer Ebene, so erhalten wir, falls er eine gewöhnliche Doppelkante hat, als Schnittkurve eine ebene Kurve dritter Ordnung mit einem gewöhnlichen Doppelpunkt und einem Wendepunkt. Letzterem entspricht natürlich auf der Raumkurve ein Punkt, der seine Schmiegebene durch das Projektionszentrum hindurchschickt (Abb. 136a). Legen wir aber den Augenpunkt in das Gebiet der „idealen" Sekanten, so ergibt sich als Projektionsfigur eine ebene Kurve dritter Ordnung mit isoliertem Doppelpunkt und drei reellen Wendepunkten. In diesem Falle liegen nämlich auf der Raumkurve drei Punkte, die ihre Schmiegebenen durch den Augenpunkt senden (Abb. 136b). — Der Übergang von Abb. 136a zu Abb. 136b tritt ein, wenn der Augenpunkt auf die Tangentenfläche, aber nicht auf die C_3 selbst rückt. Die beiden längs der Doppelkante berührenden Tangentialebenen des Projektionskegels fallen dann in eine Doppelebene zusammen. Die Projektions-

---

[1]) [Das in Abb. 135 dargestellte Fadenmodell der Tangentenfläche der kubischen Ellipse wurde von *W. Ludwig* konstruiert und ist im Verlage von M. Schilling, Leipzig, erschienen. Man vgl. die zum Modell gehörige Begleitschrift: *W. Ludwig:* Die Horopterkurve mit einer Einleitung in die Theorie der kubischen Raumkurve, ebenfalls bei M. Schilling, Leipzig.]

kurve bekommt eine Spitze und behält noch ihren Wendepunkt. Die Spitze entspricht dem Punkte der Raumkurve, der seine Tangente durch den Augenpunkt schickt (Abb. 136c).

Soweit ist die Sache nicht schwer, weil sich die drei gezeichneten Figuren ohne weiteres kontinuierlich aneinander anschließen. Schwieriger wird sie aber, wenn wir die neue Frage aufwerfen:

Welche Gestalt hat die Projektionsfigur, wenn wir den Augenpunkt auf die Raumkurve selber fallen lassen?

Aus der algebraischen Theorie ist dann klar, daß die Projektionsfigur in einen Kegelschnitt und eine Gerade ausarten muß, der projizierende Kegel dritter Ordnung zerfällt in einen Kegel zweiter Ordnung und die zum Augenpunkt gehörige Schmiegebene. Wie geschieht aber diese Abtrennung der Geraden von der Kurve aus der Kontinuität heraus? Ich sage, daß sich Abb. 136c in Abb. 136d und von da aus in Abb. 136e verwandelt. Offenbar können an Stelle der Abb. 136c, 136d und 136e auch zu diesen kollineare Figuren treten[1]).

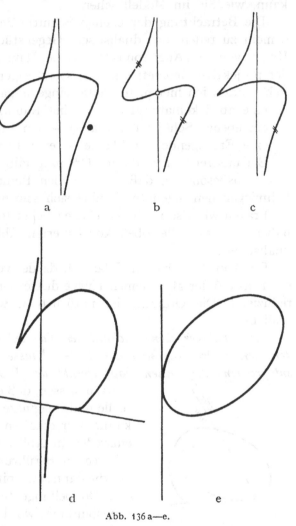

Abb. 136a—e.

Dies sind bereits sehr merkwürdige Figuren. Noch merkwürdigere aber kommen hervor, wenn wir die ebenen Schnitte der Tangentenfläche der Raumkurve betrachten. Diese abwickelbare Fläche wird von den Schmiegebenen der Raumkurve umhüllt, d. h. entlang den Tangenten der Raumkurve ist die jeweilige Schmiegebene der Raumkurve Tangen-

---

[1]) Natürlich darf die Wendetangente (Spur der Schmiegebene) in 136d nicht die Spitze der Kurve treffen, weil sonst die Kurve mit einer Geraden 5 Punkte — der Wendepunkt zählt dreifach, die Spitze zweifach — gemein hätte.

tialebene der Tangentenfläche. Die Punkte der Raumkurve ergeben dabei eine *Rückkehrkante* oder *Gratkurve* der Fläche. Die Tangentenfläche ist längs der Raumkurve „scharf wie ein Rasiermesser".

Es ist jedenfalls auf den ersten Blick wunderbar, daß eine Aufeinanderfolge von Tangenten eine solche Schneide einer Fläche bilden kann, wie Sie im Modell sehen.

Die Betrachtung der ebenen Schnitte der Tangentenfläche ist, allgemein zu reden, das dualistische Gegenstück zu der Betrachtung des Kegels von dem Augenpunkte nach der Raumkurve — so wird sich jeder, der projektive Geometrie kennt, sofort sagen. In der Tat entsprechen sich, worauf ich hier nicht weiter eingehe, ganz allgemein dualistisch[1]):

eine abwickelbare Fläche — eine Raumkurve,
ein ebener Schnitt der Fläche — ein Projektionskegel der Kurve,
eine Erzeugende der Fläche — eine Tangente der Raumkurve.

Bei unserer Kurve dritter Ordnung gilt, wie ich nicht weiter ausführe, insbesondere, daß das von den Punkten der Kurve und ihren Schmiegebenen erzeugte Gebilde sich selbst dualistisch ist.

Fragen wir also nach den ebenen Schnitten der Tangentenfläche, so haben wir nur die oben konstruierten Abb. 136a—e auf S. 209 zu dualisieren:

Die Abb. 136a hat die Klasse 4, da der vorkommende Doppelpunkt die Klasse 6 der allgemeinen Kurve dritter Ordnung um zwei Einheiten reduziert. Die Ordnung ist natürlich 3, woraus wir ohne weiteres schließen:

Ein beliebiger ebener Schnitt der Tangentenfläche ist eine Kurve von der vierten Ordnung und der dritten Klasse mit einer Doppeltangente, entsprechend dem einen Doppelpunkt der Projektionskurve (Abb. 137).

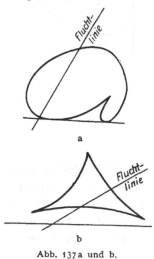

Abb. 137a und b.

Wir wissen, daß eine reelle Doppeltangente reelle und imaginäre Berührungspunkte haben kann. Wir erhalten also zweierlei Gestalten, entweder in Abb. 137a eine Doppeltangente mit reellen Berührungspunkten, wo der Kurvenzug dann *eine* Spitze hat, oder in Abb. 137b eine Doppeltangente mit imaginären Berührungspunkten, wo dann der reelle Kurvenzug *drei* Spitzen trägt. Diese Figuren entsprechen den früheren Abb. 136a und b dual.

Wenn wir ausgerüstet mit diesen Kenntnissen das Modell betrachten, so werden wir Schnitte der Tangentenfläche von der gezeichneten Gestalt dort zunächst nicht finden. Wir müssen noch erst die kollinearen Um-

---

[1]) [Vgl. Bd. II, S. 63—65.]

formungen der gezeichneten Figuren studieren. Die Sache liegt ähnlich wie bei den Kegelschnitten, die in drei im Sinne der projektiven Geometrie äquivalenten, aber für das Auge verschiedenen Gestalten (elliptische, hyperbolische, parabolische) auftreten können.

Wir legen, um den „hyperbolischen" Typus zu erhalten, in unseren neuen Abb. 137a und b einen geradlinigen Schnitt durch die Kurven und betrachten die schneidende Gerade als Fluchtlinie einer geeigneten Projektion, worauf wir zwei Kurven mit je zwei Asymptoten erhalten, entlang denen die Äste ins Unendliche verlaufen[1]).

Indem ich die Figuren nur qualitativ zeichne, kommen die beiden in Abb. 138a und b gezeichneten Gestalten heraus, und *diese stellen*

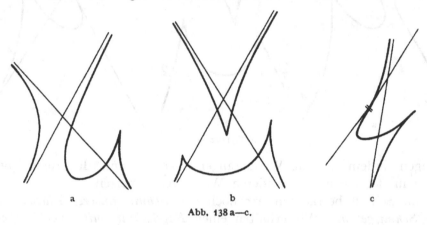

a   b   c

Abb. 138 a—c.

sich in Wirklichkeit ein, wenn wir das Modell unserer Tangentenfläche durch geeignete Ebenen schneiden, dem Umstande entsprechend, daß sich das Modell mit zwei Mänteln ins Unendliche zieht (vgl. Abb. 135).

Die weitere Frage ist: *Wie gestaltet sich der Schnitt, wenn wir die schneidende Ebene durch eine Tangente der Raumkurve legen?*

Es ist sofort klar, daß sich in diesem Falle die Erzeugende der Tangentenfläche von der Kurve vierter Ordnung abtrennt und eine Kurve dritter Ordnung und dritter Klasse, d. h. eine Kurve mit einer Spitze übrigbleibt (Abb. 138c). Die nähere Überlegung zeigt, daß sie unsere Tangente in ihrem Berührungspunkte mit der Raumkurve berührt.

Solche Sätze sind ja in abstracto leicht aufzustellen. Es fragt sich aber, wie der Übergang aus Abb. 138a zu Abb. 138b durch die Abb. 138c hindurch kontinuierlich bewerkstelligt wird, entsprechend dem Übergange der Kurve dritter Ordnung mit Doppelpunkt in eine solche mit Spitze. Ich sage so und bitte Sie, sich am Modell davon zu überzeugen:

Wir erhalten Abb. 138c aus a bzw. b, wenn wir in der durch Abb. 139a erläuterten Weise bei Abb. 138a die beiden Äste 1 und 2 zu-

---

[1]) [Die Abb. 137a und b auf der vorigen Seite selbst (ohne eingezeichnete Schnittgerade) veranschaulichen den „elliptischen" Typus (nichtschneidende und nichtberührende Fluchtlinie).]

sammenrücken lassen bzw. bei 138b (vgl. die nachstehende Zeichnung 139b) zwei der Spitzen, die nicht demselben Kurvenstück angehören, einander nähern. Ebenso können wir rückwärts von *c* zu *a* und *b*

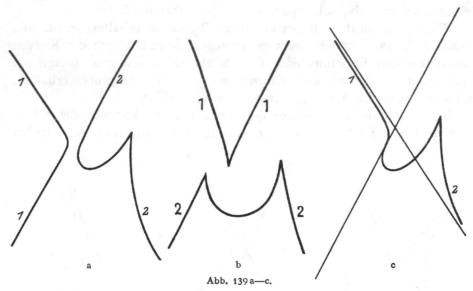

a   b   c

Abb. 139 a—c.

gelangen, indem wir die Wendetangente von *b* und die zugehörige Kurve in der einen oder anderen Weise verschmelzen.

Zum Schluß betrachten wir noch den *Schnitt unserer Fläche mit einer Schmiegebene.* Wir erhalten einen *Kegelschnitt mit einer doppelt zählenden Tangente* (Abb. 140). Diese Figur geht aus der Abb. 139c

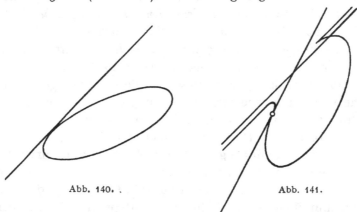

Abb. 140.   Abb. 141.

hervor, indem wir die Zwischenabb. 141 einschalten. Diese erwächst offenbar daraus aus Abb. 139c, daß man bei festgehaltener Wendetangente den unendlichen Ast 1 herabbiegt, während der Ast 2 so nach oben gewendet wird, daß seine Spitze nach unten zeigt. Läßt man Spitze und Wendepunkt zusammenfallen, so entsteht die Abb. 140.

Übrigens ist dies schließlich derselbe Übergang, den wir schon auf S. 209 studiert haben.

Nachdem ich diese Behauptungen aufgestellt, bleibt für jeden einzelnen von Ihnen die Forderung bestehen, sie an den Modellen selber
zu prüfen und dadurch seine Anschauung zu beleben.

An die so besprochenen projektiven Eigenschaften der Raumkurven,
speziell der Raumkurven dritter Ordnung, schließen sich nun selbstverständlich die Betrachtungen über *Maßverhältnisse* an. Ich begnüge
mich, hier auf die Theorie der Krümmung, Torsion und Abwicklung der
Kurven hingewiesen zu haben. In bezug auf letztere erwähne ich, daß
man, je nachdem man eine Ebene auf einer abwickelbaren Fläche oder
einen Faden auf einer Kurve abrollt, die Bahn als Plan- bzw. Filarevol-
vente bezeichnet[1]).

Weiter sage ich etwas über die *singulären Punkte von Raumkurven*.

In der Ebene können wir ein vierteiliges Schema aufstellen, indem
wir das Verhalten von Kurvenpunkt (p) und Kurventangente (t) in
bezug auf Weitergehen bzw. Rückkehren beim Fortschreiten entlang
der Kurve durch die Zeichen (+) und (—) charakterisieren. Dadurch
erhalten wir neben dem gewöhnlichen Punkte
die drei gestaltlich zu unterscheidenden
Arten singulärer Punkte wie folgt (Abb. 142):

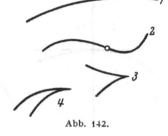

p	t	
+	+	gewöhnlicher Punkt (1),
+	—	Wendepunkt (2),
—	+	gewöhnliche Spitze (3),
—	—	Schnabelspitze (4).

Abb. 142.

Das entsprechende Schema für drei Dimensionen gab 1847 *v. Staudt*
in seiner „Geometrie der Lage" (S. 113). Man hat hier außer Kurvenpunkt (p) und Tangente (t) noch die Schmiegebene (e) in Betracht zu
ziehen und hier alle acht Kombinationen der Zeichen (+) bzw. (—) zu
je dreien zu bilden.

p	t	e
+	+	+
+	+	—
+	—	+
—	+	+
+	—	—
—	+	—
—	—	+
—	—	—

---

[1]) Als Lehrbücher, in denen diese Dinge in besonders übersichtlicher Weise
eingehend betrachtet werden, seien genannt:

Scheffers, G.: Einführung in die Theorie der Kurven in der Ebene und im
Raume, Leipzig 1900. 3. Aufl. 1923.

[*Lilienthal*, R.: Vorlesungen über Differentialgeometrie I. Leipzig 1908.]

Man hat also rein gestaltlich sieben Arten singulärer Vorkommnisse bei den Raumkurven zu unterscheiden, für die man aber keine besonderen Namen geschaffen hat. Immerhin ist klar, wie sie zu charakterisieren sind. Die acht verschiedenen Fälle werden durch Modelle erläutert, die von *Chr. Wiener* konstruiert sind[1]).

Um die Auffassung zu erleichtern, gehe ich für einen Augenblick auf die ebenen Kurven zurück. Indem wir den betrachteten Kurvenpunkt als Anfangspunkt und die Tangente als x-Achse eines rechtwinkligen Koordinatensystems wählen, lassen sich die vier oben für die ebene Kurve unterschiedenen Fälle offenbar auch danach auseinanderhalten, daß man verfolgt, ob die Kurve, die im Quadranten 1 herankommt, im Quadranten 2, 3, 4 oder 1 weitergeht. Man vergleiche Abb. 143.

Es liegt nahe, den Analogieschluß zu machen, daß sich die acht Vorkommnisse bei den Raumkurven durch den Verlauf der Kurven-

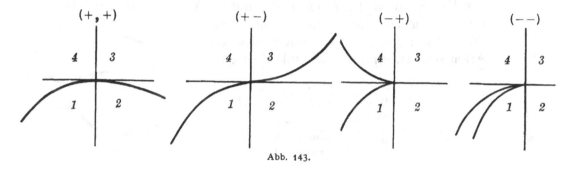

Abb. 143.

fortsetzung in den acht verschiedenen Oktanten des Koordinatensystems beschreiben lassen. Dies trifft in der Tat zu. Ich lege es etwas ausführlicher in folgenden Worten fest: Man konstruiere sich ein rechtwinkliges Koordinatensystem, welches die in Betracht kommende Tangente der Raumkurve als eine Achse, die zugehörige Schmiegebene als eine Ebene und den Berührungspunkt als Anfangspunkt besitzt. *Kommt dann die Kurve im Oktanten I heran, so bleibt gerade eine achtfache Möglichkeit, in welchem der acht Oktanten sie ihre Fortsetzung finden soll, und diese acht Gestalten decken sich mit denen, die wir oben nach v. Staudt aufzählten.*

Wie dies im einzelnen ist, muß an den Modellen studiert werden, da eine nur tabellarische Aufzählung wegen ihrer Gleichförmigkeit in der Auffassung nicht haftet. Gleichzeitig kommt an den Modellen die Frage nach den Projektionen der jeweiligen Raumkurve von einem wechselnden Augenpunkte aus zur Geltung, wovon wir im einfachsten Falle $(+, +, +)$ schon früher sprachen. Der Augenpunkt wird dabei entweder 1. außerhalb der Schmiegebene oder 2. in der Schmiegebene,

---

[1]) [Vgl. Zeitschr. f. Math. u. Phys. Bd. 25 (1880), S. 95—97. Die Modelle sind bei M. Schilling in Leipzig zu erhalten.]

oder endlich 3. auf der Tangente gewählt. Dabei ist es merkwürdig, daß in den Projektionen starke Singularitäten der Raumkurve für das Auge verschwinden können. Beispielsweise liefert im Falle (− + +) die Projektion von der Tangente aus eine ebene Kurve (+ +) ohne Singularität oder, wie man sagen könnte, mit „maskierter" Singularität. Als weiteren merkwürdigen Satz erwähne ich, daß der Kurvenpunkt (− − −) eine Schnabelspitze gibt, von welchem Augenpunkt man auch ein ihn umgebendes Kurvenstück projizieren mag.

Im übrigen möchte ich hier die Anregung geben, daß die bezüglichen gestaltlichen Verhältnisse noch ausführlicher betrachtet werden. Insbesondere erwächst die Aufgabe, systematisch die Gestalt der Tangentenfläche, die sich in den acht Fällen an die Raumkurve anschmiegt, zu betrachten und insbesondere zuzusehen, was für ebene Schnitte bei ihr herauskommen und wie sie der Kontinuität nach zusammenhängen.

Von analytischer Seite existiert Literatur der hier besprochenen Vorkommnisse, die ich kurz angeben will. Dabei ist die Annahme der Autoren, daß sich x, y, z in Potenzreihen, fortschreitend nach ganzen Potenzen von t, entwickeln lassen. Es handelt sich um folgende Aufsätze[1]):

H. B. Fine: Über Singularitäten von Raumkurven. Dissertation Leipzig 1886; auch American Journ. of math. Bd. 8 (1886), S. 156—177;

O. Staude: Über den Sinn der Windung in singulären Punkten von Raumkurven. Ebenda Bd. 17 (1895), S. 359—380;

A. Meder: Über einige Arten singulärer Punkte von Raumkurven. J. f. Math. Bd. 116 (1896), S. 50—84 und S. 247—264.

An diese Aufsätze müßte eine gestaltliche Diskussion der von mir gewünschten Art anknüpfen.

Damit schließe ich ab, was ich über Raumkurven sagen wollte und wende mich zu den *Flächen*.

Denken wir dabei an die Unterscheidungen, die wir bereits bei den ebenen Kurven hatten (analytische, nichtanalytische, reguläre usw.), so ist erst recht zu erwarten, daß auch hier nur Sonderfälle herauskommen, wenn ich mich in meinen Bemerkungen auf *algebraische Flächen* beschränke, wie jetzt der Kürze halber geschehen soll.

Eine algebraische Fläche wird durch eine Gleichung

$$f(x, y, z) = 0$$

definiert, wo f ein Polynom ist.

Man pflegt die Terme von f so zu ordnen, daß man die Glieder, die von derselben Ordnung in x, y, z sind, zusammennimmt:

$$0 = f_0 + f_1 + f_2 + \cdots$$

---

[1]) [Man vgl. außerdem das auf S. 213 genannte Lehrbuch von Lilienthal, S. 255—272, und Meder, Analytische Untersuchung singulärer Punkte von Raumkurven. J. f. Math. Bd. 137 (1910), S. 83—144.

Untersucht man die Fläche in der Nähe eines Punktes, so wählt man diesen zweckmäßigerweise als Koordinatenanfangspunkt, dann fällt das konstante Glied f_0 fort. Man sieht sodann die Fläche, allgemein zu reden, als in erster Annäherung durch $f_1 = 0$, d. h. durch die Tangentialebene in O, gegeben an. Man kann diese Gleichung geradezu als Definition der Tangentialebene ansehen und sagen: *Die Tangentialebene wird definiert, indem man die Glieder erster Ordnung für sich gleich Null setzt.*

Will man eine größere Annäherung, so setzt man

$$0 = f_1 + f_2$$

und bezeichnet diese Fläche als *Schmiegfläche zweiter Ordnung* usw.

Bei diesem Ansatze ergibt sich nun gleich eine Einteilung der Punkte der Fläche: Ist f_1 nicht identisch Null, d. h. hat man eine bestimmte Tangentialebene, so spricht man von einem „einfachen" Punkt der Fläche; ist aber $f_1 = 0$ und $f_2 \neq 0$, so hat man einen Doppelpunkt; allgemein spricht man von einem ν-fachen Punkt, wenn $f_1 = f_2 = \cdots f_{\nu-1} = 0, f_\nu \doteq 0$ ist. Statt Doppelpunkt sagen wir im folgenden gelegentlich auch *Knoten*.

Was ist nun über die *einfachen Punkte* zu bemerken?

In erster Linie fragen wir, in welcher Kurve die Fläche von der Tangentialebene in einem solchen Punkte geschnitten wird. Man geht dabei davon aus, daß die betreffende Kurve in erster Annäherung durch das gleichzeitige Verschwinden der beiden Gleichungen $f_1 = 0$, $f_2 = 0$ gegeben sei; man vergleicht also die Kurve mit dem Schnitt der Tangentialebene und der Schmiegfläche zweiter Ordnung. Letzterer besteht offenbar, da $f_2 = 0$ einen Kegel zweiter Ordnung, $f_1 = 0$ eine Ebene darstellt, aus zwei geraden Linien, die reell oder imaginär sein oder zusammenfallen können, und indem man diese Unterscheidung auf die Gestalt der Schnittkurve von Fläche und Tangentialebene überträgt,

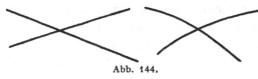

Abb. 144.

hat man folgende Einteilung:

1. Die Geraden sind reell: die Schnittkurve hat einen Doppelpunkt mit reellen Ästen.

2. Die Geraden sind imaginär: die Schnittkurve hat einen Doppelpunkt mit imaginären Ästen.

3. Die Geraden fallen zusammen: die Schnittkurve hat eine Spitze.

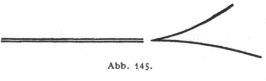

Abb. 145.

Ich wiederhole: *Abgesehen von höheren Vorkommnissen, wo $f_2 = 0$, schneidet die Tangentialebene die Fläche in einer Kurve mit Doppelpunkt, dessen Äste reell oder imaginär sind oder auch zusammenfallen.* Man spricht demzufolge von „hyperbolischer", „elliptischer" und „parabolischer" Flächenkrümmung.

Es ist übrigens leicht, sich hier verschiedene schöne Beispiele zu denken, wo bei der in Rede stehenden Schnittkurve von Fläche und Tangentialebene höhere Singularitäten auftreten, insbesondere zu untersuchen, wann eine Schnabelspitze als Schnitt auftritt u. dgl. Ist insbesondere $f_2 = 0$, so hat der Schnitt der Tangentialebene mit der Fläche einen dreifachen oder noch höheren Punkt. Hieran schließt sich folgende Bemerkung:

Bekanntlich untersucht man in den elementaren Lehrbüchern der Differential- und Integralrechnung auch die Maxima und Minima von Funktionen zweier Veränderlicher. Es kommt dies auf die Untersuchung des Schnittes hinaus, welchen eine Fläche $z = f(x, y)$ mit einer horizontalen Tangentialebene gemein hat.

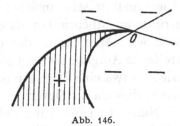

Abb. 146.

Nehmen wir nun etwa an, daß der Schnitt eine Schnabelspitze sei (Abb. 146), und zwar daß sich im schraffierten Bereich die Fläche nach oben erhebt, im freigelassenen Gebiet also nach unten herabsenkt, so ist zunächst klar, daß dann im Berührungspunkte O weder ein Maximum noch ein Minimum der durch die Fläche vorgestellten Funktion $z = f(x, y)$ vorliegt.

Betrachten wir aber die Gesamtheit der durch O hindurchgehenden lotrechten Ebenen, so zeigt sich, daß sich für jedes Azimut eine Schnittkurve ergibt, die in O ein echtes Maximum hat, da das z längs dieser Schnittkurven von O aus beginnend *zunächst stets* sinkt. Es ist uns nämlich unmöglich, von O aus auf einer dieser Schnittkurven *unmittelbar* in das schraffierte Gebiet hineinzugelangen. Demnach genügt es zur Beurteilung der Frage, ob ein Maximum oder Minimum einer Funktion z von zwei Variablen x, y vorliegt, nicht, die betreffende Untersuchung für die genannten Schnitte durchzuführen. Ein Extremwert der Fläche liegt in O nur dann vor, wenn für *jede* durch O hindurchgehende Geländekurve sich in O ein Extremwert ergibt.

Bei rein analytischem Ansatze aber erscheint die Sache schwer verständlich. Und in der Tat haben hierüber in allen Lehrbüchern falsche Behauptungen gestanden, bis zum ersten Male *G. Peano* auf den richtigen Sachverhalt aufmerksam machte! Übrigens hat auch *Weierstraß* in seinen Vorlesungen über Variationsrechnung immer die richtige Theorie zum Vortrag gebracht.

Natürlich können wir nun weiter bei den Flächen auch die metrischen Verhältnisse in Betracht ziehen. Es greift hier für Punkte, in denen $f_1 \neq 0$ und $f_2 \neq 0$, besonders die von *L. Euler* entwickelte *allgemeine Krümmungstheorie* Platz:

Man konstruiert sich in dem betreffenden Punkte die Normale, legt durch sie ebene Schnitte und konstruiert in ihnen die Krümmungs-

kreise. Dann gibt es zwei aufeinander senkrechte Normalschnitte, für
welche die Krümmung ein Maximum bzw. Minimum ist. Ich trage dies
nicht besonders vor, erwähne aber, daß zur Erläuterung der gewöhnlichen Krümmungstheorie in einfachen Flächenpunkten von *Chr.
Wiener*[1]) wieder Modelle konstruiert worden sind, welche die Krümmungskreise in den einzelnen Normalschnitten wiedergeben.

Schließlich mache ich noch auf die im Dyckschen Kataloge[2]) als
„bohnenförmige Versuchskörper" bezeichneten Modelle aufmerksam,
auf denen man die einzelnen Punkte hyperbolischer, elliptischer oder
parabolischer Krümmung markieren soll. Es zeigt sich, daß unser
Augenmaß da sehr unsicher ist, so daß die Definitionen der elementaren
Krümmungstheorie bereits einen sehr abstrakten Charakter zu besitzen
scheinen. Man empfindet dies besonders lebhaft, wenn man die betreffende Aufgabe an einer so verwickelten, empirisch vorgelegten Fläche,
wie sie etwa eine Porträtbüste vorstellt, durchzuführen sucht. Ich emp-
fehle, dies zu studieren.

Nunmehr gehe ich zu einer *Besprechung der singulären Punkte auf
Flächen*, speziell den Flächen dritter Ordnung, über. Nach unserer obigen
Bemerkung läßt sich die Gleichung einer F_3 mit Doppelpunkt im Ko-
ordinatenanfangspunkt in der Form:

$$0 = f_2 + f_3$$

schreiben. Wir nehmen dabei an, daß $f_2 \neq 0$, so daß wir einen wirklichen Doppelpunkt der Fläche und nicht etwa einen dreifachen Punkt
vor uns haben.

Man sagt dann gewöhnlich, daß der Kegel zweiter Ordnung $f_2 = 0$
in „erster Annäherung" den Verlauf der Fläche in dem Punkte O wieder-
gibt und je nachdem dieser Kegel

a) ein eigentlicher Kegel (reell oder imaginär) oder

b) ein in zwei (reelle oder imaginäre) Ebenen zerfallender Kegel oder
endlich

c) ein in eine Doppelebene ausgearteter Kegel ist,
unterscheidet man

a) einen *gewöhnlichen Doppelpunkt*, der Spitze eines reellen Kegels
oder isoliert ist,

b) einen *biplanaren* Punkt,

c) einen *uniplanaren* Punkt der Fläche.

Die immer reelle Durchschnittsgerade der beiden Ebenen im Falle b)
bezeichnen wir als die *Achse des biplanaren Punktes*.

Die Frage lautet: Wie sieht eine Fläche dritter Ordnung aus, die
einen Doppelpunkt der einen oder anderen Art besitzt?

---

[1]) [Vgl. *W. Dyck:* Spezialkatalog der Math. Ausstellung (Deutsche Unter-
richtsausstellung in Chikago 1893), Berlin 1893, S. 52.]

[2]) [Ebenda, S. 54.]

Vorab bemerke ich: Wenn wir die Fläche $f_2 + f_3 = 0$ mit $f_2 = 0$ schneiden, so bleibt $f_3 = 0$, eine Gleichung, die einen Kegel dritter Ordnung darstellt. Beide Kegel haben nach dem Bézoutschen Theorem $2 \cdot 3 = 6$ Erzeugende gemein: *Durch einen Doppelpunkt einer Fläche dritter Ordnung gehen also sechs gerade Linien der Fläche*, wobei natürlich zu bedenken ist, daß diese geraden Linien reell oder imaginär sein oder auch zusammenfallen können.

Ich gebe nun Beispiele von F_3, bei denen die verschiedenen Arten von Doppelpunkten auftreten, führe aber nicht den Beweis dafür, daß die Dinge im allgemeinen Fall ähnlich liegen.

Um eine Fläche mit einem *gewöhnlichen Doppelpunkt* zu erhalten, beschränken wir uns auf Drehflächen und zeichnen in einem Meridianschnitt (xz-Ebene) eine gegen die z-Achse symmetrische Kurve dritter Ordnung mit Doppelpunkt, die die x-Achse zur sog. Wendeasymptote hat (Abb. 147). Danach ist das Bild der Fläche ganz klar. Die sechs Geraden durch den Doppelpunkt fallen hier offenbar imaginär aus. Ähnlich konstruieren wir eine Fläche mit *isoliertem*

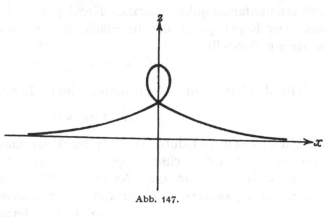

Abb. 147.

Doppelpunkt. Man hat nur eine Kurve dritter Ordnung mit isoliertem Doppelpunkt als Meridianschnitt zu zeichnen (Abb. 148).

Des weiteren spreche ich von einer Fläche, bei der die sechs Geraden, die durch einen einzelnen Doppelpunkt laufen, reell sind. Ich wähle eine Fläche mit vier gewöhnlichen Doppelpunkten, die, um die Fläche leicht analytisch darstellen zu können, als Ecken eines Koordinatentetraeders ge-

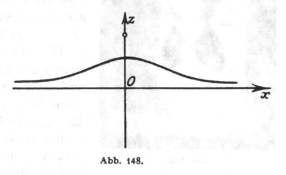

Abb. 148.

wählt werden mögen. Die Gleichung der Fläche, die ich im Auge habe, ist dann, nachdem wir die bei der Definition der Tetraederkoordinaten noch zur Verfügung stehenden multiplikativen Konstanten richtig gewählt haben:

$$\sum_i \frac{1}{x_i} = \frac{1}{x_1} + \frac{1}{x_2} + \frac{1}{x_3} + \frac{1}{x_4} = 0.$$

Multipliziert man mit den Nennern herauf, so haben wir die Gleichung dritten Grades in x_1, x_2, x_3, x_4:

$$x_2 x_3 x_4 + x_1 x_3 x_4 + x_1 x_2 x_4 + x_1 x_2 x_3 = 0.$$

Gehen wir schließlich von den Tetraederkoordinaten durch eine projektive Umgestaltung der Fläche zu gewöhnlichen Koordinaten über entsprechend den Formeln:

$$x_1 = x, \quad x_2 = y, \quad x_3 = z, \quad x_4 = 1,$$

so heißt die Gleichung

$$yz + xz + xy + xyz = 0.$$

Ein Doppelpunkt liegt hier in O, die drei anderen unendlich fern.

In der so geschriebenen Gleichung haben wir die beiden zum Koordinatenanfangspunkt gehörigen Kegel $f_2 = 0$, $f_3 = 0$ unmittelbar vor uns. Der Kegel $f_2 = 0$, der die Fläche in der Nähe von O in erster Annäherung darstellt,

$$yz + xz + xy = 0$$

enthält offenbar die drei Koordinatenachsen. Der Kegel dritter Ordnung

$$f_3 = xyz = 0$$

besteht aus den drei durch O gehenden Koordinatenebenen, er enthält also die Koordinatenachsen doppelt, so daß wir den Satz erhalten:

Die sechs Erzeugenden, die bei unserer Fläche durch den Knotenpunkt gehen, fallen paarweise mit den drei Koordinatenachsen zusammen.

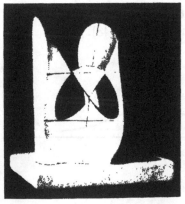

Sie werden ferner sehr leicht selbst beweisen:

Entlang diesen Erzeugenden fällt die Tangentialebene der Fläche mit derjenigen des Kegels $yz + zx + xy = 0$ zusammen, ist also konstant.

Diese Sätze gelten wegen ihres projektiven Charakters auch für die F_3 mit vier im Endlichen gelegenen Knoten. Hiervon möge man sich am Modell überzeugen, das ich vorzeige (Abb. 149). Es zeigt zunächst als Geraden, die ihrer ganzen Erstreckung nach auf der Fläche liegen, die sechs Kanten des Doppelpunkttetraeders, längs denen die Tangentialebenen jeweils konstant verlaufen, davon abgetrennt aber noch als Schnitt der Fläche mit einer bestimmten horizontal verlaufenden Ebene drei weitere Geraden (davon in der Abbildung nur eine sichtbar), längs denen sich die Tangentialebene dreht.

Abb. 149.

Nunmehr gehe ich zu den *biplanaren Punkten* der F_3 über.

Hier ist die Auffassung schon nicht mehr so einfach; man hat von den gestaltlichen Verhältnissen eines biplanaren Punktes keine unmittelbare Vorstellung mehr, sondern muß sich die Sache in concreto überlegen.

In unserer Gleichung

$$f_2 + f_3 = 0$$

sei f_2 das Produkt zweier voneinander verschiedener Linearfaktoren; indem wir $f_2 = 0$ setzen, erhalten wir zwei getrennte Ebenen. Zunächst nehmen wir die beiden Ebenen konjugiert komplex an, setzen also etwa

$$f_2 = (x + iy)(x - iy),$$

so daß die z-Achse der reelle Schnitt der beiden Ebenen, also die Achse des biplanaren Punktes ist. Die Fläche selbst möge dann weiter die einfache Gleichung

$$0 = x^2 + y^2 + z^3$$

haben.

Wie sieht der hier auftretende biplanare Punkt aus? Wenn wir sagen, er werde in erster Annäherung durch die beiden durch ihn gehenden, konjugiert-imaginären Ebenen vorgestellt, so ist das bei geeigneter Ausdeutung nicht falsch, aber nicht ohne weiteres verständlich. Ich drücke mich vielmehr so aus:

Unsere Fläche ist eine Drehfläche. Wir zeichnen zunächst den Meridianschnitt mit der xz-Ebene:

$$0 = x^2 + z^3.$$

Er ist eine Kurve dritter Ordnung mit der Spitze in O (Abb. 150). Die Fläche selbst erhalten wir durch Drehung dieser Kurve um die z-Achse[1]). In allgemeiner Form:

Hat ein biplanarer Punkt imaginäre Ebenen, dann hat die Fläche dort die Gestalt eines zugespitzten Dorns.

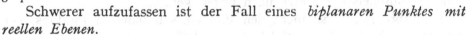

Abb. 150.

Schwerer aufzufassen ist der Fall eines *biplanaren Punktes mit reellen Ebenen.*

Als Beispiel nehme ich

$$0 = x^2 - y^2 + z^3,$$

wo die Ebenen des biplanaren Punktes durch

$$x + y = 0, \quad x - y = 0$$

gegeben sind, d. h. durch zwei aufeinander senkrechte Ebenen durch die z-Achse, die unter $45°$ bzw. $135°$ gegen die xz-Ebene geneigt sind. Die z-Achse ist wiederum die Achse des biplanaren Punktes.

---

[1]) Die Fläche bildet also einen Übergangsfall zwischen den beiden durch die Abbildungen auf S. 219 veranschaulichten Flächen.

Schneide ich die Fläche mit einer dieser Ebenen, so bleibt

$$f_3 = 0, \text{ d. h. } z^3 = 0.$$

Also: Jede der Ebenen schneidet bei vertikal gestellter Achse des biplanaren Punktes die Fläche in einer dreifach zählenden horizontalen Geraden.

Wenn $f_3 = a_1 z^3 + a_2 z^2 x + \cdots$ ist, ergibt sich mit $y = \pm x$ eine Gleichung dritten Grades für z/x. Wir erhalten demnach: *Jede der beiden Ebenen des biplanaren Punktes schneidet die Fläche in drei Geraden, von denen zwei konjugiert komplex sein können.*

Die Schnitte mit den Meridianebenen durch die z-Achse werden sehr merkwürdig. Schneiden wir im Falle $f_3 = z^3$ mit der Ebene $y = 0$, so wird

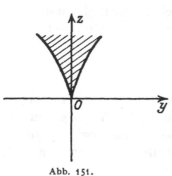

Abb. 151.

$x^2 + z^3 = 0$, d. h. wir haben unsere obige Kurve mit nach oben gerichteter Spitze. Als Schnitt mit der Ebene $x = 0$ folgt $-y^2 + z^3 = 0$, d. h. eine ebensolche Kurve mit nach unten gerichteter Spitze (Abb. 151). Während man also die Ebene $y = 0$ in die Ebene $x = 0$ dreht, kehrt die Spitze ihren Sinn um; der Übergang tritt in den Ebenen

$$y + x = 0 \text{ und } y - x = 0$$

ein, deren Schnitt wir bereits studierten. Es besteht also folgender Satz:

Die Meridianebenen, die sich durch die vertikal gestellte Achse des biplanaren Punktes legen lassen, schneiden die F_3 im allgemeinen in einer Kurve mit Spitze, so daß die z-Achse Spitzentangente ist. Nur wenn die Meridianebenen Tangentialebenen des biplanaren Punktes sind, schneiden sie die F_3 in drei geraden Linien.

Das Büschel der Meridianebenen wird durch die beiden Ebenen des biplanaren Punktes in zwei Halbbüschel zerlegt. Die Sache ist natürlich so, daß die Schnittkurven der Meridianebenen des einen Büschels die Spitze nach oben, die Schnittkurven der Meridianebenen des anderen Büschels die Spitze nach unten kehren.

Die Abb. 152 versinnlicht den Fall eines biplanaren Punktes, bei dem in den beiden Tangentialebenen je drei reelle Geraden liegen; die Meridianebenen, die in der Nähe dieser Tangentialebenen liegen, liefern dann Schnittkurven, bei denen zu der Kurve mit Spitze noch zwei weitere Äste hinzutreten.

Ebenso wie die hiermit besprochene Gestalt des biplanaren Punktes ohne nähere Überlegung nicht leicht vorstellbar ist, so ist es auch im Falle des *uniplanaren Punktes*[1]).

---

[1]) Diese gestaltlichen Angaben über biplanare und uniplanare Punkte wurden wohl zuerst von *Kummer* und *Schläfli* gemacht; später habe ich sie in meiner Arbeit „Über Flächen dritter Ordnung" benutzt (Math. Annalen Bd. 6 [1873], S. 551—81) [abgedruckt und mit ergänzenden Zusätzen *F. Kleins* und *H. Vermeils* versehen in *F. Klein:* Gesammelte math. Abhandlungen Bd. 2, S. 11—62].

Wir haben hier „als erste Annäherung" eine *Doppelebene*, dargestellt durch die Glieder zweiter Ordnung, sagen wir einfach $z^2 = 0$. Dann lautet die Gleichung der Fläche

$$z^2 + f_3 = 0;$$

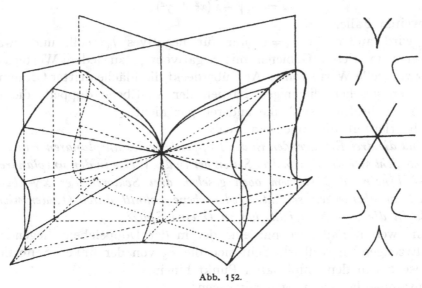

Abb. 152.

f_3 wählen wir der Einfachheit halber so, daß nur x, y in ihm vorkommen, und haben zwei Fälle, deren Bedeutung sofort klar sein wird. Wir setzen das eine Mal

$$f_3 = x(x^2 - y^2),$$

das andere Mal

$$f_3 = x(x^2 + y^2).$$

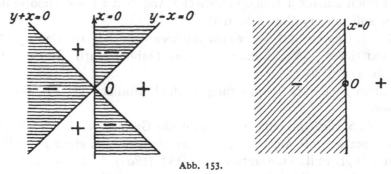

Abb. 153.

Der Schnitt der beiden Kegel $f_3 = 0$, $f_2 = 0$ ergibt im ersten Falle drei reelle Geraden, im zweiten eine reelle und zwei imaginäre Geraden (Abb. 153).

Der allgemeine Satz ist:

Die Ebene des uniplanaren Punktes schneidet die F_3 in drei Geraden durch O, von denen entweder eine oder alle drei reell sind.

Für z selbst folgt aus der Gleichung der F_3

$$z = \pm \sqrt{-x(x^2 - y^2)}$$

im ersten und

$$z = \pm \sqrt{-x(x^2 + y^2)}$$

im zweiten Falle.

z wird außer für $f_3 = 0$ nur für negatives f_3 reell, und zwar existieren in diesen Gebieten mit negativem f_3 zu jedem Wertepaar x, y zwei reelle Werte von z. Also überdeckt die Fläche dritter Ordnung von oben gesehen diejenigen Partien der xy-Ebene doppelt, die in Abb. 153 schraffiert sind, die anderen gar nicht.

Ich erläutere dies noch ein wenig:

Sind die drei Erzeugenden in der Doppelebene des uniplanaren Punktes reell, so zieht sich die F_3 von drei Seiten her in der Weise in den uniplanaren Punkt hinein, daß sie von oben gesehen drei Sektoren der xy-Ebene doppelt zu überdecken scheint. Jeder ebene Schnitt durch O, der nicht gerade in die xy-Ebene fällt, hat in O eine Spitze.

Im zweiten Falle, wo nur eine der in der Doppelebene liegenden drei Erzeugenden reell ist, zieht sich die F_3 von der linken Seite der x-Achse bis in den uniplanaren Punkt hinein.

Zusammenfassend mögen wir sagen:

Die eigentliche Gestalt der biplanaren und uniplanaren Punkte der algebraischen Flächen wird uns erst klar, wenn wir nicht nur die Glieder zweiter Ordnung, sondern auch die Glieder dritter Ordnung in Betracht ziehen.

Mit unseren letzten Überlegungen werden wir so nahe an die *Gestalten der Flächen dritter Ordnung* herangeführt, daß ich zum Schluß diese allgemein noch näher vorführen will.

Wenn ich zunächst einige historische Angaben zu der Theorie der F_3 machen soll, so erwähne ich, daß

1849 *A. Cayley* und *G. Salmon* nachwiesen, daß auf der F_3 27 Geraden existieren. (Vgl. Cambridge and Dublin Math. Journal Bd. 4 (1849), S. 118 u. 252.)

Seitdem ist deren Gruppierung vielfach studiert worden, besonders diskutierte

1863 *L. Schläfli* im einzelnen, wann die Geraden reell oder imaginär sind und betrachtete auch die Singularitäten, die bei einer F_3 auftreten können. (Vgl. Phil. Transactions Bd. 153 (1863), S. 193—241.)

1873 fallen meine schon erwähnten eigenen Untersuchungen über die gestaltlichen Verhältnisse der F_3 in Band 6 der Mathematischen Annalen.

Daran anschließend gab dann

1879 *C. Rodenberg* in Math. Ann. Bd. 14, S. 46—110, eine analytische Bestätigung meiner durch geometrische Kontinuitätsbetrachtungen gefundenen Resultate. Andererseits hat aber auch *Rodenberg* im Verlage von Brill (jetzt Schilling) im genauen Anschluß an meine Untersuchungen eine Reihe von Modellen der F_3 erscheinen lassen.

Wenn ich nun gleich mit den Gestalten der F_3 beginnen soll, so ist das oberste Prinzip, *daß wir die uns von S. 220 schon bekannte Figur mit vier reellen Doppelpunkten zum Ausgangspunkt wählen und von hier aus durch kontinuierlichen Übergang (Auflösung der Doppelpunkte) allgemeinere Flächen bilden*[1]).

Oben wiesen wir auf der Fläche, die uns jetzt als Ausgangsfläche dienen soll, bereits die 27 Geraden nach, indem nämlich zu den sechs Kanten des Tetraeders, deren jede viermal zählte, noch drei einzeln verlaufende horizontale Gerade hinzutraten.

Wenn wir diese Flächengestalt hier zugrunde legen, so ist selbstverständlich, daß wir alle kollinearen Umformungen derselben Fläche als gleichberechtigt ansehen, anderenfalls würde die Mannigfaltigkeit der F_3 — in deren Gleichung 19 Konstanten auftreten —, gar nicht zu übersehen sein. Es ist dies derselbe Standpunkt, wie wenn wir in der Ebene Ellipse, Parabel und Hyperbel nicht weiter unterscheiden.

So ist es theoretisch. Praktisch dürfen wir diesen gewissermaßen vornehmen Standpunkt erst einnehmen, wenn wir im Auffassen kollinearer Umformungen geübt sind. Wir müssen also zunächst die verschiedenen Formen kennenlernen, die durch Kollineation aus dem Ausgangsmodell entstehen, etwa so, daß wir es mit verschiedenen Ebenen schneiden, diese dann der Reihe nach als Fluchtebenen ins Unendliche projizieren und die entstehenden Flächenformen studieren, sowie auch modellieren, um hinterher in allen nur die gemeinsamen Eigenschaften zu sehen und die Unterschiede als gleichgültig unberücksichtigt zu lassen. *Man darf die Einzelkenntnis erst verachten, wenn man sie besitzt, nie vorher.* Als Resultat ergibt sich:

So gut man Ellipse und Hyperbel (die Parabel sei als Übergangsfall hier beiseite gelassen) nach der Beziehung des Kegelschnitts zur unendlich fernen Geraden unterscheidet, so kann man bei den F_3 mit vier reellen Doppelpunkten fünf Arten nach ihrer Beziehung zur unendlich fernen Ebene unterscheiden. Diese fünf Arten sind sämtlich modelliert (vgl. die Note auf S. 230). Wir werden diese fünf Arten weiterhin nicht mehr ausdrücklich unterscheiden.

Von diesen Flächen gehen wir durch Auflösung der Doppelpunkte zu den Nachbarflächen über.

Dabei knüpfe ich an die Figur in der Ebene an. Ersichtlich können wir eine Kurve mit Doppelpunkt in zwei verschiedenen Arten in

---

[1]) Vgl. das analoge Vorgehen bei den ebenen algebraischen Kurven n-ter Ordnung, wo wir von einer Kurve mit zahlreichen Doppelpunkten, nämlich einer Kurve, die in lauter Kurven niederer Ordnung zerfallen war, durch Auflösung zu Nachbarkurven fortschritten.

Kurven ohne Doppelpunkt (1 und 2 in Abb. 154) auflösen. Diese beiden Weisen sind an sich gleichwertig. Gehen wir aber zum dreidimen-

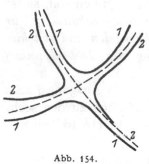

sionalen Fall über dadurch, daß wir diese Kurven um die Vertikale durch den Doppelpunkt
rotieren lassen, so erhalten wir für die entstehenden Flächen einen charakteristischen
Unterschied. Die eine (1) hat den Typus eines
zweischaligen Hyperboloids, das aus zwei getrennten Flächenteilen besteht, die andere (2)
hat den Typus eines einschaligen Hyperboloids,
also einer Fläche, welche an der Stelle des
früheren Doppelpunktes eine Einschnürung auf-

Abb. 154.

weist (Abb. 155). Wir haben also den Satz: *Ein
Doppelpunkt einer Fläche kann beim Übergang zur Nachbarfläche zwei Pro-
zessen unterworfen werden, dem Prozeß der Abtrennung und demjenigen der
Verschmelzung.* Im folgenden werden wir den Prozeß der Verschmelzung

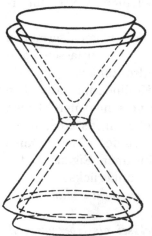

symbolisch mit +, den der Abtrennung mit
— bezeichnen.

Gehen wir von unserer Ausgangsfläche in
der Weise zur Nachbarfläche über, daß wir
sämtliche Doppelpunkte den beiden Prozessen
unterwerfen, so haben wir zusammenfassend
fünf Möglichkeiten, die durch das Schema

$$\text{I. } + + + +$$
$$\text{II. } + + + -$$
$$\text{III. } + + - -$$
$$\text{IV. } + - - -$$
$$\text{V. } - - - -$$

Abb. 155.

angedeutet sind.

Überlegen wir uns, wie diese Flächen aussehen,
so zeigt sich, daß wir durch unsere fünf Möglichkeiten für die singularitätenfreien Flächen
vier einteilige und eine zweiteilige Fläche (— — — —) bekommen. Bei
letzterer wird in der Tat durch Abtrennung aller Knoten ein ovalartiger
Teil frei von einem gewellten Teile der Fläche umgeben sein; die übrigen
Flächen bestehen alle je aus einem Stück.

*Diese fünf Fälle entsprechen genau den Arten, die Schläfli nach der
Realität der auf der F_3 verlaufenden Geraden unterschieden hat.*
Das ergibt sich aus folgender Überlegung: Eine auf der Ausgangsfläche verlaufende, zwei Doppelpunkte verbindende Tetraederkante verwandelt sich bei der abgeleiteten Fläche in vier imaginäre gerade Linien,
sobald auch nur *einer* der Doppelpunkte, den sie mit einem anderen
verband, dem Prozeß der Abtrennung unterworfen wird. Andererseits
aber gilt: Eine Tetraederkante, die zwei Doppelpunkte verbindet, die

beide dem Prozeß der Verschmelzung unterworfen werden, spaltet sich beim Übergang zur Nachbarfläche in vier reelle Geraden. Nach dieser Regel erhalten wir bei unseren fünf Flächen

$$\text{I. } 3 + 6 \cdot 4 = 27,$$
$$\text{II. } 3 + 3 \cdot 4 = 15,$$
$$\text{III. } 3 + 1 \cdot 4 = 7,$$
$$\text{IV. } 3 + 0 \cdot 4 = 3,$$
$$\text{V. } 3 + 0 \cdot 4 = 3$$

reelle Geraden, wobei die letzte Flächenart von der vorherigen dadurch unterschieden ist, daß sie aus zwei Stücken besteht. Dies stimmt genau mit der von *Schläfli* gegebenen Aufzählung.

Die Bedeutung dieses Ergebnisses wird noch durch folgenden Satz gesteigert:

Die so erhaltenen Vertreter der fünf Schläflischen Flächenarten ohne Doppelpunkt sind zugleich *vollgültige Vertreter* der einzelnen Flächenarten *im Sinne der Analysis situs*, d. h. zwei Flächen derselben Schläflischen Art gehen auseinander durch bloße kontinuierliche Abänderung der Gestalt hervor, ohne daß wir eine Fläche mit Doppelpunkt zu überschreiten brauchen, oder auch alle Flächen derselben Art bilden in dem zur Darstellung verwendbaren Raume von 19 Dimensionen, der uns die Gesamtheit der Flächen dritter Ordnung vorstellt, ein zusammenhängendes Gebiet.

Sie haben also in den F_3, die wir aus der Ausgangsfläche mit vier Knoten durch die Prozesse $+$ und $-$ ableiten, typische Beispiele für die fünf Schlaeflischen Arten. Natürlich ist es für konkretes anschauliches Erfassen wichtig, die erhaltenen Flächen durch kollineare Umformung umzugestalten oder auch die fünf Flächentypen der F_3 mit vier reellen Doppelpunkten zur Hand zu nehmen und an jedem Typus die Prozesse $+$ und $-$ auszuführen.

Aber nicht nur die F_3 ohne Doppelpunkt, sondern auch die F_3 mit beliebigen singulären Punkten können wir aus unserer F_3 mit vier Doppelpunkten durch kontinuierliche Umformung herausbringen, und auch hierzu geben die *Rodenberg*schen Modelle zahlreiche Beispiele. Ich kann das hier leider nicht genauer ausführen.

Wir fragen weiter: *Wie gestaltet sich die analytische Behandlung*[1]) *der vorgeführten Modelle, und von welcher Gleichungsform der F_3 geht man dabei am besten aus?*

Ich komme da auf eine Entdeckung von *J. J. Sylvester* zu sprechen, nämlich daß es für die F_3 ein und nur ein sog. *Pentaeder* gibt, das zu den Geraden der Fläche in enger Beziehung steht.

---

[1]) [Bezüglich der analytischen Behandlung des Problems der Geraden auf der kubischen Fläche ist an neueren Arbeiten zu nennen *B. L. v. d. Waerden*, Der Multiplizitätsbegriff der algebraischen Geometrie, Math. Ann. Bd. 97 (1927), S. 756—774.]

Man wählt passend für die Untersuchung der Fläche die fünf Ebenen dieses Pentaeders zu Koordinatenebenen und führt also sog. *homogene Pentaederkoordinaten* ein. Unter diesen Koordinaten versteht man folgendes:

Wir betrachten das aus den fünf Ebenen

$$x_i = a_i\,x + b_i\,y + c_i\,z + d_i = 0 \qquad (i = 1, 2, 3, 4, 5)\,,$$

von denen keine vier durch einen Punkt und keine drei durch eine Gerade gehen mögen, gebildete Pentaeder. Wir wählen als die Koordinaten irgendeines Raumpunktes seine mit einer festen Konstanten multiplizierten Abstände von den fünf Pentaederebenen, stellen ihn also durch ein Wertesystem $x_1 : x_2 : x_3 : x_4 : x_5$ dar. Die fünf Ausdrücke x_i können, da schon ein Tetraeder zur homogenen Koordinatenbestimmung ausreicht, nicht unabhängig voneinander sein. Wir haben in den x_i sog. *überzählige* Punktkoordinaten vor uns; es besteht zwischen ihnen eine homogene lineare Relation, die wir nach gehöriger Festlegung der willkürlich wählbaren Konstanten als

$$x_1 + x_2 + x_3 + x_4 + x_5 = 0$$

annehmen.

Sylvester hat gefunden, daß das ausgezeichnete, nach ihm benannte Pentaeder der F_3 solche Pentaederkoordinaten liefert, für welche in der Gleichung der Fläche nur noch die Kuben der x_i vorkommen. Die Gleichung der Fläche lautet dann also:

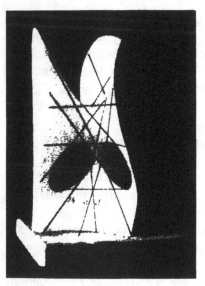

$$\sum_{i=1}^{i=5} a_i x_i^3\,, \qquad \text{wobei} \qquad \sum_{i=1}^{i=5} x_i = 0$$

ist.

An diese kanonische Gleichungsform von Sylvester hat *Rodenberg* angeknüpft, um die geschilderten geometrischen Verhältnisse zu bestätigen. Die Gleichungsform enthält nur noch vier von den ursprünglich in der Flächengleichung auftretenden 19 Konstanten, und diese vier müssen notwendigerweise bleiben, da nur 15 durch eine geeignete Koordinatentransformation zerstört werden können. Dabei können die Ebenen $x_i = 0$ natürlich noch reell oder imaginär sein.

Abb. 156.

Wir fassen insbesondere den Fall reeller Pentaederebenen ins Auge und erhalten aus der Sylvesterschen Gleichungsform eine besonders einfache, von *Clebsch* als *Diagonalfläche* bezeichnete F_3, wenn wir die a_i einander gleich wählen. Diese Diagonalfläche ist eine F_3 mit 27 reellen Geraden; sie ist in unserer Abb. 156 des genaueren dargestellt.

Das betreffende Modell ist ursprünglich auf direkte Anregung von *A. Clebsch* durch *A. Weiler* ausgeführt worden, der mir auch bei meinen eigenen Arbeiten über Flächen dritter Ordnung behilflich gewesen ist.

Was hat diese Fläche Besonderes, und woher ihr Name?

Schneiden wir das Pentaeder und die Fläche mit der Pentaederebene $x_1 = 0$, so erhalten wir zunächst in der Ebene $x_1 = 0$ selbst das von den Spuren der übrigen vier Pentaederebenen gebildete Vierseit $x_2 = x_3 = x_4 = x_5 = 0$ und dann die Schnittkurve mit der Fläche

$$x_2^3 + x_3^3 + x_4^3 + x_5^3 = 0.$$

Nun zeigt sich vermöge $x_2 + x_3 + x_4 + x_5 = 0$, *daß diese Schnittkurve aus den drei Diagonalen des genannten Vierseits besteht.* Daher der Name der Fläche. Also: *Der Name „Diagonalfläche" kommt davon, daß die Fläche in jeder der fünf Pentaederflächen die drei Diagonalen desjenigen Vierseits enthält, welches aus der Pentaederebene von den übrigen vier Pentaederebenen ausgeschnitten wird.*

Damit sind zunächst $3 \cdot 5 = 15$ Geraden auf der Fläche nachgewiesen. Auf die fehlenden 12 gehe ich hier nicht weiter ein; Sie werden sie auf dem Flächenmodell leicht herausfinden[1]).

---

[1]) [Die Existenz der 12 übrigen Geraden sehen wir analytisch so ein: Es seien $1, \varepsilon, \varepsilon^2, \varepsilon^3, \varepsilon^4$ die fünften Einheitswurzeln. Dann gilt, wie leicht einzusehen,

$$1 + \varepsilon + \varepsilon^2 + \varepsilon^3 + \varepsilon^4 = 0, \tag{1}$$
$$1^3 + \varepsilon^3 + (\varepsilon^2)^3 + (\varepsilon^3)^3 + (\varepsilon^4)^3 = 0. \tag{2}$$

Hieraus folgt, daß das Wertesystem $1 : \varepsilon : \varepsilon^2 : \varepsilon^3 : \varepsilon^4$ einen auf der Diagonalfläche liegenden Punkt liefert. Da wir die fünf Größen $1, \varepsilon, \varepsilon^2, \varepsilon^3, \varepsilon^4$ beliebig miteinander vertauschen dürfen, ohne die Gültigkeit von 1) und 2) zu stören, ergeben sich im ganzen $5! = 120$ Wertesysteme, die Punkte der Diagonalfläche bestimmen. Unter diesen 120 Wertesystemen sind aber nur solche als verschieden anzusehen, die nicht durch Multiplikation mit einer festen Konstanten auseinander hervorgehen. Multiplizieren wir nun z. B. $1 : \varepsilon : \varepsilon^2 : \varepsilon^3 : \varepsilon^4$ der Reihe nach mit $1, \varepsilon, \varepsilon^2, \varepsilon^3, \varepsilon^4$ und beachten, daß $\varepsilon^5 = 1, \varepsilon^6 = \varepsilon, \varepsilon^7 = \varepsilon^2, \varepsilon^8 = \varepsilon^3$ ist, so erhalten wir die fünf einander gleichwertigen, d. h. denselben Punkt darstellenden Wertesysteme:

$$\begin{aligned}
x_1 : x_2 : x_3 : x_4 : x_5 &= 1 : \varepsilon : \varepsilon^2 : \varepsilon^3 : \varepsilon^4 \\
&= \varepsilon : \varepsilon^2 : \varepsilon^3 : \varepsilon^4 : 1 \\
&= \varepsilon^2 : \varepsilon^3 : \varepsilon^4 : 1 : \varepsilon \\
&= \varepsilon^3 : \varepsilon^4 : 1 : \varepsilon : \varepsilon^2 \\
&= \varepsilon^4 : 1 : \varepsilon : \varepsilon^2 : \varepsilon^3
\end{aligned}$$

Unsere 120 Wertesysteme stellen also nur $4! = 24$ verschiedene Punkte der Diagonalfläche dar. Wir erhalten sie offenbar sämtlich, wenn wir in $1 : \varepsilon : \varepsilon^2 : \varepsilon^3 : \varepsilon^4$ das erste Glied festhalten, die übrigen aber allen möglichen Vertauschungen unterwerfen. Diese 24 Punkte ordnen sich zu 12 Paaren konjugiert komplexer Punkte an. Die 12 reellen Verbindungsgeraden dieser Punktepaare liegen nun in ihrer ganzen Ausdehnung auf der Fläche. Wenn nämlich $x_1 : x_2 : x_3 : x_4 : x_5$ eines unserer 24 Wertesysteme, $X_1 : X_2 : X_3 : X_4 : X_5$ das dazu konjugiert komplexe ist, so wird ein auf der Verbindungsgeraden der ihnen entsprechenden Punkte liegender Punkt durch:

$$(\lambda x_1 + \mu X_1) : (\lambda x_2 + \mu X_2) : \ldots : (\lambda x_5 + \mu X_5)$$

dargestellt. Man rechnet leicht nach, daß dieses System die Gleichungen 1) und 2) für jedes Wertepaar λ, μ erfüllt.]

Von den 15 Geraden gilt als weiterer Satz, daß sie sich zehnmal zu je dreien schneiden. Man hat nur zu bedenken, daß in jeder Pentaederecke, wo drei Ebenen des Pentaeders sich schneiden, drei Vierseitdiagonalen, in jeder Ebene eine, zusammenlaufen, und daß das Pentaeder zehn Ecken hat. Also: *Die 15 Geraden haben (kurz gesagt) 10 Schnittpunkte zu je 3.* Diese Schnittpunkte sind die Ecken des Pentaeders.

Damit bin ich am Ende. Sie werden jetzt in großen Umrissen die Lehre von den Gestalten der F_3 verstehen; die Einzelheiten müssen dem Selbststudium vorbehalten bleiben[1]).

Und nun lassen Sie mich diese Vorlesung mit folgender Bemerkung schließen:

Ich habe in der Vorlesung allerlei vorgetragen, was gewöhnlich nicht in den Lehrbüchern über die behandelten Gegenstände zu finden ist, was aber die Voraussetzung und stillschweigende Annahme der gewöhnlichen Entwicklungen bildet. Ich wollte Sie damit veranlassen, mit freiem Blick und unabhängigem Urteil die Dinge selbst zu erfassen. Denken Sie etwa an das, was ich über die empirische Kurve oder Fläche sagte, und an die sonst übliche Beschränkung der Betrachtung auf analytische Gebilde.

Mit der Mathematik ist es wie mit der bildenden Kunst. Es ist nicht nur nützlich, sondern durchaus notwendig, daß man von seinen Vorgängern lernt. Wenn man sich aber ausschließlich auf das Studium des Überkommenen beschränkt, also nur auf dem weiterbaut, was man in den Büchern liest, so entsteht das, was ich als scholastisches System bezeichne. Hiergegen ergeht dann die Mahnung:

Zurück zur eigenen lebendigen Auffassung, zurück zur Natur, welche die erste Lehrmeisterin bleibt!

---

[1]) [Eine schöne Anwendung von der Tatsache, daß eine F_3 27 Geraden enthält, macht D. *Hilbert* in der Arbeit: Über die Gleichung neunten Grades, Math. Ann. Bd. 97 (1927), S. 243—250.]

[Note zu S. 225. Die fünf auf S. 225 erwähnten projektiv gleichwertigen Umformungen der F_3 mit vier reellen Knotenpunkten ergeben sich aus der Fläche von Abb. 149 auf folgende Weise:

Die Fluchtebene der Kollineation trifft nur die äußeren Partien der Fläche von Abb. 149 und zwar

1. in einer einteiligen C_3 (ohne Oval); es ergibt sich derselbe Typus, den die Abbildung zeigt;

2. in einer zweiteiligen C_3 (mit Oval).

Die Fluchtebene trifft auch den tetraederförmigen der Fläche und zwar stets in einer C_3 mit Oval:

3. alle vier Knoten liegen auf einer Seite der Fluchtebene;

4. drei Knoten liegen auf einer Seite der Fluchtebene, der vierte auf der andern Seite;

5. zwei Knoten liegen auf einer Seite der Fluchtebene, die andern zwei auf der andern Seite.

Folgende Spezialfälle treten auf:

Die Fluchtebene ist Tangentialebene des

a) äußeren Teiles: Die Schnittkurve ist eine C_3 mit gewöhnlichem Doppelpunkt;

b) tetraederförmigen Teiles: Die Schnittkurve ist eine C_3 mit isoliertem Doppelpunkt.

Die Fluchtebene geht durch

c) einen Knoten: Die Schnittkurve ist eine C_3, entweder mit gewöhnlichem oder isoliertem Doppelpunkt;

d) zwei Knoten: Die Schnittkurve zerfällt in eine C_2 und eine Gerade;

e) drei Knoten: Die Schnittkurve zerfällt in drei Gerade.

f) Die Fluchtebene enthält die drei einfach zählenden Geraden der Fläche.

g) Die Fluchtebene berührt längs der Verbindungsgeraden zweier Knoten.]

Namenverzeichnis.

Sachverzeichnis.

Druck: Offsetdruckerei Julius Beltz, Weinheim

Die Grundlehren der mathematischen Wissenschaften in Einzeldarstellungen mit besonderer Berücksichtigung der Anwendungsgebiete

Printed in the United States
By Bookmasters